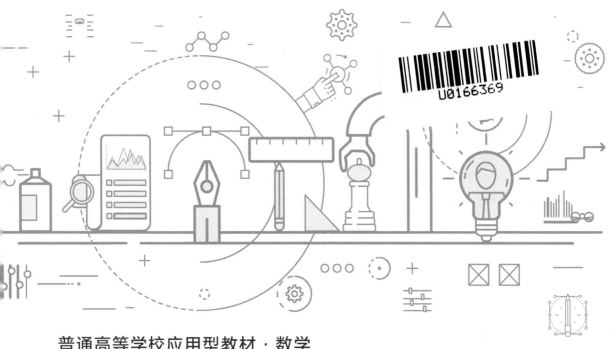

普通高等学校应用型教材·数学

Mathematical Software and Mathematical Experiment

数学软件与数学实验（第二版）

杨 杰 编著

中国人民大学出版社
·北京·

前　言

　　随着社会的发展和人才需求的转变，传统的数学教学方式已经很难适应当前形势，正面临越来越多的问题和困难。多年以来教学内容、方法和手段变化甚微，不能体现数学在科技和现实生活中所起的重要作用，学生缺乏运用数学的思想和方法来解决实际问题的能力。

　　数学及相关专业的许多课程，如数学分析中定积分的计算、高等代数中线性方程组的求解、常微分方程和偏微分方程的解都通过近似计算来模拟，金融精算以及应用统计的数据分析通过数学实验来实现，数值分析中的插值与拟合可以用实验来理解。

　　数学实验的平台由计算机和数学软件组成，它提供各种强大的运算、统计、分析、求解、数据可视化等功能，是数学实验室的主要组成部分。因此，计算机和数学软件的学习是数学实验的基础。

　　混合式课程教学模式逐步引入大学课堂，微课、慕课发展迅速。数学实验也将改变数学课程那种仅仅依赖"一支笔、一张纸"、由教师单向传输知识的模式，从根本上改变传统教育观念，将数学实验引入数学教学过程中，让学生参与教学，体现学生的主观能动性，做学习的主人，实现学生是学习主体的教学理念，培养具有数学知识并应用计算机从事研究或解决实际问题能力的人才。数学实验可以提高学生在数学方面的应用意识和应用能力，彻底解决"学了数学不会用"的问题。因此，数学实验有助于学生的综合应用能力的培养。

　　本书的主要目的是介绍 MATLAB 的一般使用方法，使学生能够利用 MATLAB 进行一定的数学实验，为以后的数学实验打基础。全书共八章，前六章主要介绍 MATLAB 的基本操作、矩阵运算、数值运算、符号运算及图形绘制等方面的相关函数及在数学中的应用，第七章介绍了 MATLAB 在概率统计中的应用，第八章设置了 12 个数学实验题目，内容涉及各个方面，结合数学建模，增强学生用数学解决问题的能力。

　　每章节都列举了大量实验例题，有利于学生理解函数的功能和使用方法，配备了一定量的习题，便于读者巩固练习。本书实例丰富、通俗易懂，图文并茂，在选材上力求体现数学概念、方法和应用背景，并注重趣味性、低起点，可作为高等学校数学、物理、化学、生物、经济等专业的教材，也可作为本科生、研究生数学建模培训教材或参考书，对从事数学应用以及有关学科科学研究的人员也是一本有价值的参考书。

编者感到，编写一本将计算机软件与数学相结合的高质量的教材很不容易。尽管作者从事教学几十年，但仍深感力不从心。对本书不足之处，望读者不吝赐教。

目　录

第一章　概　述 ··· 1

　　1.1　数学软件 ·· 1

　　1.2　数学实验 ·· 9

第二章　MATLAB 基础 ·· 13

　　2.1　MATLAB 的程序界面 ·· 13

　　2.2　搜索路径 ··· 21

　　2.3　帮助系统 ··· 23

　　2.4　数据与数据类型 ·· 24

　　2.5　运算符 ·· 43

　　2.6　基本数学函数 ··· 47

　　2.7　M 文件 ··· 51

　　2.8　程序控制语句 ··· 63

第三章　数组（矩阵）运算 ··· 79

　　3.1　数组（矩阵）的创建 ·· 79

　　3.2　数组（矩阵）的基本操作 ···································· 83

　　3.3　数组运算 ·· 93

　　3.4　矩阵运算 ··· 104

第四章　数据的可视化 ··· 119

　　4.1　二维曲线和图形 ·· 119

　　4.2　三维曲线和曲面 ·· 151

　　4.3　图形的动态显示 ·· 171

　　4.4　图形对象 ··· 175

第五章　数值运算 ··· 186

　　5.1　多项式 ·· 186

5.2 线性方程组求解 ·· 191

5.3 数值微积分 ··· 194

5.4 插值和拟合 ··· 198

5.5 微分方程求解 ·· 204

第六章 符号运算 ··· 218

6.1 创建符号对象 ·· 218

6.2 符号表达式的基本操作 ··· 225

6.3 符号微积分 ··· 235

6.4 解方程 ··· 243

6.5 积分变换 ·· 251

第七章 概率统计 ··· 259

7.1 随机变量及其概率分布 ··· 259

7.2 参数估计 ·· 277

7.3 假设检验 ·· 279

7.4 方差分析 ·· 281

第八章 数学实验 ··· 286

参考文献 ·· 292

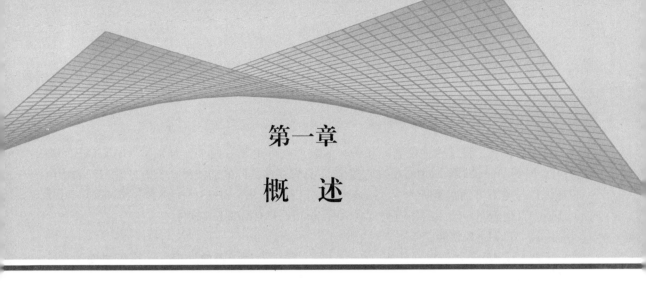

第一章

概　述

概述

本章内容主要学习数学软件与数学实验的概念，了解常用的数学软件的种类及数学实验的基本步骤。通过本章的学习，了解什么是数学实验、为什么要做数学实验、如何做数学实验，并掌握数学实验的内容、方法和环境。

1.1　数学软件

数学软件就是专门用来进行数学运算、数学规划、统计运算、工程运算或绘制数学图形的软件。

1.1.1　数学软件的起源与发展

20 世纪 50 年代，计算机的强大功能主要表现在数值计算上，部分表现在逻辑运算上。通过指令——用代码表示的计算机语言，编写程序来完成特定的数学计算任务。

20 世纪 60—70 年代用于科学计算的以 ALGOL、FORTRAN 等为代表的算法语言，商用的 COBOL 语言，以及更容易掌握的 BASIC 语言等都是现在所谓的数学软件（mathematical software）的基础，但这些软件缺乏图形功能，更没有符号演算功能，并且在解决数学问题时需要自己编写程序，这对于一般人来说是非常困难的。

20 世纪 70—80 年代出现了一种专门处理数学问题的应用软件，即现在所谓的数学软件（或数学软件包），当时数学软件的发展经历着一个八仙过海、各显神通的阶段。

20 世纪 90 年代初，经过优胜劣汰的竞争，逐渐出现了功能更强、更全面的数学软件，如 Maple、MATLAB、MathCAD、Mathematica 等，也出现了专门用于某个方面的强有力的软件，例如，统计方面的 SAS、SPSS 等，线性规划方面的 LINGO 等。

可以预见，功能越来越全、越来越多，界面越来越友好的数学软件将不断出现。

1.1.2   常用数学软件

在科技和工程领域比较流行和著名的数学软件主要有四个，分别是 MATLAB、Maple、Mathematica 和 MathCAD，它们除了具有一些共同的功能外，都有各自不同的特色。在统计与运筹方面也有四个常用的软件，分别是 SAS、SPSS、R 语言、LINGO。另外，还有在几何教学中常用的几何画板（Sketchpad）和 GeoGebra 软件。

1. MATLAB 软件

MATLAB 是用于数据分析、机器学习、信号处理、图像处理、计算机视觉、通信、计算金融、控制设计、机器人等领域的商业数学软件。

MATLAB 可以在 Windows、Linux、macOS 等操作平台上运行，主要包括 MATLAB 和 Simulink 两大部分。MATLAB 主要由主程序和各种工具箱组成，其中主程序包含数百个内部核心函数，工具箱则包括符号数学工具箱、信号处理工具箱、统计工具箱、图像处理工具箱、优化工具箱、神经网络工具箱、偏微分方程工具箱、样条工具箱等。它以矩阵作为基本数据单位，可以进行数值计算、符号运算、图形可视化。MATLAB 在输入方面也很方便，可以使用内部的 Editor 或者其他任何字符处理器，同时它还可以与 Word 结合在一起，在 Word 的页面里直接调用 MATLAB 的大部分功能，使 Word 具有特殊的计算能力。

MATLAB 的程序界面如图 1-1 所示。

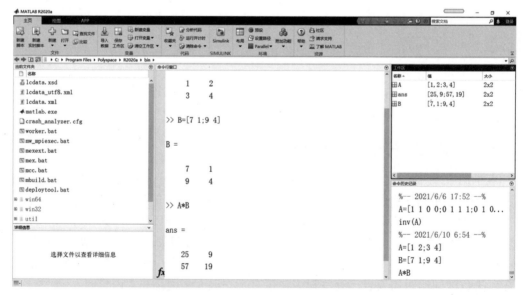

图 1-1   MATLAB R2020a 程序窗口

2. Maple 软件

Maple 是一种计算机代数系统，被广泛应用于科学、工程和教育等领域。经过多年的不断发展，Maple 已成为当今世界上最优秀的几个数学软件之一，它以良好的使用环境、强有力的符号运算能力、高精度的数字计算、灵活的图形显示和高效的可编程功能，为越来越多的教师、学生和科研人员所喜爱，并成为他们进行数学处理的工具。

Maple 软件（见图 1 - 2）主要由三部分组成：用户界面，代数运算器，外部函数库。用户界面负责输入命令和算式的初步处理、结果显示、函数图像的显示等。代数运算器负责输入的编译、基本的代数运算，如有理数运算、初等代数运算，还负责内存管理。运用 Maple 软件可以容易地解决微积分、解析几何、线性代数、微分方程、计算方法、概率统计等数学分支中常见的计算问题。用户能够直接使用传统数学符号进行输入，也可以定制个性化的界面。Maple 对数值计算有额外的支持，能够扩展到任意精度，同时亦支持符号演算及可视化。Maple 采用字符行输入方式，输入时需要按照规定的格式，虽然与一般常见的数学格式不同，但灵活方便，也很容易理解。输出则可以选择字符方式和图形方式，产生的图形结果可以很方便地剪贴到 Windows 应用程序内。

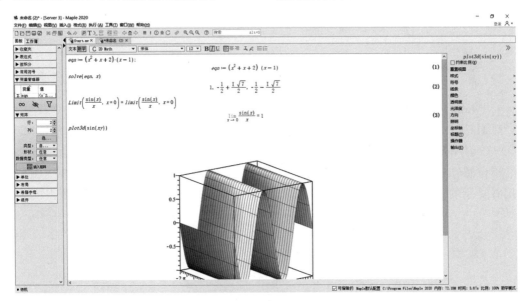

图 1 - 2　Maple 2020 程序窗口

3. Mathematica 软件

Mathematica（见图 1 - 3）是一款科学计算软件，为广大技术人员、教育工作者、学生和其他人士提供了最主要的计算环境，广泛应用于数学、机器学习、计算几何、图像计算等许多领域。

Mathematica 具有将近 6 000 个内置函数，它可以自动地完成许多复杂的计算工作，如各种多项式的计算（四则运算、展开、因式分解），有理式的计算；它可以求多项式方程、有理式方程和超越方程的精确解和近似解；进行数值和一般表达式的向量和矩阵的各种计算。Mathematica 还可以求解一般函数表达式的极限、导函数、积分以及进行幂级数展开、求解某些微分方程；可以进行任意位的整数的精确计算、分子和分母为任意位整数的有理数的精确计算（四则运算、乘方等）；可以进行任意精确度的数值（实数值或虚数值）的计算。

Mathematica 使用独特、灵活的文档界面，使用户可以快速整理文本、可运行代码、动态图形和用户界面等文档中的任何内容。

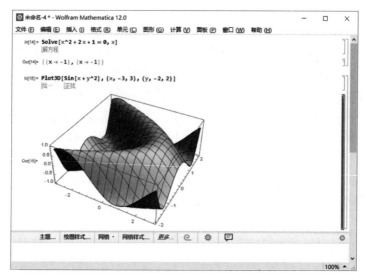

图 1-3　Mathematica 12.0 程序窗口

4. MathCAD 软件

MathCAD（见图 1-4）是一款工程计算软件，作为工程计算的全球标准，Math-CAD 与专有的计算工具和电子表格不同，它允许工程师利用详尽的应用数学函数和动态、单位感知的计算来同时设计和记录工程计算。因而，MathCAD 在很多科技领域中承担着复杂的数学计算、图形显示和文档处理任务，是工程技术人员不可多得的有力工具。

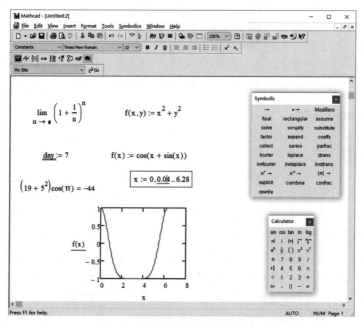

图 1-4　MathCAD 15.0 程序窗口

MathCAD 还支持适用于机械、电气和土木工程用途的一整套专业库，而且提供针对数据分析、信号处理和其他科目的扩展包。经过 20 多年发展，MathCAD 从早期的简单有限功能发展到现在的代数运算、线性及非线性方程求解与优化、常微分方程、偏微分方程、统计、金融、信号处理、图像处理等许多方面。

MathCAD 易学易用，无需特殊的编程技能，独特的可视化格式和便笺式界面将直观、标准的数学符号、文本和图形均集成到一个工作表中。设计工程师可以使用 Math-CAD 作为电子白板，在屏幕上的任意地方编写公式和文本。它可以使用多种数学格式显示内容、提供各种内置的运算符、执行规范的数学计算，并包含各种制图和可视化功能。

5. SAS 软件

SAS 是 Statistical Analysis System 的缩写，意为"统计分析系统"，用于决策支持的大型信息集成系统，是当前最重要的专业统计软件之一。

SAS 软件（见图 1-5）是一个模块化、集成化的大型应用软件系统，除了基本部分BASE SAS 模块，它还包含 STAT（统计）、QC（质量控制）、OR（规划）、ETS（预测）、IML（矩阵运算）等三十多个大小模块，其功能包括客户机/服务器计算、数据访问、数据存储及管理、应用开发、图形处理、数据分析、报告编制、质量控制、项目管理、运筹学方法、计量经济学与预测等，实际使用时可以根据需要选择相应的模块。

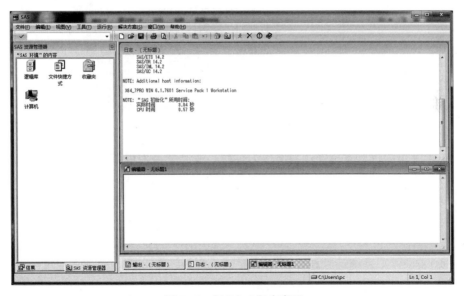

图 1-5 SAS 9.4 程序窗口

SAS 把数据存取、管理、分析和展现有机地融为一体，提供了从基本统计量的计算到各种试验设计的方差分析、相关回归分析以及多变量分析的多种统计分析过程，几乎囊括了所有最新分析方法，其分析技术先进、可靠。

系统的易用性很强，运行方式有窗口模式、行交互模式、非交互模式和批处理模式四种，其编程语句简洁、短小，通常只需很短的几个语句就可完成一些复杂的运算并得到满意的结果。

6. SPSS 软件

SPSS（Statistical Product and Service Solutions）意为"统计产品与服务解决方案"，主要应用于自然科学、技术科学、社会科学的各个领域。

SPSS（见图 1-6）由多个模块构成，其中 SPSS Base 为必需的基本模块，管理整个软件平台，管理数据访问、数据处理和输出，并能进行多种常见的基本统计分析（如描述统计和行列计算），还包括在基本分析中最受欢迎的常见统计功能（如汇总、计数、交叉分析、分类比较、描述性统计、因子分析、回归分析及聚类分析等）。其余模块分别用于完成某一方面的统计分析功能，它们均需要挂接在 Base 上运行。

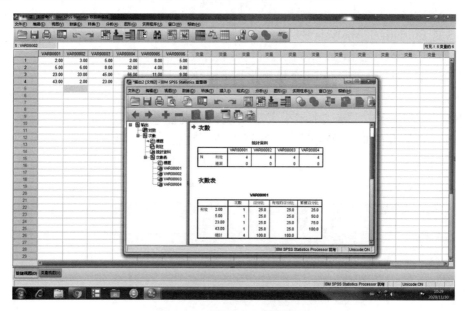

图 1-6   SPSS 22.0 程序窗口

SPSS 最突出的特点就是操作界面极为友好，输出结果美观漂亮，它以 Windows 的窗口方式展示各种管理和分析数据的功能，利用对话框展示出各种功能选择项，只要掌握一定的 Windows 操作技能，粗通统计分析原理，就可以使用该软件为特定的科研工作服务，是非专业统计人员首选的统计软件。

7. R 语言

R（见图 1-7）是统计领域广泛使用的 S 语言的一个分支，而 S 语言是一种用来进行数据探索、统计分析和作图的解释型语言。R 是基于 S 语言的一个 GNU 项目，所以也可以当作 S 语言的一种实现，通常用 S 语言编写的代码都可以不作修改地在 R 环境下运行。

R 是一套由数据操作、计算和图形展示功能整合而成的套件。主要包括有效的数据存储和处理功能；完整的数组（特别是矩阵）计算操作符；体系完整的数据分析工具，为数据分析和显示提供强大的图形功能；（源自 S 语言）完善、简单、有效的编程语言（包括条件、循环、自定义函数、输入输出功能）。

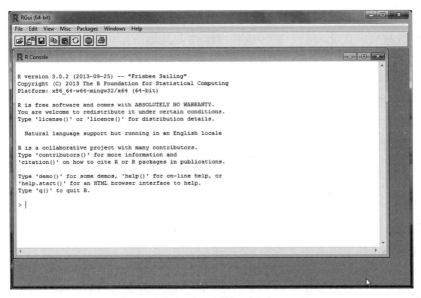

图 1-7 R 程序窗口

R 内含了许多实用的统计分析及作图函数,这个环境使得经典和现代统计技术在其中得到应用。一部分已经被内建在基本的 R 语言环境中,但更多的是以包的形式提供,用户可以通过 CRAN 的成员网站获得 (http://cran.r-project.org)。

8. LINGO 软件

LINGO 是求解最优化问题的专业软件包,它在求解各种大型线性、非线性、凸面和非凸面规划、整数规划、随机规划、动态规划、多目标规划、圆锥规划及半定规划、二次规划、二次方程、二次约束及双层规划等方面有明显的优势。

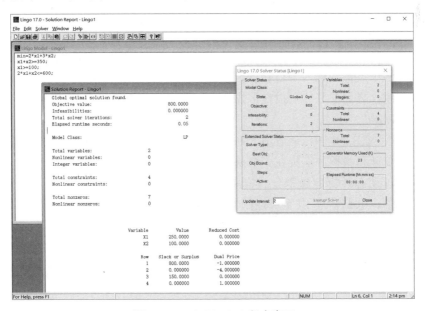

图 1-8 LINGO 17.0 程序窗口

LINGO 软件的内置建模语言提供了丰富的内部函数，从而能以较少的语句，较直观的方式描述大规模的优化模型。它的运算速度快，计算结果可靠，能方便地与 Excel、数据库等其他软件交换数据，使 LINGO 无疑成为解决优化问题、统计分析问题的最佳选择！

9. 几何画板软件

几何画板（the geometer's sketchpad）非常适用于辅助数学、物理的教学，它提供丰富而方便的创造功能使用户可以随心所欲地编写出自己需要的教学课件，也适用于学生进行研究性学习。利用它可以构造图形、图表，可以用鼠标拖拉几何对象，图形的几何关系保持不变。它为教师和学生提供了一个观察和探索几何图形内在关系的环境，帮助用户实现其教学思想。

几何画板以点、线、圆为基本元素，通过对这些基本元素的变换、测算、计算、动画、轨迹跟踪等，构造出其他更为复杂的图形。

几何画板的功能主要有以下几个方面：

（1）构造图形：几何画板提供了点、线、圆、弧等内部绘制工具和菜单，可以构造任何尺规能作的图形。另外，几何画板所提供的迭代功能可以构造分形等尺规所不能作的图形。

（2）画函数图像：几何画板所提供的轨迹追踪和绘制函数图像等功能可以画出任意函数的图像（以二维为主），不管是直角坐标系还是极坐标系。若函数有参数，还可以通过参数的变化，观察图像的变化。

（3）测量与计算：几何画板可以对几何图形进行测量，如线段的长度、两点间的距离、圆的半径、圆的面积、角度、弧长、点的坐标等。还可以对任意表达式进行计算，并动态地显示在屏幕上，若表达式中的测量值发生变化，则表达式的值也随之改变。

（4）几何变换：几何画板提供了平移、旋转、缩放、反射变换。变换时，除了固定值变换外，还可以利用距离、角度、向量、比例等控制变换。

（5）动画：几何画板可以使点自由运动或沿某个路径运动，可以控制运动的速度、方向，也可以使一个点移动到一个目标点。

它简单易用，界面友好，可以在多媒体教室或机房使用，如图 1-9 所示。

10. GeoGebra

GeoGebra（见图 1-10）是适用于所有教育阶段的动态数学软件，它将几何、代数、表格、图形、统计和微积分汇集在一个易于使用的软件包中，可以用于几何作图、函数绘图、代数演算、动态计算、微积分、概率统计等，还可以用于数学、物理等学科（运动学、力学、光学、电磁学），甚至可以制作化学、地理、语文等学科的课件。

GeoGebra 的界面非常友好，提供了代数区、绘图区、表格区、运算区、3D 绘图区等不同的区域，显示不同的数学对象。各区域之间相互关联，如在代数区中的表达式会在绘图区显示相应的图像。操作方法可以通过鼠标选择工具栏，也可以通过键盘输入指令来完成。

GeoGebra 目前提供 68 种语言支持，适用于 iOS、Android、Windows、Mac、Chromebook 和 Linux 的免费离线应用，也可以免费在线绘图、设置 3D 效果等。

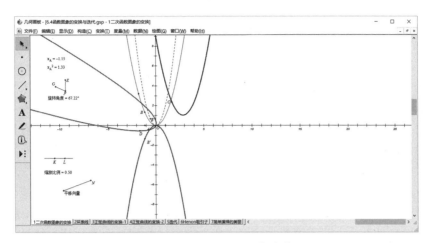

图 1-9 Sketchpad 5.06 程序窗口

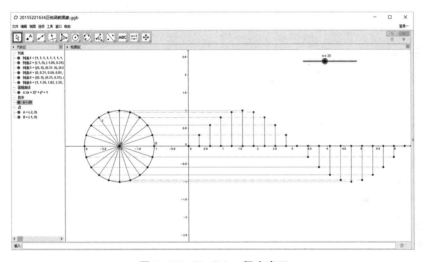

图 1-10 GeoGebra 程序窗口

1.2 数学实验

信息时代的人类文明是伴随大量数学问题的研究和探索而前进的，数学家利用计算机解决数学难题给我们以深刻启示。"四色定理"的计算机证明以 1 200 小时的机器运行实现了人工几百年无法完成的事情。互联网上"梅森素数寻找"在两年内找到了三个大梅森素数。大型计算机上 31 亿个碱基对的定位计算实现了人类基因草图这项世纪发明。

由于计算机科学技术的发展，相当多的数学方法已经被软件化（或算法化），成为"数学技术"。科学家用数学技术研究数学问题（探索、猜想、求解、验证），解决实际应用问题（建立模型、求数值解、做计算机模拟），逐步形成了数学科学中一个新的极具生命力的分支 —— 数学实验。

1.2.1 什么是数学实验

我们都熟悉物理实验和化学实验，就是利用仪器设备，通过实验来了解物理现象、化学物质等的特性。同样，我们也可通过数学实验来了解数学问题的特性并解决对应的数学问题。过去，由于实验设备和实验手段的限制，无法进行一些复杂的数学实验，教师只能借助一些简单的教具进行一些简单的实验，帮助学生理解数学知识。随着计算机的飞速发展，计算速度越来越快，软件功能也越来越强大，许多数学问题都可以由计算机代替完成，也为我们用实验解决数学问题提供了可能。

本书所说的数学实验是以计算机和软件为实验工具，进行数学运算、模拟仿真、显示图形、探索发展数学理论、证明猜想等，帮助人们学习数学，研究数学和应用数学。

数学实验软件平台由若干种数学软件组成，它提供各种强大的运算、统计、分析、求解、作图等功能，是数学实验室的主要组成部分。

综上所述，首先，数学实验是一种科研方法，应用这种方法有利于人类提出猜想，验证定理，纠正谬误；其次，数学实验是一种技术，这种技术适用于解决大量实际问题，从工程问题到理论问题，从社会科学到生命科学，等等；再次，数学实验也是一种学习手段，学习者借助计算机对数学概念、定理、命题进行多方位的演示或验证，获得在传统学习环境中无法获得的知识信息。

1.2.2 数学实验的基础

进行数学实验必须掌握一定的基本知识，其中数学是基础，如数学分析、高等代数、微分方程、计算方法、统计学等。计算机是工具，如计算机文化基础、程序设计语言、数学软件等。

1. 计算方法

计算方法又称"数值分析"，是为各种数学问题的数值解答研究提供最有效的算法。主要内容为函数逼近论、数值微分、数值积分、误差分析等。常用方法有迭代法、差分法、插值法、有限元方法等。

2. 数学软件

做数学实验需要一个软件平台，可以直接利用计算机语言，比如 BASIC 语言、FOR-TRAN 语言、PASCAL 语言、C 语言，等等；也可以利用专门的数学软件，比如 Maple、Mathematica、MATLAB，等等，这些数学软件通常都具有数值计算、符号演算、图形处理三大功能。还有一些软件只能解决某一个方面的数学问题，如 SAS、SPSS、LINGO，等等。

3. 数学建模

数学建模是联系数学与实际问题的桥梁，是数学在各个领域广泛应用的媒介，是数学科学技术转化的主要途径。数学建模在科学技术发展中的重要作用越来越受到数学界和工程界的普遍重视，已成为现代科技工作者必备的重要能力之一。

所谓数学模型，就是对客观事物或客观规律的一个数学描述。对于数学建模竞赛来说，数学建模是科学研究的一个缩影，因此，数学建模竞赛并非只与数学有关，而是由全体理工科专业的大学生共同参与的一项活动。整个活动通常由三个主要阶段构成：一是分析实际问题，二是建立数学模型，三是求解数学模型。

应用数学解决各类实际问题时，建立数学模型是十分关键的一步，同时也是十分困难的一步。建立数学模型的过程是把错综复杂的实际问题简化、抽象为合理的数学结构的过程。要通过调查、收集数据资料，观察和研究实际对象的固有特征和内在规律，抓住问题的主要矛盾，建立反映实际问题的数量关系，然后利用数学的理论和方法去分析和解决问题。这就需要深厚扎实的数学基础、敏锐的洞察力和想象力以及对实际问题的浓厚兴趣和广博的知识面。

1.2.3 数学实验的步骤

数学实验的题目一般都具有开放性，学生能对问题进行推广，甚至问题的结果具有不确定性，给学生充分的想象空间，以发挥他们的聪明才智，学生在分析问题、解决问题的同时，体会发现和创造的乐趣。

数学实验包括以下几个步骤：

（1）分析问题：对所给现实问题进行观察、分析，做必要的简化、假设和抽象，确定主要变量、参数等。

（2）建立数学模型：建立变量、参数之间的数学关系（即数学模型）。

（3）设计算法：找出求所建数学模型的解的算法，并写出相应的程序。

（4）应用、检验：通过上机运行程序，检验结果是否合理。

（5）总结：撰写总结报告，重点阐述数学模型的建立过程及应用、检验的结果。

小知识： 数学实验使用的主要仪器是计算机。计算机的运行速度是衡量计算机水平的主要指标之一。全球超级计算机 Top 500 排行榜每半年更新一次，2015 年 11 月的全球超级计算机 Top 500 榜单上，国防科技大学研制的"天河二号"超级计算机是冠军。2016年 6 月的 Top 500 排行榜，冠军易主，由国家并行计算机工程技术研究中心研制的"神威·太湖之光"登顶，"天河二号"屈居亚军。

与"天河二号"超算理论性能 54.9P Flops（1P Flops＝1 千万亿次）的计算能力相比，"神威·太湖之光"的 Linpack 浮点性能为 93P Flops，理论浮点性能为 125.4P Flops。

值得一提的是，"神威·太湖之光"计算机不仅仅是性能强大，在美国对中国超算开展封锁之后，国内获得高性能 HPC 芯片的来源基本被截断了，但"神威·太湖之光"已经全部使用国产 CPU 处理器，中国是继美国、日本之后第三个采用自主 CPU 建设千万亿级超级计算机的国家。

习题一

选择题

1. 下面不属于数学软件的有（　　）。

    A. MATLAB   B. Office   C. Maple   D. Mathematica

2. 下面只能进行统计分析的软件是（　　）。

　　A. MATLAB　B. Mathematica　　C. SPSS　　　　D. LINGO

3. 下面既可以进行各类数值计算，又可以进行符号运算，还可以绘制图形的软件是（　　）。

　　A. MATLAB　B. SPSS　　　　C. Sketchpad　　D. LINGO

4. 下面说法不正确的是（　　）。

　　A. 数学实验是一种科研方法　　　　B. 数学实验是一种学习方法

　　C. 数学实验是一种技术　　　　　　D. 数学实验可以代替数学证明

第二章

MATLAB 基础

本章主要介绍 MATLAB 开发环境和基本知识，内容包括 MATLAB 的程序界面以及 MATLAB 语言的数据类型、运算符、控制语句。通过对本章的学习，读者可以对 MATLAB 有初步了解并能够进行简单的运算和操作，能够编写简单的命令文件或函数文件并运行。由于 MATLAB 软件不断更新，因此，不同版本的语法规则会有差异。本书将以 R2020a 版本为标准，介绍 MATLAB 的功能和使用方法。

2.1 MATLAB 的程序界面

了解并熟悉交互界面的基本功能和操作，才能更好地利用 MATLAB 进行学习和研究，达到事半功倍的效果。

启动 MATLAB R2020a 后，桌面上会弹出 MATLAB R2020a 默认的程序界面。这个程序界面与 Windows 的其他程序界面的风格有所不同。MATLAB R2020a 程序界面的上半部分包括"主页"、"绘图"和"APP"三个选项卡（tab），其中"主页"选项卡又分为"文件"、"变量"、"代码"、"SIMULINK"、"环境"和"资源"几个区（section），每个区中有若干个命令；程序界面的下半部分包括三个窗口，分别为当前文件夹（Current Folder）、命令行窗口（Command Window）和工作区（Workspace），如图 2-1 所示。

MATLAB 程序界面窗口的布局可以通过"主页"选项卡上"环境"区中的"布局"命令进行设置。

对每个窗口可以单击窗口右上角的下拉箭头，在弹出的菜单中选择相应的命令来执行，如最小化、最大化、取消停靠等（见图 2-2）。

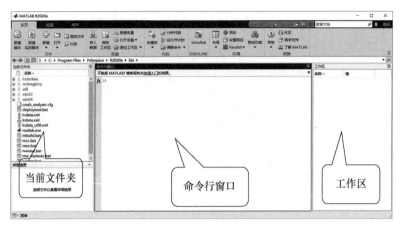

图 2-1 MATLAB R2020a 主界面

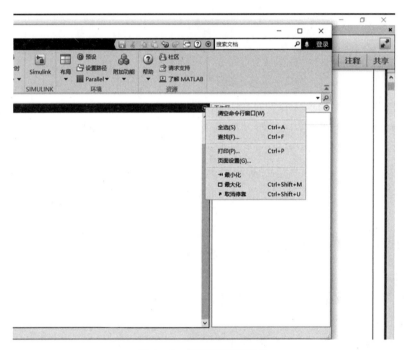

图 2-2 窗口的下拉菜单

2.1.1 命令行窗口

1. 命令行窗口的功能

命令行窗口是用户与 MATLAB 编译器进行通信的工作环境，采用交互式设计方式，主要功能是：接受输入的命令或函数调用，显示命令或函数执行的结果，若有错误，则反馈错误信息。

2.1.1 命令行窗口

在命令行窗口中，显示的"＞＞"为提示符，表示 MATLAB 编译器正等待用户输入命令，所有 MATLAB 命令或函数调用都要在这个提示符后面输入才能执行。

注意：在本书的例题中，凡是带有"＞＞"符号的命令均表示是在命令行窗口执行的，上机操作时只输入"＞＞"后面的内容即可！

例如，要创建一个变量，并赋值 3.14，在命令行窗口依次输入以下命令：

＞＞x ＝ 3.14

则命令行窗口中显示：

x ＝

    3.1400

同时在工作区窗口会显示变量 x 的相关信息。

注意：在上面的例子中，只要在命令行窗口中输入"x＝3.14"然后按回车键即可，不要输入"＞＞"。

若要计算 x 的正弦函数值，可继续在提示符"＞＞"后输入表达式 sin(x) 并回车（如图 2-3 所示）。

图 2-3 命令行窗口使用举例

＞＞sin(x)

    ans ＝

        0.0016

其中，ans 是 answer 的缩写，是 MATLAB 中的默认结果变量，当没有指定存储数据的变量时，就默认使用 ans 来保存数据。

若在表达式后面输入分号"；"，则 MATLAB 系统只完成该命令要求的计算任务，不显示计算结果。

如果在命令行窗口中输入如下命令：

＞＞x ＝ 4.56；

则在命令行窗口中将不显示赋值结果（见图 2-3）。这个功能在程序设计中是非常必要的，它可以免除系统资源对中间结果进行十进制和二进制之间的转换，使程序运行速度成倍甚至成百倍地提高。

MATLAB 的命令行窗口对某些输入错误的命令或函数具有自动更正的功能，例如，假设将函数 sin 错写为 sn，而键入了如下命令：

>> sn(x)

则命令行窗口显示：

函数或变量'sn' 无法识别。
是不是想输入：
>> sin(x)

这时，你直接按回车键即可。

为了简化命令的输入，MATLAB 会自动存储你输入过的所有命令，当你需要输入一个已经执行过的命令时，可以调出以前输入并执行过的命令。MATLAB 提供了一些命令行功能键来实现这一功能。

表 2 - 1　常用的命令行功能键

按键	功能	按键	功能
↑	重调前一行	End	光标移动到行尾
↓	重调下一行	ESC	清除一行
←	光标左移一个字符	Backspace	删除光标左侧一个字符
→	光标右移一个字符	PageUp	向前翻页
Ctrl+←	光标左移一个字	PageDown	向后翻页
Ctrl+ →	光标右移一个字	Ctrl+Home	光标移到命令行窗口首
Home	光标移动到行首	Ctrl+End	光标移到命令行窗口尾

例如，你想重新将 x 赋值为 3.14，这时不用重新键入整行命令，而只需按"↑"键，找出刚才输入的命令行 x＝3.14，接着按回车即可正常运行。特别地，还可以只键入几个字母再使用"↑"键，即可调出最后一条以这些字母开头的命令。例如，想再次计算 sin(x)，可以先输入 s，再按"↑"键。

在提示符下，若想删除一个还没执行的命令，可以直接按 ESC 键。另外，用 clc 命令可以清除命令行窗口中的所有文本。

2. 数值的显示格式

MATLAB 以双精度浮点数来执行运算。显示数值结果时，如果是整数，则显示整数；如果是实数，则默认显示小数点后四位有效数字。用户可以通过 format 命令来改变数值的显示格式，但不影响数值的计算与存储，即 MATLAB 总是以双精度浮点数来执行运算。

format 命令的格式如下：

● format style，设置命令行窗口数据的输出格式为 style，其中 style 的值及作用见表 2 - 2。

● format，设置命令行窗口数据的输出格式为默认格式，即浮点表示法的十进制固定小数点短格式和适用于所有输出行的宽松行距。

表 2 - 2　数值的显示格式

style	作用	以 10 * pi 为例
short	十进制固定小数点短格式，小数点后包含 4 位数，这也是默认格式	31.4159
long	十进制固定小数点长格式，double 值的小数点后包含 15 位数，single 值的小数点后包含 7 位数	31.415926535897931
shortE	科学记数法短格式，小数点后包含 4 位数	3.1416e＋01
longE	科学记数法长格式，double 值的小数点后包含 15 位数，single 值的小数点后包含 7 位数	3.141592653589793e＋01
shortG	十进制固定小数点短格式或科学记数法（取更紧凑的一个），总共 5 位有效数字	31.416
longG	十进制固定小数点长格式或科学记数法（取更紧凑的一个），对于 double 值，总共 15 位有效数字；对于 single 值，总共 7 位有效数字	31.4159265358979
shortEng	工程记数法短格式，小数点后包含 4 位有效数字，指数为 3 的倍数	31.4159e＋000
longEng	工程记数法长格式，总共包含 15 位有效数字，指数为 3 的倍数	31.4159265358979e＋000
hex	数值在内存存储的二进制的十六进制表示形式	403f6a7a2955385e
＋	正/负格式，对正、负和零元素分别显示 ＋、－ 和空白字符	＋
rat	比率格式，分子和分母为两个最小整数	3550/113
bank	货币格式，小数点后包含 2 位数	31.42
compact	这是设置行距的参数，它可以隐藏过多的空白行以便在一个屏幕上显示更多内容	>> 10 * pi ans = 　31.4159
loose	输出行之间添加空白行以使输出更易于阅读，这是默认格式	>> 10 * pi ans = 　31.4159

例如，以不同的显示格式显示圆周率的值：

```
>> pi
ans =
    3.1416
>> format long
>> pi
ans =
    3.141592653589793
>> format shortE
>> pi
ans =
    3.1416e＋00
```

上述设置也可以通过"主页"选项卡上"环境"区中的"预设"命令来改变数值的显示格式，如图 2-4 所示，在窗口左边树形列表里选择"命令行窗口"，在右侧的"数值格式"下拉菜单中修改输出格式，然后点击"确定"即可。

图 2-4　MATLAB "预设项"对话框

利用该对话框还可以设置各个窗口字体的大小、工具栏的命令的增删等。

2.1.2　工作区

工作区（Workspace）是 MATLAB 的变量管理中心，每次启动 MATLAB 都会自动建立一个工作区，这个工作区又称为基本工作区（Base Workspace）。运行 MATLAB 的程序或命令时生成的变量被加入工作区中，除非用特殊的命令删除某变量，否则该变量在关闭 MATLAB 之前一直保存在工作区。工作区在 MATLAB 运行期间一直存在，关闭 MATLAB 后，工作区才会自动消除。

利用工作区可以观察内存中变量的名称、值、尺寸和类别等信息，右击工作区中变量列表的标题栏，在弹出的菜单中可选择显示变量的信息类型（如图 2-5 所示）。不同类型的变量用不同的图标表示，在工作区还可以创建、删除、保存、导入变量或修改变量的值。

除了用工作区管理变量外，在命令行窗口还可以通过一些命令来管理工作区中的变量。

（1）who 或 whos，显示工作区中的所有变量。who 只显示变量名，whos 给出变量的大小、数据类型等信息。

（2）class（变量名），显示工作区中指定变量的数据类型。

（3）size（变量名），显示工作区中指定变量的大小（维数）。

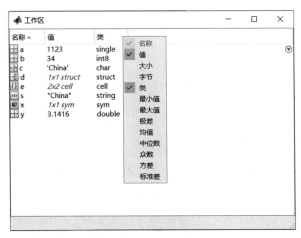

图 2 - 5　工作区窗口

（4）length（变量名），显示最大数组维度的长度。若变量是向量，其结果就是向量中元素的个数；对于具有更多维度的数据，长度为 $\max(\text{size}(X))$；空数组的长度为零。如果 x 是一个 3 行 5 列的数组，则 $\text{length}(x)$ 的值为 5。

（5）disp（变量名），显示工作区中指定变量的值。

（6）clear，清除工作区中的所有变量。

（7）clear　var1 var2 var3 …或 clear ('var1', 'var2', 'var3', …)，清除指定的变量。

例 2 - 1　首先定义三个变量 x，y，z 并分别赋值，然后查看工作区中的变量名、类型及值，最后清除变量 z。

在命令行窗口中依次输入下面的命令：

```
>> clear
>> x = 123; y = 3. 14159; z = 100;
>> who
您的变量为:
x  y  z
>> whos
Name       Size              Bytes  Class      Attributes
x          1x1                   8  double
y          1x1                   8  double
z          1x1                   8  double
>> disp(x)
    123
>> disp(y)
    3. 1416
>> disp(z)
    100
```

```
>> clear z
>> who
```

您的变量为：

```
x  y
```

2.1.3　当前文件夹

当前文件夹（Current Folder）显示了 MATLAB 在对文件操作（保存、打开等）时默认的工作目录，默认情况下只显示文件名，右击该窗口的标题栏，可以选择显示文件的大小、修改日期、类型等内容。在当前文件夹中的某一文件上单击鼠标右键，会弹出上下文菜单，可通过此菜单实现对文件的打开、运行、重命名、复制、删除等操作（如图 2-6 所示）。窗口的下面是当前文件夹浏览器，用于显示选定文件的相关信息。

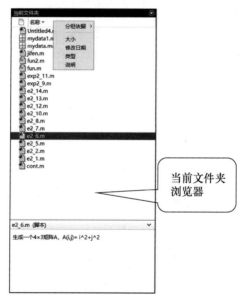

图 2-6　当前文件夹窗口

用户可以通过窗口上方的浏览文件夹工具 ◄ ► ⬆ 🔲 📁 ⬆ │ C：▶ Program Files ▶ MATLAB ▶ R2014a ▶ 来改变当前文件夹。

2.1.4　"命令历史记录"窗口

在命令行窗口中，按 ↑ 键会弹出"命令历史记录"（Command History）窗口，也可以通过"主页"选项卡上"环境"区中的"布局"命令，选择"命令历史记录"→"停靠"，使该窗口固定在工作界面上。"命令历史记录"窗口记录了所有执行过的命令及执行时间（如图 2-7 所示），用户可以用鼠标双击该窗口中的某一历史命令来重新执行该命令，也可以用鼠标右击某一历史命令，利用弹出的上下文菜单，复制、删除、执行命令。

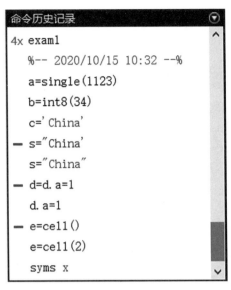

图 2-7　"命令历史记录"窗口

2.2　搜索路径

MATLAB 搜索路径是文件系统中所有文件夹的子集，用于帮助 MATLAB 找到需要的文件。当我们在 MATLAB 命令行窗口中输入一个命令（以 demo 为例）后按回车键，MATLAB 按下列顺序工作：

（1）在工作区中检查 demo 是不是一个变量，如果是，则返回该变量的值；否则转入（2）。

（2）检查 demo 是不是一个内部函数，如果是，则执行该内部函数；否则转入（3）。

（3）在当前文件夹中查找是否有名为 demo.m 的文件，如果有，则执行该文件；否则转入（4）。

（4）在搜索路径中查找是否有名为 demo.m 的文件，如果有，执行该文件；否则给出出错信息。

由此可以看出，当我们执行一个 M 文件（见 2.7 节）时，要确保该文件在当前文件夹中，或者在搜索路径中，否则计算机将报告出错。

对 MATLAB 搜索路径的管理可用 path 命令，格式如下：

- path，显示 MATLAB 的搜索路径，该路径存储在 pathdef.m 中。
- path（newpath），将搜索路径更改为 newpath。
- path（oldpath, newfolder），将 newfolder 文件夹添加到搜索路径的末尾。如果 newfolder 已存在于搜索路径中，则将 newfolder 移到搜索路径的末尾。
- path（newfolder, oldpath），将 newfolder 文件夹添加到搜索路径的开头。如果 newfolder 已经在搜索路径中，则将 newfolder 移到搜索路径的开头。
- p = path（…），以字符向量形式返回 MATLAB 搜索路径。

例 2-2　显示 MATLAB 的搜索路径。

```
>>path
    MATLABPATH
    C:\Users\jiey\Documents\MATLAB
    C:\Users\jiey\AppData\Local\Temp\Editor_vxdxq
    C:\Program Files\Polyspace\R2020a\toolbox\matlab\capabilities
    C:\Program Files\Polyspace\R2020a\toolbox\matlab\datafun
    C:\Program Files\Polyspace\R2020a\toolbox\matlab\datatypes
    C:\Program Files\Polyspace\R2020a\toolbox\matlab\elfun
    C:\Program Files\Polyspace\R2020a\toolbox\matlab\elmat
    C:\Program Files\Polyspace\R2020a\toolbox\matlab\funfun
    C:\Program Files\Polyspace\R2020a\toolbox\matlab\general
    C:\Program Files\Polyspace\R2020a\toolbox\matlab\iofun
    C:\Program Files\Polyspace\R2020a\toolbox\matlab\lang
    C:\Program Files\Polyspace\R2020a\toolbox\matlab\matfun
    C:\Program Files\Polyspace\R2020a\toolbox\matlab\mvm
    C:\Program Files\Polyspace\R2020a\toolbox\matlab\ops
    ............
```

例 2-3　将文件夹 D:\mypath 添加到搜索路径的开始。

```
>> path ('d:\mypath', path);
```

搜索路径的设置也可以通过"主页"选项卡上"环境"区中的"设置路径"命令，打开"设置路径"对话框（如图 2-8 所示），点击"添加文件夹…"按钮，加入新路径，然后点击"保存"按钮，把该目录永久地保存在 MATLAB 的搜索路径上。还可以使用"移至顶端""上移""下移""移至底端"等按钮调整文件夹在搜索路径中的位置，"删除"按钮将删除搜索路径中被选中的文件夹。

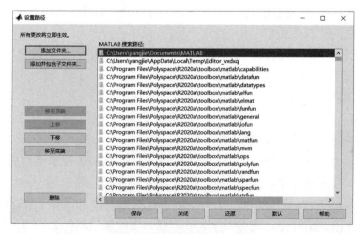

图 2-8　搜索路径设置窗口

注意：搜索路径上的文件夹顺序十分重要，当在搜索路径上的多个文件夹中出现同名文件时，MATLAB 将使用搜索路径中最靠前的文件夹中的文件。

想一想：如果编写的程序文件保存在 F 盘的 AppData 文件夹中，应该执行什么操作才能确保 MATLAB 找到该文件？

2.3　帮助系统

MATLAB 提供以下几种帮助的方法：

（1）使用 doc 命令在单独的窗口中打开函数文档。格式如下：

● doc，打开"帮助"浏览器。

● doc name，显示 name 相关文档。

（2）在键入函数输入参数的左括号之后稍停或按 Ctrl＋F1，此时命令行窗口中会显示相应函数的提示（函数文档的语法部分）。

（3）帮助命令 help 和 lookfor。

帮助命令是查询函数语法最基本的方法，查询信息直接显示在命令行窗口。

1）help，提供 MATLAB 大部分主题的在线帮助信息，其用法是：

● help，显示 help 主题一览表。

● help 函数名，显示相应函数的有关帮助信息。

● help 帮助主题，获取指定主题的帮助信息。帮助主题可以是命令名、目录名或 MATLAB 搜索路径中的部分路径名。帮助主题如果是命令名，则显示该命令信息；如果是目录名或部分路径名，则列出指定目录下的文件名和简要说明。

例 2 - 4　显示函数 sin 的帮助信息。

>>help sin

sin -参数的正弦，以弧度为单位

此 MATLAB 函数返回 X 的元素的正弦。sin 函数按元素处理数组。该函数同时接受实数和复数输入。对于 X 的实数值，sin(X) 返回区间 [-1，1] 内的实数值。对于 X 的复数值，sin(X) 返回复数值。

    Y = sin(X)
    另请参阅 asin，asind，sind，sinh，sinpi，sin 的文档
    名为 sin 的其他函数

2）lookfor 在所有帮助条目中搜索关键字。

虽然 help 可以随时提供帮助，但必须知道准确的函数名称。当不能确定函数名称时，help 就无能为力了。这时就可以使用 lookfor 命令，它可通过完整或部分关键词，搜索出一组与之相关的命令的帮助信息。一般情况下，该命令仅搜索各个文件帮助文本的第一行。如：

>>lookfor si　　　　　　　　% 该命令显示结果太多，在此省略，请读者自己运行一下。

（4）"帮助"窗口。

"帮助"窗口给出的信息与帮助命令给出的信息内容一样，但在"帮助"窗口给出的信息按目录编排，比较系统，更容易浏览与之相关的其他函数（如图 2 - 9 所示）。两种方法进入"帮助"窗口：

1）单击"主页"选项卡上"资源"区中的帮助命令。

2）单击 F1。

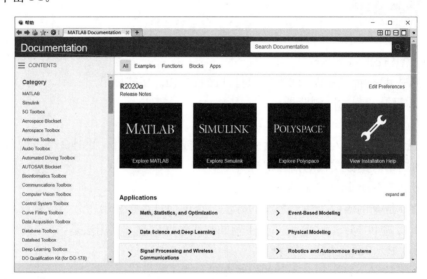

图 2 - 9　"帮助"窗口

2.4　数据与数据类型

数据是 MATLAB 软件处理的对象，根据数据属性的不同，将数据划分为不同的数据类型，一个数据可以用常量形式表示，也可以用变量来存储。

2.4.1　常量

2.4　数据与数据类型

常量是指在计算过程中不变的量，如 123，3.141 59，1.3e－8，'China'，true，都是常量。除此之外，MATLAB 还预定义了一些特殊数据，如表 2 - 3 所示。

表 2 - 3　MATLAB 中预定义的常量

名称	代表的数据	名称	代表的数据
i 或 j	虚数单位，定义为 $\sqrt{-1}$	realmin	double 型数据最小的正浮点数，2.225 1e－308
pi	圆周率	realmax	double 型数据最大的浮点数，1.797 7e＋308
eps	浮点数的相对误差，定义从 1.0 到下一个较大双精度数的距离	intmax	32 位二进制数表示的最大正整数，2 147 483 647

续表

名称	代表的数据	名称	代表的数据
NaN	表示非数，如 0/0，inf/inf	intmin	32 位二进制数表示的最小负整数，－2 147 483 648
Inf	无穷大，如 1/0	flintmax	double 型数据的连续整数中的最大值 9 007 199 254 740 992，也就是 2^{53}，这说明 double 数据类型不能表示数据范围内的所有整数

注 1：表 2 - 3 中的名称不要作为变量名使用。根据 MATLAB 的规则，当命令行窗口内的命令中出现一个标识符时，工作区中的变量名会优先被搜索到。因此，如果表 2 - 3 中的名称被当作变量名使用，则名称所定义的常量值会失效。

如：
```
>> eps                    % 显示 eps 的值
ans =
    2.2204e - 16
>> eps = 1                % 给 eps 赋值
eps =
    1
>> eps                    % 显示 eps 的值
eps =
    1
```

从以上结果可以看出：给 eps 赋值后，eps 就是一个变量名了，会出现在工作区中。若要恢复 eps 原来的值，那么只要用 clear 命令将变量 eps 清除即可。

注 2：上述表中的名称也可以用函数的形式使用，详细使用方法请参阅 MATLAB 的 Help。例如，若要获得 single 类型数据的最大浮点数，可使用下面的命令：

```
>> realmax('single')
ans =
  3.4028e + 38
```

获得 MATLAB 能够表示的、比 10 大的双精度数与 10 的距离：

```
>> eps(10)
ans =
  1.7764e - 15
```

想一想：在命令行窗口输入如下命令，为什么 x＋1 的计算结果是错误的？

```
>>x = flintmax('single')
x =
  single
    16777216
>> x + 1
```

```
ans =
  single
    16777216
```

2.4.2　变量

在 MATLAB 中，所有变量都是一个多维数组，其中二维数组在线性代数中也称为矩阵。使用变量不需要对所使用的变量进行事先声明，也不需要指定变量的数据类型，它会自动根据所赋予变量的值或对变量所进行的操作来确定变量的数据类型。

在 MATLAB 中每个变量都要有一个名字，给变量命名必须遵循如下规则：

（1）变量名区分大小写字母，因此 a 与 A 是两个不同的变量；

（2）变量名以字母开头，变量名中可以包含字母、数字和下划线，但不能使用标点；

（3）变量名最多包含 63 个字符，之后的字符将被忽略；

（4）不能用 MATLAB 关键字（如 if 和 end 等）作为变量名；

在命令行窗口或程序中，可以通过赋值号（＝）定义变量并给变量赋值。如：

>> x = 123;

在工作区中会显示名为 x 的变量的相关信息。

如果要给变量赋值为一个数组，则输入格式的要求如下：

（1）数组的元素必须在方括号［］中；

（2）数组的同行元素之间用空格或逗号","分隔；

（3）数组的行与行之间用分号";"或回车键分隔。

例 2-5　创建变量并赋值。

在命令行窗口依次输入下面的命令：

```
>>x = [1 2 3 4 5 6 7 8 9]
  x =
1  2  3  4  5  6  7  8  9
>>y = [1, 2, 3; 4, 5, 6; 7, 8, 9]
  y =
      1    2    3
      4    5    6
      7    8    9
```

注：在赋值过程中，如果变量已存在，MATLAB 将使用新值代替旧值，并以新的变量类型代替旧的变量类型。

2.4.3　数据类型

为了适应多种运算的需要，MATLAB 提供了多种数据类型，这些数据类型最大的特点是：除函数句柄（function handle）以外，每一种类型都以数组为基础，从数组中派生出来，如图 2 - 10 所示。

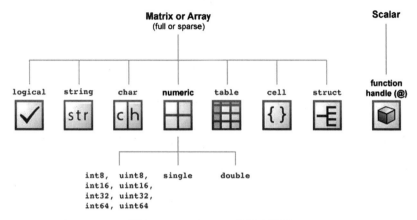

图 2 - 10　MATLAB 的数据类型

说明： 在大多数计算机语言中，数组是一种数据类型，它是由若干相同数据类型的数据组成的集合。但在 MATLAB 中，除了函数句柄以外的所有变量都是一个数组，标量是只包含一个数据的数组，向量是一个一维数组，矩阵是一个二维数组，也就是说，标量、向量和矩阵都是用数组来存储的。在本书中，我们之所以把标量、向量、矩阵、数组区分开，主要是因为它们的运算规则不同。

由图 2 - 10 可以看出，MATLAB 支持的数据类型非常丰富，这使 MATLAB 具有较强的数据处理能力。

（1）逻辑型（logical）：表示"真""假"的数据，"真""假"可以用 true 或 flase 表示，但输出时用 1 和 0 来表示。例如，定义变量 f 并赋值为真：

$>>$ f = true

f =

　　logical

　　　1

（2）字符型和字符串型（char and string）：这种数据就是我们通常所说的文本，一般说字符数据是指 ASCII 表中的单个字符，而字符串是指由若干个字符组成的字符序列。在 MATLAB 中字符串有两种存储方式：

1）字符数组：字符数组的每个元素存储一个字符，常量用单引号括起来。如：

$>>$ c1 = 'A';

$>>$ c2 = 'China';

$>>$ c2(1)

ans =

　　'C'

2）字符串数组：字符串数组的每个元素存储一个字符串，常量用双引号括起来（R2017a 之前版本不支持此表述方法）。如：

```
>>s1 = "A";
>>s2 = "China";
>>s2(1)
ans =
    "China"
```

注意：c2 是一个字符数组，它的类型是 char，大小是 1×5；s2 是一个字符串数组，它的类型是 string，大小是 1×1。

（3）数值型（numeric）：数值型数据就是我们通常所说的数字，根据数值是否有小数分为浮点型或实型（floating-point）和整型（integer）。

浮点型根据数据的有效位数又分为单精度（single-precision）和双精度（double-precision）两种。单精度数据在内存中占 4 个字节，其正数的范围约为 $1.175\,49\times10^{-38}\sim 3.402\,82\times10^{38}$，有效数字为 6～7 位；双精度数据在内存中占 8 个字节，其正数的范围约为 $2.225\,07\times10^{-308}\sim1.797\,69\times10^{308}$，有效数字为 15～16 位。

一个数值型数据在没有特殊声明的情况下，默认为双精度型。例如，定义变量 x 并赋值 123：

```
>>x = 123;
>>class(x)
ans =
    double
```

从运行结果可以看出，123 形式上是一个整数，但变量 x 并不是一个整型变量，说明 MATLAB 把 123 当作一个双精度实数。

整型可分为有符号（signed）和无符号（unsigned）两种，每一种又根据在内存中所占字节数分为 1 字节、2 字节、4 字节和 8 字节四种。这 8 种类型的数据范围见表 2-4。

表 2-4　整数数据的数据范围

有符号整数	数据范围	无符号整数	数据范围
1 字节	−128～127	1 字节	0～255
2 字节	−32 768～32 767	2 字节	0～65 535
4 字节	−2 147 483 648～2 147 483 647	4 字节	0～4 294 967 295
8 字节	−9 223 372 036 854 775 808～9 223 372 036 854 775 807	8 字节	0～18 446 744 073 709 551 615

在 MATLAB 中可以使用复数，一个复数实际上由两部分组成：实部和虚部。复数的数据类型是由实部和虚部的类型决定的，设 $z=a+bi$：

1）若 a 和 b 有一个为 single 型，则另一个可以是 single 或 double 型，z 为 single 型；

2）若 a 和 b 中有一个为整型，则另一个要么是同类型的整型，要么是 double 型，z 是同类型的整型；

生成一个复数可以调用下面的函数：

● $z=\text{complex}(a,b)$，通过两个实数输入创建一个复数输出 z，这样 $z=a+bi$。

例如：

```
>>z = complex(1, 2)
        z =
            1.0000 + 2.0000i
```

如果 a 和 b 为 single 或 double 型，则可以直接用表达式 $a+b*i$ 生成。例如：

```
>> z = 3 - 2i
z =
    3.0000 - 2.0000i
```

（4）结构体（struct）：是指由一组相关数据组成的一个数据集合，其中每个元素称为一个数据域，数据域的数据类型和大小可以是任意的。每个数据域通过数据域的名字进行访问，形式与 C 语言中的结构体类似，访问数据域时变量名与数据域名之间用圆点分隔。

例如，把一个学生的信息存储到一个结构体变量 student 中：

```
>> student. num = "2018001";
>> student. name = "Li Ming";
>> student. age = 20;
```

也可以通过调用 struct 函数创建一个结构体数组，语法格式为：

● s = struct（field1，value1，…，fieldN，valueN），创建一个包含多个字段的结构体数组。

```
>> student = struct ('num',"2018001", 'name',"Li Ming", 'age', 20)
student =
包含以下字段的 struct：
    num:"2018001"
    name:"Li Ming"
    age: 20
```

读取 student 变量中的姓名：

```
>> student. name
ans =
    "Li Ming"
```

（5）单元数组（cell）：是由不同数据类型的数据组成的一个数据集合，其中每个元素称为一个单元，单元的数据类型和大小可以是任意的，每个单元通过下标进行访问。

创建单元数组可以用{ }，如：

```
>> Mycell = {1, 3, 6, 'China', rand (3), {4, 3.14, 'text'} }
Mycell =
1×6cell 数组
    {[1] }    {[3] }    {[6] }    {'China'}    {3×3 double}    {1×3 cell}
```

创建具有指定大小的单元数组，可以使用 cell 函数，格式如下：

- $C = \text{cell}(n)$，返回由空矩阵构成的 $n \times n$ 单元数组。
- $C = \text{cell}(\text{sz1}, \cdots, \text{szN})$，返回由空矩阵构成的 sz1 $\times \cdots \times$ szN 单元数组，其中，sz1，$\cdots$，szN 表示每个维度的大小。

对单元数组的访问有两种方式：

1）用圆括号，其结果仍然是单元数组，例如：

```
>> Mycell(1: 4)
   ans =
   1×4cell 数组
     { [1] }     { [3] }     { [6] }     {'China'}
>> class(ans)
   ans =
       'cell'
```

2）用花括号，其结果是单元中的数据，例如：

```
>> Mycell{4}
ans =
   'China'
>> class(ans)
ans =
     'char'
```

（6）表（table）：是由若干行和若干列组成的二维表格，每一列有一个名字。表中同一列中的数据必须是同类型的，但不同列的数据的类型可以不同。

创建表可以使用 table 函数，格式如下：

- $T = \text{table}(\text{var1}, \cdots, \text{varN})$，根据输入变量 var1，$\cdots$，varN 创建表。变量的大小和数据类型可以不同，但所有变量的行数必须相同。

例 2 - 6　创建一个学生表，有 5 个学生，每个学生有学号、姓名、性别、年龄、入学成绩等信息，具体操作如下：

```
>> num = [1000; 1001; 1002; 1003; 1004];
>> name = {'李丽'; '张浩'; '刘路'; '王斌'; '杨阳'};
>> sex = {'女'; '男'; '女'; '男'; '男'};
>> age = [18; 17; 19; 18; 19];
>> score = [592; 588; 620; 601; 599];
>> F = table (num, name, sex, age, score)
F =
   5×5table
```

num	name	sex	age	score
1000	{'李丽'}	{'女'}	18	592
1001	{'张浩'}	{'男'}	17	588
1002	{'刘路'}	{'女'}	19	620
1003	{'王斌'}	{'男'}	18	601
1004	{'杨阳'}	{'男'}	19	599

访问表中的数据有三种方式：

1) 用圆括号，其下标可以用数字，也可以用名称，结果还是表，如：

>>F（1：2,：）

ans =

　2×5table

num	name	sex	age	score
1000	{'李丽'}	{'女'}	18	592
1001	{'张浩'}	{'男'}	17	588

或：

>> F（1：2, {'num', 'name', 'sex', 'age', 'score'}）

ans =

　2×5 table

num	name	sex	age	score
1000	{'李丽'}	{'女'}	18	592
1001	{'张浩'}	{'男'}	17	588

>> class（ans）

ans =

　　'table'

2) 用花括号，其下标可以用数字，也可以用名称，但结果是表中的数据。若下标有多个，则组成向量，这时要求数据类型相同。例如：

>> F {1：5, 'score'}

ans =

　592

　588

　620

```
      601
      599
>> class（ans）
ans =
      'double'
```

3）用圆点，其结果是表中的数据，如：

```
>> F. score
ans =
      592
      588
      620
      601
      599
```

也可以只提取某几行，如：

```
>> F. name（1：2）
ans =
      2×1 cell 数组
    {'李丽'}
    {'张浩'}
```

（7）函数句柄（function handle）：是一种存储指向函数关联关系的 MATLAB 数据类型，在 MATLAB 中可以用来间接调用函数。函数句柄可以转递给其他函数，也可以存储起来。创建函数句柄用符号@加函数名，例如，定义一变量保存 sin 的函数句柄：

```
>>h = @sin;              % 定义 sin 函数的句柄
>>h(pi/6);               % 利用函数句柄计算 sin(π/6)
```

2.4.4　数据类型的转换

在用 MATLAB 进行数据处理时，我们面对的数据类型往往不符合数据处理的要求。例如，我们想要输入一个整数 123，如果直接输入 123，MATLAB 默认为这是一个 double 型数据，这就需要我们进行强制的数据类型转换。下面介绍几个常用的数据类型转换的函数，其他类型的转换函数请读者参考 MATLAB 所提供的 Help 文档。

1. 数值数据之间的转换

- $B = \text{single}(A)$，将 A 的数据类型转换为单精度实数。

例如：$>>x = \text{single}(123)$；则变量 x 的数据类型为单精度实数。

- $B = \text{double}(A)$，将 A 的数据类型转换为双精度实数。
- $B = \text{int8}(A)$，将 A 的数据类型转换为 8 位有符号整数。

例如：$i = \text{int8}(123)$；则变量 i 的数据类型为 8 位整数。

- $B = \mathrm{int16}(A)$，将 A 的数据类型转换为 16 位有符号整数。
- $B = \mathrm{int32}(A)$，将 A 的数据类型转换为 32 位有符号整数。
- $B = \mathrm{int64}(A)$，将 A 的数据类型转换为 64 位有符号整数。
- $B = \mathrm{uint8}(A)$，将 A 的数据类型转换为 8 位无符号整数。
- $B = \mathrm{uint16}(A)$，将 A 的数据类型转换为 16 位无符号整数。
- $B = \mathrm{uint32}(A)$，将 A 的数据类型转换为 32 位无符号整数。
- $B = \mathrm{uint64}(A)$，将 A 的数据类型转换为 64 位无符号整数。

2. 文本转换为数值

- $d = \mathrm{base2dec}(\mathrm{baseStr}, \mathrm{base})$，把 $\mathrm{base}(2 \leqslant \mathrm{base} \leqslant 36)$ 进制表示的数字文本 baseStr 转换为十进制数，其中 baseStr 可以是用单引号和双引号括起来的字符序列。例如：

>>n1 = base2dec('213', 8)

n1 =

　　139

- $d = \mathrm{bin2dec}(\mathrm{binStr})$，把二进制表示的数字文本 binStr 转换为十进制数。例如：

>> n2 = bin2dec("1000101")

n2 =

　　69

- $d = \mathrm{hex2dec}(\mathrm{hexStr})$，把十六进制表示的数字文本 hexStr 转换为十进制数。例如：

>> n3 = hex2dec('5A')

n3 =

　　90

- $d = \mathrm{str2double}(\mathrm{str})$，把数字文本 str 转换为双精度实数，str 中可以包含数字、一个逗号（千位分隔符）、一个小数点、一个＋或－号（在最左边）、一个字母 e（表示 10 的幂）、一个字母 i（表示虚数单位）。例如：

>> n4 = str2double("123.45e7")

n4 =

　　1.2345e + 09

>> n5 = str2double("123 + 45i")

n5 =

　　1.2300e + 02 ＋ 4.5000e + 01i

>>n6 = str2double('3.14159')

n6 =

　　3.1416

>>n7 = str2double('1, 200.34')

n7 =

　　1.2003e + 03

3. 数值转换为字符

- $S=\text{char}(X)$，把非负整数 X 转换为 ASCII 码为 X 的字符。例如：

```
>>c1 = char(65)
c1 =
    'A'
```

- $\text{str}=\text{dec2base}(d,\text{base})$，把非负整数 d 转换为 base 进制数的字符，$2\leqslant\text{base}\leqslant$ 36。例如：

```
>>c2 = dec2base(123, 16)
c2 =
    '7B'
```

- $\text{str}=\text{dec2bin}(d)$，把非负整数 d 转换为二进制数的字符。例如：

```
>>c3 = dec2bin(123)
c3 =
    '1111011'
```

- $\text{str}=\text{dec2hex}(d)$，把非负整数 d 转换为十六进制数的字符。例如：

```
>> c4 = dec2hex(123)
c4 =
    '7B'
```

- $\text{str}=\text{int2str}(N)$，把整数 N 转换为字符。例如：

```
>>c5 = int2str(12345)
c5 =
    '12345'
```

对浮点数会先进行四舍五入，然后进行转换。例如：

```
>> c6 = int2str(123.65)
c6 =
    '124'
```

- $\text{str}=\text{num2str}(A)$，把数值 A 转换为字符，若 A 是浮点数，则转换后的字符依赖于 A 的数据范围。例如：

```
>> c7 = num2str(pi)
c7 =
    '3.1416'
```

4. 数值转换为表

- $T=\text{array2table}(A)$，把数值数组 A 转换为表 T。例如：

```
>> A = [1 3 5; 6 3 8; 8 4 6]
A =
     1     3     5
     6     3     8
     8     4     6
>> T = array2table(A)
T =
  3×3 table
    A1    A2    A3
    __    __    __
    1     3     5
    6     3     8
    8     4     6
```

5. 表转换为数值

- $A =$ table2array(T)，把表转换为数值数组。例如：

```
>> B = table2array(T)
B =
     1     3     5
     6     3     8
     8     4     6
```

6. 结构体转换为表

- $T =$ struct2table(S)，把结构体转换为表。例如：

```
>>T = struct2table(student)
T =
  1×3 table
    num              name           age
    _____          _____       ___
    "2018001"        "LiMing"       20
```

2.4.5 数据文件

当关闭计算机电源后，在内存中的数据会消失，要想长久保存数据，必须将数据保存在外存。在外存上数据是以文件（file）的形式存储的，数据的导入是将以文件形式保存的数据从外存装入内存的工作区中，以便进行数据处理；数据的导出是将工作区中的数据从内存保存到外存的文件中，以便长期保存。

通过数据导入和导出功能，可以从文件、其他应用程序、Web 服务和外部设备访问数据。MATLAB 可以读取常见格式的数据文件，如 Microsoft Excel 电子表格、文本、图像、音频和视频，以及科学数据格式。通过一些低级别的文件 I/O 函数，可以处理任何格式的数据文件。因此，掌握数据的导入和导出是数据处理至关重要的操作。

1. MATLAB 支持的数据文件类型

MATLAB 使用的数据文件大致有如下几种：

（1）MATLAB 标准数据文件：扩展名为 .mat。

（2）文本文件：扩展名可以为任意，常见的是 .txt、.csv 等。

（3）电子表格文件：扩展名为 .xls、.xlsx、.xlsm 等。

（4）科学数据文件：扩展名为 .cdf、.fits、.hdf、.nc 等。

（5）图像文件：扩展名为 .bmp、.jpg、.jpeg、.tif、.gif 等。

（6）声音文件：扩展名为 .wav、.snd、.aiff 等。

（7）视频文件：扩展名为 .mov、.mpg、.avi 等。

2. 利用"导入工具"导入数据

通过"导入工具"，我们可以从上述 7 种类型的数据文件中预览和导入数据。具体方法如下：

（1）单击"主页"选项卡上"变量"区中的"导入数据"命令，弹出如图 2-11 所示的对话框。

图 2-11　"导入数据"对话框

（2）选择数据文件所在的盘符、文件夹和文件名，然后单击"打开"按钮，弹出"导入向导"对话框，不同类型的数据文件弹出的"导入向导"对话框略有不同，如标准数据文件的"导入向导"对话框如图 2-12 所示，电子表格文件的"导入向导"对话框如图 2-13 所示。

（3）在对话框中根据不同的数据类型选择要导入的数据及其他设置。

3. 利用工作区导出数据

我们可以在工作区中直接导出数据，具体方法如下：

（1）在工作区中选择要保存的变量。

（2）单击工作区右上角的下拉箭头，在弹出的菜单中选择"保存"命令（如图 2-14 所示）。

（3）在弹出的"另存为"对话框中选择保存位置、保存类型，输入文件名后单击"保

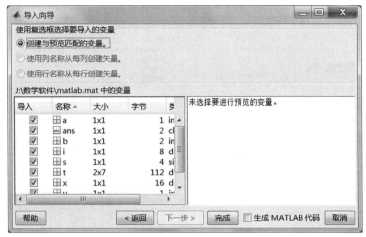

图 2-12 标准数据文件"导入向导"

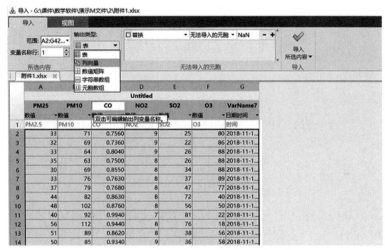

图 2-13 电子表格文件"导入向导"

存"按钮。

4. 利用 MATLAB 提供的函数进行数据的导入导出

（1）MATLAB 标准数据文件和文本文件数据的导入与导出。

1）用 load 函数将数据文件中的数据装入内存工作区中，具体格式如下：

● load（filename），从数据文件 filename 导入数据，如果 filename 是 MAT 文件，该函数会将 MAT 文件中的变量加载到 MATLAB 工作区中；如果 filename 是 ASCII 文件，该函数会创建一个包含该文件数据的双精度数组。若省略 filename，则该函数把当前文件夹中的数据文件 matlab. mat（缺省的文件名）的数据装入内存。

● load（filename，variables），把数据文件 filename. mat 中 variables 所指定的变量装入内存中。

● load（filename，'-ascii'），把数据文件 filename 的内容读入内存，这是一个 ASCII 码文件，系统自动将文件名（filename）定义为变量名。

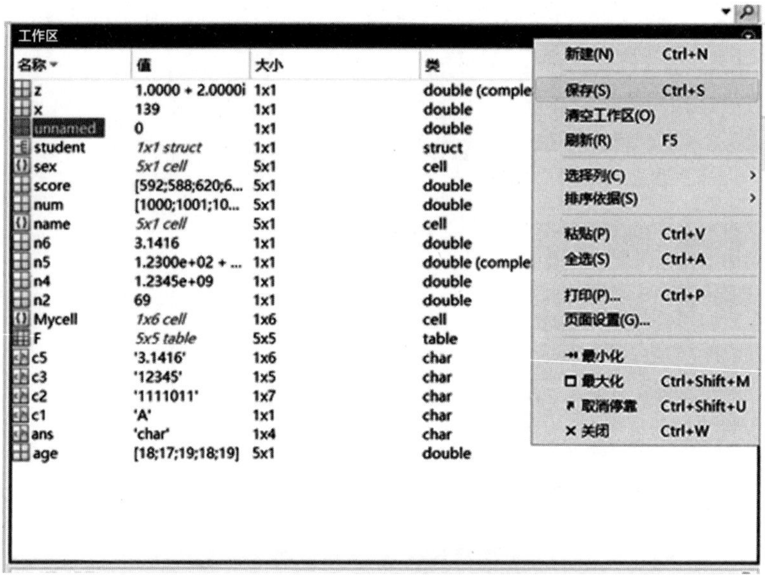

图 2-14　工作区的下拉菜单

例 2-7　数据导入的练习。

```
>>clear
>>load ()     %将当前文件夹中 matlab.mat 数据文件的所有变量装入工作区中
>>clear
>> load ('matlab.mat', 'x') %将当前文件夹中 matlab.mat 数据文件的变量 x 装入
                            工作区中
```

2）用 save 函数将工作区中变量的值保存到数据文件中，具体格式如下：

● save（filename），将工作区中的所有变量以二进制格式存入名为 filename.mat 的文件，若省略 filename，则默认文件名为 matlab.mat。

● save（filename，variables），将当前工作区中 variables 所列的变量存入 filename.mat 文件，variables 有多个变量时用逗号分隔。

● save（filename，'-ascii'），将当前工作区中的变量以 8 位文本格式存入 filename 文件。

● save（filename，'-append'），添加数据到已有 filename.mat 文件中，若 filename 为二进制文件，则用工作区中新的值替换文件中已有变量的值，若为文本文件，则将数据添加到文件末尾。

例 2-8　数据导出的练习。

在命令行窗口输入下述命令：

```
>>x = 1;
>>y = 2;
>>save()     %将工作区中的所有变量保存到当前文件夹中的 matlab.mat 数据文件中
>> save ('d:\mydata.mat', 'x') %将工作区中的变量 x 保存到 D 盘根目录中的 myda-
                               ta.mat 数据文件中
```

```
>> save ('data. txt', '-ascii')  % 将工作区中的所有变量以文本形式保存到当前文
                                件夹中的 data. txt 数据文件中
>>type data. txt   % 显示文件的内容
```

也可以用 Windows 中的记事本打开 data. txt 查看内容。

注意：上述两个函数也可以使用命令形式调用。

例 2-9　定义三个变量 a=1，b=2，c=3，全部存入文件 mydata 中，把 b、c 存入另一个文件中；清空工作区后，检查工作区，调入变量 a，再检查工作区。

在命令行窗口依次输入下面的命令：

```
>> a = 1;
>> b = 2;
>> c = 3;
>> save mydata                 % 命令格式
>> save mydata1 b c
>> clear                       % 清空工作区
>> whos                        % 显示工作区中的变量
>> load mydata a
>> whos
   Name     Size          Bytes  Class      Attributes
   a        1x1               8  double
```

（2）电子表格文件数据的导入与导出。

电子表格文件是一种常用的数据文件，往往包含了数值和字符数据，MATLAB 提供了 readtable 函数和 writetable 函数，实现了电子表格文件数据的导入与导出。

1）用 readtable 函数导入数据，其调用格式如下：

● T = readtable(filename)，从文件 filename 中读取数据，创建一个表。

● T = readtable(filename，Name，Value)，基于文件创建一个表，并通过一个或多个名称—值对组参数指定其他选项。

readtable 可以读取的文件类型包括带分隔符的文本文件（扩展名是 . txt、. dat 或 . csv）及电子表格文件（扩展名是 . xls、. xlsb、. xlsm、. xlsx、. xltm、. xltx 或 . ods）。

readtable 为该文件中的每列在 T 中创建一个变量并从文件的第一行中读取变量名称。在默认情况下，readtable 会根据在输入文件的每列中检测到的数据值来创建具有适当数据类型的变量。

例 2-10　电子表格文件 myExample. xlsx 中的工作表 1 包含下面的内容：

```
First    Second    Third
  1        2          x
  4        5          y
  7        8          z
>>A = readtable('myExample. xlsx')  % 读取 myExample. xlsx 中的全部数值数据
```

```
A =
  3×3table
    First     Second     Third

     1          2         {'x'}
     4          5         {'y'}
     7          8         {'z'}
```

>>B = readtable ('myExample. xlsx', 'range', 'A2：B3') % 只读取 myExample. xlsx 中的部分数据

```
B =
  2×2table
    Var1      Var2

     1          2
     4          5
```

2）用 writetable 函数导出数据，其调用格式如下：

● writetable(T)，将表 T 写入逗号分隔的文本文件，文件名为工作区中表的变量名，扩展名为 .txt。如果 writetable 无法根据输入的表名称构造文件名，那么它会写入 table. txt 文件中。T 中每个变量的每一列都将成为输出文件中的列。T 的变量名将成为文件第一行的列标题。

● writetable(T，filename)，写入具有 filename 指定的名称和扩展名的文件。

writetable 根据指定扩展名确定文件格式。扩展名必须是下列格式之一：

● .txt、.dat 或 .csv（适用于带分隔符的文本文件）；

● .xls、.xlsm 或 .xlsx（适用于 Excel 电子表格文件）。

例 2 - 11　将例 2 - 10 中变量 A 中的数据保存到一个名为 textdata. xlsx 的文件中。

>> writetable (A, 'textdata. xlsx')

（3）图像文件数据的导入与导出。

1）用 imread 函数导入数据。

在处理数字图像时，必须先把图像文件数据装入工作区中，MATLAB 提供了 imread 函数来完成这一要求，具体格式如下：

● A = imread (filename)，从 filename 指定的文件读取图像数据，并从文件内容推断出其格式。如果 filename 为多图像文件，则 imread 读取该文件中的第一个图像。

例 2 - 12　ngc6543a. jpg 是一张 MATLAB 自带的、太空望远镜拍摄的图片，请读取图像文件，并显示在屏幕上（见图 2 - 15）。

>> imdata = imread ('ngc6543a. jpg');

>> imshow (imdata)

注：imshow 函数的作用是显示图像，详细格式请读者查阅 help。

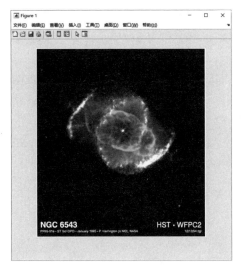

图 2 - 15 猫眼星云

2）用 imwrite 函数导出数据。

当数字图像处理完后，可以用 imwrite 函数把图像存入磁盘文件，具体格式如下：

● imwrite (*A*，filename)，将图像数据 *A* 写入 filename 指定的文件，并从扩展名推断出文件格式。

例 2 - 13 将用随机数产生的灰度图像写入 PNG 文件中。

```
>> A = rand (100);
>> imwrite (A，'mypic. png')
```

（4）声音文件数据的导入与导出。

将声音数据写入声音文件或从声音文件中把数据读入 MATLAB 的工作区，一般使用 audioread 和 audiowrite 函数，格式如下：

● [y，Fs] = audioread (filename)，从名为 filename 的文件中读取数据，并返回样本数据 y 以及该数据的采样率 Fs。

● audiowrite (filename，y，Fs)，以采样率 Fs 将音频数据 y 写入名为 filename 的文件。filename 的扩展名指定了声音文件的格式，输出数据类型取决于音频数据 y 的输出文件格式和数据类型。

例 2 - 14 将 MATLAB 自带的数据文件 handel. mat 中的数据保存为声音格式的文件，并播放。

```
>> load handel. mat                       % 导入数据
>> audiowrite ('handel. wav'，y，Fs);      % 将数据写入声音文件
>> clear y Fs                             % 清除工作区中的数据
>> [y，Fs] = audioread ('handel. wav');    % 从声音文件中把数据导入工作区
>> sound (y，Fs);                          % 播放声音
```

注： 函数 sound 的作用是播放声音。

（5）视频文件数据的导入与导出。

MATLAB 提供了 VideoReader 和 VideoWriter 2 个函数来实现视频文件的导入与导出，格式如下：

● $v=$VideoReader（filename），创建对象 v，用于从名为 filename 的文件读取视频数据。

● $v=$VideoWriter（filename），创建一个 VideoWriter 对象以将视频数据写入采用 Motion JPEG 压缩技术的 AVI 文件。

例 2-15 导入 MATLAB 自带的视频文件 xylophone. mp4 中的数据并显示第 1 帧图像。

```
>>vidObj = VideoReader ('xylophone. mp4')  % 导入视频文件 xylophone. mp4 的数据
vidObj =
VideoReader -属性：
  常规属性：
      Name：'xylophone. mp4'
      Path：'C：\ Program Files \ Polyspace \ R2020a \ toolbox \ matlab \ audiovideo'
    Duration：4. 7000
  CurrentTime：0
    NumFrames：＜正在计算…＞了解更多
  视频属性：
      Width：320
      Height：240
    FrameRate：30
  BitsPerPixel：24
    VideoFormat：'RGB24'
>>vidFrame = readFrame (vidObj);          % 从变量 vidObj 中读取第 1 帧数据
>> imshow (vidFrame)                       % 显示第 1 帧图像，见图 2-16
```

图 2-16 视频文件 xylophone. mp4 中的第 1 帧图像

2.5　运算符

MATLAB 提供了丰富的运算符用于科学计算，本节只是简单介绍一下，在 3.3 节将详细介绍使用规则。

2.5.1　算术运算符

MATLAB 的算术运算可以分为两类：数组运算和矩阵运算。

（1）数组运算是数组对应元素之间的运算，运算符有：＋（加）、－（减）、．＊（乘）、．／（右除）、．＼（左除）、＋（正）、－（负）、．^（乘方）。

（2）矩阵运算是按照矩阵的运算规则进行，运算符有：＊（矩阵乘）、／（矩阵右除）、＼（矩阵左除）、．'（转置）、'（共轭转置）、^（矩阵乘方）。

进行算术运算的运算量可以是 single、double、int8、int16、int32、int64、uint8、uint16、uint32、uint64、logical、char 类型的数据，两个运算量的数据类型可以相同，也可以不同，例如：

```
>> x = 'China' + 5
x =
    72   109   110   115   102
```

但计算结果的数据类型是其中一个运算量的数据类型，具体规定如表 2－5 所示。

表 2－5　不同数据类型的运算量计算结果的数据类型

运算量1的数据类型	运算量2的数据类型	计算结果的数据类型	运算量1的数据类型	运算量2的数据类型	计算结果的数据类型
double	single	single	single	single	single
	double	double		double	double
	int *	int *		char	single
	char	double		logical	
	logical	double			

由表 2－5 可以看出，在表达式中如果一个运算量是整型的，则另一个运算量只能是 double 型的，或者同类型的整数类型，计算结果是整型的。

例如：

```
>> y = single(123) + 5
  y =
  single
   128
>> class(y)                     %显示变量 y 的数据类型
  ans =
  'single'
```

当计算结果超出数据范围时，我们称为数据溢出。对于实数，数据溢出时结果为 Inf；对于整数，数据溢出时结果取数据范围的最大值或最小值。如：

```
>> intmax('int8')                  %8 位整数的最大值
ans =
    int8
     127
>>x = int8(120);                   % 将 120 转换为 8 位整数
>>x + 100
ans =
    int8
     127
```

因此，我们在进行计算时，要选择恰当的数据类型，以保证计算结果的正确。

2.5.2　关系运算符

MATLAB 提供了 6 种关系运算符，用于比较两个数据的大小，若结果为真，则输出 1，否则输出 0。

<（小于）　　　　<=（小于等于）　　　>（大于）
>=（大于等于）　　==（等于）　　　~=（不等于）

如果参加比较的数据是复数，则运算符 >、<、>= 和 <= 在执行比较时仅比较运算量的实部，而运算符 == 和 ~= 会同时比较运算量的实部和虚部。

对于特殊值 Inf，不管是怎么计算出来的，MATLAB 认为都是相等的，而 NaN 则认为都是不相等的。

```
>> L1 = 1/0
L1 =
   Inf
>> L2 = realmax * 1000
L2 =
   Inf
>> L1 = = L2
ans =
  logical
    1
```

2.5.3　逻辑运算符

MATLAB 提供了 3 种逻辑运算，即 &（与）、|（或）、~（非），参加运算的运算量非零表示真，0 表示假，运算结果为 1 或 0。

例如：>>10&2

```
ans =

   logical

      1
```

还有两个具有短路特性的逻辑运算符分别是 && （与）和 ‖ （或）。所谓短路特性是指对于表达式 expr1 && expr2，如果 expr1 为逻辑值 0（false），那么将不计算 expr2 的值，表达式的值为 0。对于表达式 expr1 ‖ expr2，如果 expr1 为逻辑值 1（true），那么将不计算 expr2 的值，表达式的值为 1，并且要求 expr1 和 expr2 都必须是标量。

2.5.4　特殊操作符

在 MATLAB 中还提供了几种特殊的运算符：

1. 冒号 "："

冒号 "：" 是一个非常有用的操作符，可以用来生成向量。具体格式如下：

● $i：j$，创建一个包含元素 $[i, i+1, i+2, \cdots, i+m]$ 的单位间距向量，其中 $m = \text{fix}(j-i)$。如果 i 和 j 都是整数，则简化为 $[i, i+1, i+2, \cdots, j]$。

● $i：k：j$，如果 $k>0$ 且 $i<j$ 或 $k<0$ 且 $i>j$，则生成行向量 $[i, i+k, i+2k, i+3k, \cdots, i+m*k]$，$m = \text{fix}((j-i)/k)$，如果 $k>0$ 且 $i>j$ 或 $k<0$ 且 $i<j$，则为空向量。

例如：>>a = 1：10
```
   a =

      1    2    3    4    5    6    7    8    9    10
  >> b = 1：2：10
   b =

      1    3    5    7    9
```

注意： 利用冒号生成向量时，j 不一定是向量的元素。

MATLAB 中还提供了一个函数 linspace 来生成向量，调用格式如下：

● $V=\text{linspace}(a, b, n)$，表示生成一个行向量 V，V 是一个包含 n 个元素的等差数列，它的第一个元素是 a，最后一个元素是 b。不指定 n 时，n 的值默认是 100，$n<2$ 时返回 b。

MATLAB 中还有生成等比数列的函数 logspace，调用格式如下：

● $V=\text{logspace}(a, b, n)$，表示生成一个行向量 V，V 是一个包含 n 个元素的等比数列，它的第一个元素是 10^a，最后一个元素是 10^b。不指定 n 时，n 的值默认是 50，$n<2$ 时，返回 10^b。

例如：>>a = linspace (1, 10, 10)
```
   a =

      1    2    3    4    5    6    7    8    9    10
  >>b = logspace (1, 4, 4)
    b =

      10        100       1000      10000
```

2. 百分号"%"

在编写程序代码时，添加一些注释是一个非常好的习惯，它可以让其他人看懂你的代码。注释时要以百分号"%"开始，后面是注释的内容，计算机执行程序时，%后面的内容被忽略。

如果要注释多行，则可用"%｛"和"%｝"，但要注意这两个符号要单独占一行。例如：

```
%这是一个关于注释的实例
a = linspace (1, 10, 10);          %生成包含10个元素的行向量
%｛
x = sum (a);
y = size (a);
%｝
class (a)                          %显示变量 a 的数据类型
```

注：在本书中的许多例题中，命令后面跟着一个%开始的注释，用于对命令的解释，上机时可以不用输入。

3. 换行连接符"…"

如果一个命令语句非常长，一行容纳不下，就可以分几行来输入。在行末加上换行连接符"…"再回车即可在下一行接着写该语句。

例如：>> 3 + 2 - …

```
         22                        %与语句 3 + 2 - 22 的作用是相同的
     ans =
         - 17
```

注：如果换行连接符前面是数字，直接使用换行连接符就会出错，解决方法有两种：

（1）再加一个点，即四个点"…·"；

（2）先空一格，然后输入换行连接符。

2.5.5　运算符的优先级

当一个代数式子中有多个运算符时，要根据运算符的优先级来决定运算顺序，优先级相同的运算符按自左向右的顺序进行计算。下面按优先级由高到低的顺序列出运算符：

（1）圆括号(())；

（2）转置 (.')，乘方 (.^)，共轭转置 (')，矩阵乘方 (^)；

（3）正 (+)，负 (—)，逻辑非 (～)；

（4）乘 (.*)，右除 (./)，左除 (.\)，矩阵乘 (*)，矩阵右除 (/)，矩阵左除 (\)；

（5）加 (+)，减 (—)；

（6）冒号 (:)；

（7）小于 (<)，小于等于 (<=)，大于 (>)，大于等于 (>=)，相等 (==)，

不相等（∼＝）；

　　（8）逻辑与（＆）；

　　（9）逻辑或（｜）；

　　（10）短路逻辑与（＆＆）；

　　（11）短路逻辑或（｜｜）。

　　例如：＞＞x＝3；y＝2；

　　　　　＞＞ x＋y∧2　　　　　　　　　　％先乘方再相加

　　　　　　ans ＝

　　　　　　　　7

　　　　　＞＞ (x＋y)∧2　　　　　　　　　％先相加再乘方

　　　　　　ans ＝

　　　　　　　　25

2.6　基本数学函数

　　MATLAB 内置了一些基本数学函数，为用户进行计算提供方便，下面简要介绍一些常用的数学函数，更多的数学函数可参见 MATLAB 的 Help 文档。

2.6.1　三角函数

1. 正弦函数

　　● $Y=\sin(X)$，计算参数 X（可以是向量、矩阵，元素可以是复数）中每一个角度分量的正弦值 Y，所有分量的角度单位为弧度。

　　● $Y=\text{sind}(X)$，与 sin 函数的作用相同，但所有输入参数分量的角度单位为度。

　　例如：计算 $\sin\pi$，命令如下：

＞＞sin(pi)

ans ＝

1.2246e－16

　　大家知道 $\sin\pi$ 的值为 0，但在 MATLAB 中计算的结果不为 0，这是因为 pi 本身不是精确的 π，这个结果比 eps 的值还小，所以可以认为是 0。这也说明了 MATLAB 在计算实数时是有误差的。用 sind( ) 函数计算可以得到 0。

＞＞ sind(180)

ans ＝

　　0

　　MATLAB 还提供了一个准确计算 $\sin(x*\text{pi})$ 的函数，格式如下：

　　● $Y=\text{sinpi}(X)$，计算 $\sin(X*\text{pi})$，此计算比 $\sin(X*\text{pi})$ 更准确。

　　例如：＞＞ sinpi(1)　　　　　　　％计算 $\sin\pi$ 的值

```
ans =
     0
```

2. 余弦函数

● $Y = \cos(X)$，计算参数 X（可以是向量、矩阵，元素可以是复数）中每一个角度分量的余弦值 Y，所有分量的角度单位为弧度。

● $Y = \cosd(X)$，与 cos 函数的作用相同，但所有输入参数分量的角度单位为度。

● $Y = \cospi(X)$，准确计算 $\cos(X * \mathrm{pi})$。

3. 正切函数

● $Y = \tan(X)$，计算参数 X（可以是向量、矩阵，元素可以是复数）中每一个角度分量的正切值 Y，所有分量的角度单位为弧度。

● $Y = \tand(X)$，与 tan 函数相同，但所有输入参数分量的角度单位为度。

4. 余切函数

● $Y = \cot(X)$，计算参数 X（可以是向量、矩阵，元素可以是复数）中每一个角度分量的余切值 Y，所有分量的角度单位为弧度。

● $Y = \cotd(X)$，与 cot 函数相同，但所有输入参数分量的角度单位为度。

5. 正割函数

● $Y = \sec(X)$，计算参数 X（可以是向量、矩阵，元素可以是复数）中每一个角度分量的正割值 Y，所有分量的角度单位为弧度。

● $Y = \secd(X)$，与 sec 函数相同，但所有输入参数分量的角度单位为度。

6. 余割函数

● $Y = \csc(X)$，计算参数 X（可以是向量、矩阵，元素可以是复数）中每一个角度分量的余割值 Y，所有分量的角度单位为弧度。

● $Y = \cscd(X)$，与 csc 函数相同，但所有输入参数分量的角度单位为度。

7. 反正弦函数

● $Y = \asin(X)$，计算参数 X（可以是向量、矩阵，元素可以是复数）中每一个分量的反正弦函数值 Y，角度单位为弧度。

● $Y = \asind(X)$，与 asin 函数相同，但输出参数的角度单位为度。

8. 反余弦函数

● $Y = \acos(X)$，计算参数 X（可以是向量、矩阵，元素可以是复数）中每一个分量的反余弦函数值 Y，角度单位为弧度。

● $Y = \acosd(X)$，与 acos 函数相同，但输出参数的角度单位为度。

9. 反正切函数

● $Y = \atan(X)$，计算参数 X（可以是向量、矩阵，元素可以是复数）中每一个分量的反正切函数值 Y，角度单位为弧度。

● $Y = \atand(X)$，与 atan 函数相同，但输出参数的角度单位为度。

10. 反余切函数

● $Y = \acot(X)$，计算参数 X（可以是向量、矩阵，元素可以是复数）中每一个分量的反余切函数值 Y，角度单位为弧度。

- $Y = \mathrm{acotd}(X)$，与 acot 函数相同，但输出参数的角度单位为度。

11. 反正割函数

- $Y = \mathrm{asec}(X)$，计算参数 X（可以是向量、矩阵，元素可以是复数）中每一个分量的反正割函数值 Y，角度单位为弧度。
- $Y = \mathrm{asecd}(X)$，与 asec 函数相同，但输出参数的角度单位为度。

12. 反余割函数

- $Y = \mathrm{acsc}(X)$，计算参数 X（可以是向量、矩阵，元素可以是复数）中每一个分量的反余割函数值 Y，角度单位为弧度。
- $Y = \mathrm{acscd}(X)$，与 acsc 函数相同，但输出参数的角度单位为度。

2.6.2 取整和求余函数

1. 取整函数

- $Y = \mathrm{fix}(X)$，朝零方向取整。

```
>> x = [5.647, 3.14; -5.647, -3.14]
   x =
        5.6470     3.1400
       -5.6470    -3.1400
>> fix(x)
   ans =
       5      3
      -5     -3
```

- $Y = \mathrm{ceil}(X)$，求大于等于 X 的最小整数。

```
>> ceil(x)
   ans =
       6      4
      -5     -3
```

- $Y = \mathrm{floor}(X)$，求小于等于 X 的最大整数。

```
>> floor(x)
   ans =
       5      3
      -6     -4
```

- $Y = \mathrm{round}(X)$，四舍五入后取整。

```
>> round(x)
   ans =
       6      3
      -6     -3
```

2. 求余函数

● $r = \text{mod}(a, b)$，计算 a 除以 b 后的余数（模运算），等价于 $r = a - b.*$ floor$(a./b)$。

```
>> a = [-4 -1 9 7];
>> r = mod(a, 3)
   r =
        2    2    0    1
```

● $r = \text{rem}(a, b)$，计算 a 除以 b 后的余数，等价于 $r = a - b.*\text{fix}(a./b)$。

```
>> r = rem(a, 3)
   r =
       -1   -1    0    1
```

说明：mod 与 rem 两个函数都可以求两个数的余数，但计算方法有所不同：mod 函数的计算结果不是 0 就是符号与 b 相同的余数，而 rem 函数的计算结果不是 0 就是符号与 a 相同的余数；两个函数另外的不同是当 b 为 0 时，mod$(a, 0)$ 函数的结果是 a，而 rem$(a, 0)$ 函数的结果是 NaN。

2.6.3 指数和对数函数

1. 指数函数

● $Y = \exp(X)$，计算 e^X。

```
>> x = [-1 0 1 4];
>> y = exp(x)
   y =
        0.3679    1.0000    2.7183   54.5982
```

● $Y = \text{pow2}(X)$，计算 2^X。

```
>> pow2(3)
ans =
        8
```

2. 对数函数

● $Y = \log(X)$，计算自然对数 $\ln(X)$。
● $Y = \log10(X)$，计算以 10 为底的对数。
● $Y = \log2(X)$，计算以 2 为底的对数。

3. 绝对值函数

● $Y = \text{abs}(X)$，计算 X 的绝对值。

4. 算术平方根函数

● $B = \text{sqrt}(X)$，计算 X 的算术平方根。

5. 有关复数的函数

● $Y = \text{abs}(Z)$，计算复数 Z 的模。

- $X = \text{real}(Z)$，计算复数 Z 的实部。
- $Y = \text{imag}(Z)$，计算复数 Z 的虚部。
- $P = \text{angle}(Z)$，计算复数 Z 的辐角。
- $Zc = \text{conj}(Z)$，计算复数 Z 的复共轭。

2.7　M 文件

M 文件是一个由 MATLAB 的命令或函数调用组成的文本文件，以 .m 为扩展名，故称为 M 文件。在 M 文件的语句中可以调用其他 M 文件，也可以递归地调用自身。M 文件名不能有汉字，不能是纯数字，也不能与 MAT-LAB 中预定义的函数或命令名相同。M 文件有两种格式，即命令文件（script）和函数文件（function）。

2.7　M 文件

2.7.1　命令文件

命令文件是一个包含一系列 MATLAB 语句（指令）的文本文件，执行命令文件时，MATLAB 自动按顺序执行命令文件中的语句，不需要输入参数，也没有输出参数。

命令文件运行后，命令文件中定义的变量会保存在基本工作区中，命令文件中的语句可以访问 MATLAB 基本工作区中的所有变量，只要用户不使用清除指令或 MATLAB 程序不关闭，这些变量就一直保存在基本工作区中。

命令文件适用于自动执行一系列 MATLAB 命令和函数，避免在命令行窗口重复输入。对于复杂计算，采用命令文件最为合适。

1. 命令文件的建立

命令文件可以用任何文本编辑器生成，这里我们利用 MATLAB 自带的编辑器建立命令文件，步骤如下：

（1）打开编辑器（MATLAB Editor）：选择"主页"选项卡上"文件"区中的"新建脚本"命令或"主页"选项卡上"文件"区中的"新建"→"脚本"命令；

（2）输入程序：在编辑器窗口输入 MATLAB 程序；

（3）保存程序：选择"编辑器"选项卡上的"保存"命令，出现一个对话框，在文件名框中键入一个文件名（如 example. m），单击"保存"按钮. M 文件的命名规则和变量的命名规则相同。

2. 命令文件的运行

方法 1：单击"编辑器"选项卡上的"运行"按钮 。

方法 2：在命令行窗口输入文件名后回车（注：这种方法必须保证命令文件在当前文件夹下或命令文件所在的文件夹在搜索路径中，否则计算机无法执行）。

例 2 - 16　利用 MATLAB 的编辑器，建立一个命令文件并运行。

上机操作步骤：

1）选择"主页"选项卡上"文件"区中的"新建脚本"命令，打开 M 文件编辑器；

2）在编辑窗口中输入下面的程序：

```
% 文件名为 example
x = 4；y = 6；z = 2；
items = x + y + z
```

3）选择"编辑器"选项卡上的"保存"命令，在弹出的对话框中选择文件的保存位置，输入文件名"example"后单击"保存"；

4）在命令行窗口中输入文件名"example"并回车。

```
>>example
items =
        12
```

2.7.2　函数文件

2.7.2　函数文件

函数文件是以 function 语句为引导的 M 文件，可以接受输入参数和返回输出参数。在缺省情况下，函数文件的内部变量是临时的局部变量，存储在函数自己的工作区中，不会出现在基本工作区中。函数运行结束后，这些局部变量被释放，不再占用内存空间。

函数文件能够像基本数学函数一样被其他 M 文件方便地调用，从而可扩展 MATLAB 的功能。如果对于一类特殊的问题，建立起许多函数文件，就能形成工具箱。

1.　函数定义的格式

函数定义的格式为：

```
function    ［输出参数］ = 函数名（输入参数）
% H1 行
% 帮助文本
函数体语句    % 注释
```

说明：从上面的结构中可以看出，一个函数文件由下面几部分组成：

（1）函数定义行。函数文件的第 1 行用关键字 function 开始，后面是输出参数。输出参数是函数中的变量，用于指定函数的返回值。若函数没有返回值，则输出参数可以省略；若输出参数有多个，就要用逗号或空格分隔。等号后面是函数名，命名规则与变量的命名规则相同。函数名后面圆括号内是输入参数，用于接收调用函数时传递过来的数据。若没有传递数据，则输入参数也可以省略；若有多个输入参数，就要用逗号分隔。integ.m 的函数命令行是图 2 - 17 中的第 1 行。

（2）H1 行。H1 行是帮助文本的第 1 行，它紧跟在定义行之后，以"%"开始，该行通常包含的是大写的函数名以及这个函数功能的简要描述，例如：%AVERAGE 计算元素的平均值，在当前文件夹浏览器以及 lookfor 命令查找相关的函数信息时，只显示 H1 行。integ.m 的 H1 行是图 2 - 17 中的第 2 行。

（3）帮助文本。帮助文本是 H1 行与函数体之间的帮助内容，也是以"%"开始，用于详细介绍函数的功能和用法以及进行其他说明，help 命令将显示函数的 H1 行及所有的

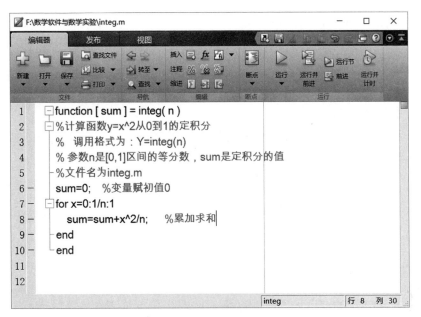

图 2-17　函数文件

帮助文本。integ. m 的帮助文本是图 2-17 中的第 3～5 行。

（4）函数体。函数体是函数的主体部分，包括该函数的全部程序代码。函数体中包含了对输入参数进行运算并将运算结果赋值给输出参数的 MATLAB 语句，可以包括流程控制、输入输出、计算、赋值、注释、图形功能以及对其他函数和命令文件的调用。integ. m 的函数体是图 2-17 中的第 6～10 行。

（5）注释。除了函数文件开始部分的帮助文本外，可以在函数文件的任何位置添加注释语句，注释语句可以在一行的开始，也可以跟在一条可执行语句的后面（同一行中），不管在什么地方，注释语句必须以"％"开始，MATLAB 在执行 M 文件时将每一行中"％"后面的内容全部作为注释，不予以执行。

2. 函数文件的建立

与命令文件的建立方法类似，函数文件的建立也可以用任何文本编辑器，这里我们也利用 MATLAB 自带的编辑器建立函数文件，步骤如下：

（1）打开编辑器（MATLAB Editor）：选择"主页"选项卡上"文件"区中的"新建"→"函数"命令；

（2）输入程序：在编辑器窗口中按照函数文件的格式输入 MATLAB 程序；

（3）保存函数：选择"编辑器"选项卡上的"保存"命令，出现一个对话框，在文件名框中键入一个文件名（文件名最好是函数定义行中规定的函数名，因为调用函数时是通过文件名执行程序的），单击"保存"按钮。

说明：函数文件也可以用命令文件的建立方法建立。

3. 函数的调用

函数 M 文件的运行方式与命令 M 文件不同，调用函数时需要给函数传递数据和接收函数的运算结果，调用函数的一般格式如下：

　［变量列表］＝函数名（实际参数）

　这种格式称为函数语法，其中：变量列表是用于接收函数返回值的变量，有多个时要用逗号或空格分隔。实际参数是传递给函数的数据，可以是常量、变量或表达式，如果实际参数中包含变量，则需事先给变量赋值。调用时，计算机会把实际参数的值依次传递给函数定义行中的输入参数。

　如果不需要从函数获得任何数据，并且函数的输入数据是文本数据，则函数的调用格式可以采用命令语法：

　函数名 字符串1 字符串2…

　字符串之间用空格分隔，而不是逗号，界定字符串的单引号可以省略，除非字符串本身包含空格。例如：

```
>> disp('China')          %函数语法格式
China
>> disp China             %命令语法格式
China
>> disp This is a Text     %字符串包含空格
错误使用 disp
输入参数太多。
>> disp 'This is a Text'
This is a Text
```

但如果要给函数传递一个变量的值，则只能采用函数语法调用函数。例如：

```
>> A = 123;
>> disp(A)                %输出变量 A 的值
123
>> disp A                 %输出字符 A
A
```

实际上，我们前面介绍的许多函数都可以采用两种调用格式，如 save、load 等。

例 2 - 17　编写一个函数文件，计算两个数的和。

```
function s = fun1(x, y)     %输出变量只有一个时，输出变量可以不用［］括起来
s = x + y;
end
```

上机操作步骤：

（1）选择"主页"选项卡上"文件"区中的"新建"→"函数"命令；

（2）在 M 文件编辑器窗口输入上面的程序；

（3）保存函数文件，文件名要与函数定义行中的函数名相同，本例是 fun1；

（4）在 MATLAB 的命令行窗口或其他 M 文件中可用下列命令调用：

```
>> s = fun1(5, 3)
s =
    8
```

说明： 在命令行窗口调用函数 fun1 时，要保证文件 fun1.m 所在的文件夹为当前文件夹或在 MATLAB 的搜索路径中。

想一想： 在上例中的第（3）步保存函数文件时，若文件名不用 fun1，则在第（4）步调用该函数时应该如何写命令？

例 2-18 编写一文件，输入圆的半径，输出圆的周长和圆的面积。

```
function [L, S] = fun2(r)
L = 2 * pi * r;
S = pi * r * r;
```

上机操作步骤：

（1）选择"主页"选项卡上"文件"区中的"新建"→"函数"命令；

（2）在 M 文件编辑器窗口输入上面的程序并保存；

（3）在命令行窗口中可用下列命令调用：

```
>> [C, area] = fun2(5)
C =
   31.4159
area =
   78.5398
```

4. 函数的输入输出参数

定义函数时，以 function 开始的首行定义了输入参数和输出参数。在函数体中可以通过 nargin 和 nargout 获得调用该函数时实际参数和输出参数的个数，进而判断输入、输出参数的数量是否符合函数定义的要求，从而避免因输入和输出参数不符而导致程序出错。

例 2-19 编写一求和函数，要求输入两个参数，但调用时若只输入一个参数，则输出该参数的 2 倍，若没有参数，则输出 0。若输出参数有两个，则还要输出两数和的绝对值。

程序如下：

```
function [c, d] = addme(a, b)
if    nargin = = 2              % 判断输入参数的个数是不是 2 个
         c = a + b;
    elseif   nargin = = 1       % 判断输入参数的个数是不是 1 个
         c = a + a;
      else
         c = 0;
```

```
        end
    if nargout > 1
        d = abs (c);
    end
end
```

在命令行窗口调用该函数时有下面几种调用格式：

```
>> addme(2, 3)                    %有两个输入参数
ans =
    5
>> addme(2)                       %只有一个输入参数
ans =
    4
>> addme                          %没有输入参数
ans =
    0
>> [c, d] = addme(-5, 2)          %有两个输出参数
c =
    -3
d =
    3
```

当你在调用函数时，如果需要忽略函数定义时规定的某些输出参数，就可以使用波浪号（～）运算符。例如：

```
>> c = addme(-5, 2)               %默认输出第1个输出参数的值
c =
    -3
>> [～, d] = addme(-5, 2)          %只输出第2个输出参数的值
d =
    3
```

MATLAB还可以利用 varargin 和 varargout 实现可变参数的函数设计，这两个变量是单元数组，分别保存着输入和输出参数。

例 2 - 20 编写一求和函数，可输入任意多个数，输出其和。

由于输入参数的个数不固定，因此用 varargin 作为输入参数，并且用 { } 来访问单元数组的内容。

程序如下：

```
function s = addmu(varargin)
s = 0;
```

```
for i = 1: nargin
s = s + varargin{i};
end
```

在命令行窗口输入：

```
>> addmu (2，3)
ans =
     5
>> addmu (1，2，3，4，5，7，8)
ans =
     30
```

2.7.2.5　函数的类型

5. 函数的类型

在 MATLAB 中，根据函数的建立方式和作用，可以把函数分为五种：主函数、局部函数、嵌套函数、私有函数和匿名函数。

（1）主函数（main function）：在函数文件中，可以定义若干个函数，其中文件中的第一个函数称为主函数，它可以在命令行窗口中调用，也可以在其他程序文件中调用。

（2）局部函数（local function）：在函数文件中定义在主函数后面的函数或在命令文件中定义在命令代码最后一行后面的函数称为局部函数，它只能被定义在同一个文件中的函数或命令调用。

例 2－21　创建一个函数文件，计算 x^2+2x。

在函数文件中定义一个主函数 myfunction、两个局部函数 squareMe 和 doubleMe，程序如下：

```
function b = myfunction(x)              %主函数
    b = squareMe(x) + doubleMe(x);
end
function y = squareMe(x)                %局部函数
    y = x.^2;
end
function y = doubleMe(x)                %局部函数
    y = x.*2;
end
```

在命令行窗口调用主函数：

```
>> myfunction(3)
ans =
    15
```

例 2－22　创建一个命令文件，计算 x^2+2x。

程序如下：

```
%命令文件名为 ex2_22
x = 3;
b = squareMe(x) + doubleMe(x)
function y = squareMe(x)                        %局部函数
    y = x.^2;
end
function y = doubleMe(x)                         %局部函数
    y = x.*2;
end
```

在命令行窗口输入：

```
>>ex2_22
b =
    15
```

（3）嵌套函数（nested functions）：定义在一个函数体内的函数称为嵌套函数，包含嵌套函数的函数称为父函数，任何一个函数都可以作为父函数。

例 2-23　父函数与嵌套函数的实例。

程序如下：

```
function y = main1
  disp ('这是一个主函数，也是 nestfun1 函数的父函数')
  x = 5;
  nestfun1
  function nestfun1
    disp ('这是一个嵌套函数')
    x = x + 1;
  end
  y = x;
end
```

在命令行窗口中调用函数 main1：

```
>> main1
这是一个主函数，也是 nestfun1 函数的父函数
这是一个嵌套函数
ans =
    6
```

嵌套函数的调用规则可以通过下面的结构说明：

```
function A(x, y)                    % 主函数
```

第二章　MATLAB 基础　59

```
    B(x, y)                    % 函数 A 可以调用 B 或 D，但不能调用 C 或 E
      D(y)


    function B(x, y)           % 嵌套在函数 A 中
        C(x)                   % 函数 B 可以调用 C 和 D
        D(y)

        function C(x)          % 嵌套在函数 B 中
          D(x)                 % 函数 C 可以调用 B 或 D，但不能调用 E
        end
    end


    function D(x)              % 嵌套在函数 A 中
      E(x)                     % 函数 D 可以调用 B 或 E

      function E(x)            % 嵌套在函数 D 中
        disp(x)
      end
    end
end
```

由上面的程序可以看出：

1）父函数可以调用它的嵌套函数，例如函数 A 可以调用 B 或 D，但不能调用 C 或 E。

2）在同一父函数内的同一级别嵌套的函数可以互相调用，例如函数 B 可以调用 D，而 D 也可以调用 B。

3）任何一个嵌套函数可以调用它的长辈函数，例如函数 C 可以调用 B 或 D，但不能调用 E。

（4）私有函数（private function）：保存在名为 private 文件夹下的函数，它只能被 private 文件夹的上一级文件夹中的函数所调用，主要用于限制函数的使用范围。建立方法如下：

1）在 MATLAB 的搜索路径中的某个文件夹下建立一个新的文件夹，名为 private，但不要把该文件夹添加到搜索路径中。

2）在 private 文件夹下建立一个函数文件，不妨取名为 subfun.m。

```
function subfun
   % An example of a private function.
   disp ('这是一个私有函数.')
end
```

3）在 private 文件夹的上一级文件夹中建立函数文件或命令文件，调用 subfun 函数。

```
function fun1
```

```
    subfun
end
```

4）在命令行窗口调用 fun1 函数。

```
>> fun1
```

这是一个私有函数.

（5）匿名函数（anonymous function）：匿名函数不是一个 M 文件，而是一个句柄变量，匿名函数也有输入参数和输出参数，但只包含一个执行语句。

例如：
```
>> sqr = @(x) x.^2 + 2;           %定义匿名函数
>> a = sqr(3)
a =
    11
```

2.7.3 局部变量和全局变量

在函数文件中定义的变量保存在函数自己的工作空间中，每个函数都有自己的工作空间，其他函数是不能访问的，这些变量称为局部变量。

如果要实现局部变量在几个函数和工作区中共享，可以使用以下方法：

1. 通过数据传递

在一个函数中通过实际参数，将该函数中局部变量的值传递给另一个函数，是一种最有效、最安全的方法。比如，例 2-21 在 myfunction 函数中将局部变量 x 的值传递给 squareMe 函数的局部变量 x 和 doubleMe 函数的局部变量 x。

2. 定义嵌套函数

对于嵌套函数及其父函数中定义的局部变量，在嵌套函数中可以使用父函数中定义的变量，这样可以在父函数与嵌套函数之间实现数据共享。比如，例 2-23 在 main1 中定义的局部变量 x，在 nestfun1 函数中可以直接使用。

3. 定义持续性局部变量

如果在函数内将一个变量声明为持续性的（persistent），则当函数调用结束时，其值仍保存在内存中，下次调用该函数时仍然有效。持续性局部变量与 C 语言中的静态型局部变量类似。

例 2-24 求 $1! + 2! + 3! + \cdots + n!$。

（1）首先建立下面函数求 $n!$：

```
function fac = factorial(inputvalue)
persistent T                         %定义 T 为持续性局部变量
if isempty(T)                        %判断 T 是否为空
    T = 1;
end
T = T * inputvalue;
fac = T;
```

```
end
```

（2）建立下面的命令文件。

```
% 文件名为 ex2_24
clear
sum = 0;
n = input('输入一个正整数');          % 从键盘输入一个整数，赋值给变量 n
for i = 1: n
    sum = sum + factorial(i);
end
disp(sum)
```

（3）在命令行窗口输入下面的命令：

```
>>ex2_24
输入一个正整数5
    153
```

4. 定义全局变量

用关键字 global 声明的变量称为全局变量（global variables），它们拥有自己的工作区，但可以在不同的函数或工作区中共享。如果需要在几个函数和基本工作区中都能访问同一个全局变量，则必须在每个函数和命令行窗口中都声明该变量是全局的。在实际编程中，为了防止出现不可预见的情况，应尽量避免使用全局变量。

例如：首先建立两个函数文件如下：

```
function setGlobalx(val)
global x
x = val;
end


function r = getGlobalx
global x
r = x;
end
```

在命令行窗口中输入下面的命令：

```
>> setGlobalx(1138)
>> r = getGlobalx
r =
    1138
```

从结果可以看出，全局变量 x 可以在函数 setGlobalx 中使用，也可以在函数 get-

Globalx 中使用。

这时，如果在命令行窗口中输出 x 的值，就会出错：

```
>> x
```
函数或变量 'x' 无法识别。

因此，要在命令行窗口中输出全局变量 x 的值，同样要先声明 x 是全局变量：

```
>> global x
>> x
x =
      1138
```

2.7.4　程序的调试

前面介绍了命令文件和函数文件的运行方法，但在实际程序的开发过程中，很难保证自己编写的程序是完全正确的，尤其是在大规模、多人共同参与编程的情况下。一般来说，程序的错误可分为两种：一种是语法错误，一种是逻辑错误。语法错误主要是指程序中的命令不符合 MATLAB 的语法要求，计算机无法正确识别。对于这类错误，MATLAB 在运行程序时会给出错误信息并中止执行，用户可根据错误信息找出错误并改正。而逻辑错误可能是由于解决问题的算法有问题或操作的命令使用不当，从而导致程序的运行结果不正确，这类错误改正起来困难很大。MATLAB 在编辑器中提供了单步运行的程序调试方法，帮助程序员查找错误。

（1）设置断点。这是单步调试重要的第一步，通过设置断点，可使程序在断点处停止执行，从而可以检查各个局部变量的值。方法如下：

单击鼠标，将光标定位在程序的某一行上，然后单击"编辑器"选项卡中的"断点"→"设置/清除"命令（如图 2-18 所示），在光标所在行的左边出现的一个小红点就是断点。

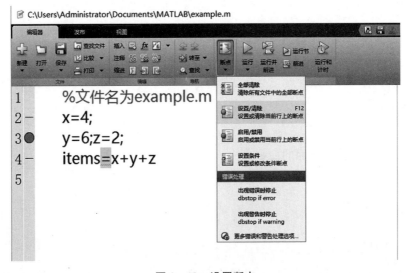

图 2-18　设置断点

（2）运行程序到断点。单击"编辑器"选项卡中的"运行"命令，使程序执行到断点
处停止，有一个绿色箭头指向断点处，表示下一步将执行的是哪条语句。这时命令行窗口
中的提示符变为"K>>"，表示目前是程序调试状态，这时，用户可以执行查看变量的
值、给变量赋值等各种操作，如图 2-19 所示。

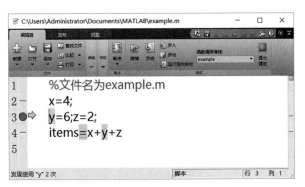

图 2-19 调试暂停状态

（3）执行绿色箭头所指向的语句。单击"编辑器"选项卡上的"步进"命令，这时计
算机将执行箭头所指向的语句行，并将箭头下移一行。重复执行该操作，在执行程序的过
程中，观察变量的变化，从而找出错误所在。

（4）退出调试模式。单击"编辑器"选项卡上的"退出调试"命令。

2.8 程序控制语句

MATLAB 中除了按正常顺序执行程序中的命令和函数以外，与其他高级语言一样，
还提供了 8 种控制程序流程的语句。这些语句包括 for、while、if、switch、try、contin-
ue、break、return 等，使得 MATLAB 语言的编程十分灵活。

MATLAB 中的程序控制语句和 C 语言中的程序控制语句的格式非常类似，本节将介
绍这些控制语句的格式及用法。

2.8.1 选择控制语句

1. 条件语句

条件语句有 3 种格式，包含 if-end 语句、if-else-end 语句、if-elseif-end 语句。

（1）if-end 语句。

```
if    表达式
        语句
end
```

执行过程：首先计算表达式的值，若表达式的值为真（非零值），则执行语句；若表
达式的值为假（零值），则不执行语句。

（2）if-else-end 语句。

```
if      表达式
        语句 1
else
        语句 2
end
```

执行过程：首先计算表达式的值，若表达式的值为真（非零值），则执行语句 1；若表达式的值为假（零值），则执行语句 2。

（3）if-elseif-end 语句。

```
if      表达式 1
        语句 1
elseif      表达式 2
        语句 2
end
```

执行过程：首先计算表达式 1 的值，若表达式 1 的值为真（非零值），则执行语句 1；若表达式 1 的值为假，则计算表达式 2 的值；若表达式 2 的值为真（非零值），则执行语句 2；若表达式 2 的值为假，则不执行语句 2。

例 2 - 25 编写一函数，计算分段函数 $y=\begin{cases}\cos(x+1)+\sqrt{x+1}, & x<10\\ x, & x=10\\ x+1, & x>10\end{cases}$。

程序如下：

```
function y = piecefun(x)
if x<10
    y = cos(x + 1) + sqrt(x + 1);
elseif x = = 10
    y = x;
else
    y = x + 1;
end
```

上机操作步骤：

（1）选择"主页"选项卡上"文件"区中的"新建脚本"命令；

（2）在 M 文件编辑器窗口输入上面的程序并保存；

（3）在命令行窗口中运行：

```
>> y = piecefun(2)
  y =
      0.7421
```

$$>> y = piecefun(15)$$

```
  y =
      16
```

注 1：表达式可以包含关系运算符和逻辑运算符。

注 2：表达式中还可以调用一些逻辑函数用于判断某些条件是否满足要求（详见 3.3.3）。

2. 分支语句

switch-case-end 语句，格式为：

```
switch     表达式
  case     常量表达式
    语句体 1
  case     {常量表达式 1，常量表达式 2，…}
    语句体 2
  ……
  otherwise
    语句体 n
end
```

MATLAB 中的 switch-case-end 语句和 C 语言中的 switch 的区别在于：MATLAB 中 switch-case-end 只执行表达式结果匹配的第一个 case 分支，然后就跳出 switch-case-end 结构，因此，在每一个 case 语句中不用 break 语句跳出。

例 2 - 26　设计一个程序，输入一个数，然后判断它能否被 5 整除。

在 MATLAB 中建立命令文件如下：

```
% 文件名为 ex2_26
clear
n = input ('input a number n = ');
switch mod(n, 5)               % mod 表示取余数
    case 0
        fprintf('%d 是 5 的倍数 \n', n);
    otherwise
        fprintf( '%d 不是 5 的倍数 \n', n);
end
```

程序说明：

(1) input 是数据输入函数，该函数的调用格式为：

● A = input(prompt)，显示 prompt 中的字符串并等待用户输入值后按回车键。用户可以输入 pi/4 或 rand(3) 之类的表达式，并可以使用工作区中的变量。

● A = input(prompt, 's')，如果在 input 函数调用时使用 's' 选项，则输入的数据作为

一个文本赋给变量 A。例如，想输入一个人的姓名，可使用命令：

xm = input（'What"s your name? '，'s'）；

（2）在程序中输出一个变量或表达式的值，只要不在变量或表达式后加分号即可，或调用 disp 函数来完成。但如果在输出变量或表达式的值时，有一定的格式要求，就可以调用 fprintf 函数来完成，该函数实际上是向文件中输出数据，它也可以向屏幕输出数据，使用方法与 C 语言中的 printf 函数类似，其格式如下：

● fprintf（formatSpec，A1，…，An），设置数据的格式并在屏幕上显示结果。其中 formatSpec 是一个格式串，使用方法与 C 语言中的要求相同。

上机操作步骤：

（1）选择"主页"选项卡上"文件"区中的"新建脚本"命令；

（2）在 M 文件编辑器窗口输入上面的程序并保存；

（3）在命令行窗口中输入：

＞＞ ex2 _ 26

input a number n = 8

8 不是 5 的倍数

＞＞ ex2 _ 26

input a number n = 5

5 是 5 的倍数

例 2 - 27　编写一程序，输入百分制的学生成绩，输出优秀、良好、中等、及格和不及格五类，其中，90～100 为优秀，80～89 为良好，70～79 为中等，60～69 为及格，60 分以下为不及格。

在 MATLAB 中建立命令文件如下：

```
% 文件名为 ex2 _ 27
clear
var = input('请输入学生成绩：');
switch fix(var/10)
    case {10, 9}
        disp ('优秀')
    case 8
        disp('良好')
    case 7
        disp('中等')
    case 6
        disp('及格')
    case {5 4 3 2 1 0}
        disp('不及格')
```

```
    otherwise
        disp('数据输入错误！')
end
```

上机操作步骤：

（1）选择"主页"选项卡上"文件"区中的"新建脚本"命令；

（2）在 M 文件编辑器窗口输入上面的程序并保存；

（3）在命令行窗口中输入：

```
>> ex2_27
请输入学生成绩：89
良好
```

2.8.2　循环控制语句

MATLAB 中的循环语句包括 for 循环和 while 循环两种类型。

1. for 循环

用于重复执行某些语句，循环次数固定。

for 循环格式为：

```
for index = values
    statements
end
```

其中 values 有三种形式：

- initVal：endVal——index 的值从 initVal 到 endVal，每次 index 的值增加 1。
- initVal：step：endVal——index 的值从 initVal 到 endVal，每次 index 的值增加 step。
- valArray——index 的值依次取 valArray(:, 1)，valArray(:, 2)，…，循环的次数是 valArray 数组的列数。

例 2 - 28　编写程序，计算 $1+2+\cdots+100$ 的值。

在 MATLAB 中建立命令文件如下：

```
% 文件名为 ex2_28
clear
s = 0;
for i = 1：100
    s = s + i;
end
s
```

上机操作步骤：

（1）选择"主页"选项卡上"文件"区中的"新建脚本"命令；

（2）在 M 文件编辑器窗口输入上面的程序并保存；

（3）在命令行窗口中运行：

```
>>ex2_28
s =
    5050
```

例 2 - 29　编写一函数，用定义计算定积分 $\int_0^1 x^2 \mathrm{d}x$。

分析：当 $f(x)$ 在 $[a，b]$ 上连续时，有：

$$\int_a^b f(x)\mathrm{d}x = \lim_{n\to\infty} \frac{b-a}{n}\sum_{k=0}^{n-1} f\left(a+k\frac{b-a}{n}\right)$$

因此将 $\frac{b-a}{n}\sum_{k=0}^{n-1} f\left(a+k\frac{b-a}{n}\right)$ 作为 $\int_a^b f(x)\mathrm{d}x$ 的近似值。

程序如下：

```
function sum = integral(n, a, b)
sum = 0;
h = (b - a)/n;
for x = a：h：b
    sum = sum + x^2 * h;
end
```

上机操作步骤：

（1）选择"主页"选项卡上"文件"区中的"新建脚本"命令；

（2）在 M 文件编辑器窗口输入上面的程序并保存；

（3）在命令行窗口中输入命令：

```
>>s = integral(128, 0, 1)
s =
    0.3372
>>s = integral(1280, 0, 1)
s =
    0.3337
```

2. while 循环

while 也用于循环执行某些语句，与 for 循环不同的是，它是根据一个表达式的值来决定是否循环，因此，它的循环次数是不定的。

while 循环的格式为：

```
while 表达式
    循环体语句
end
```

其执行过程为：先计算表达式的值，若表达式的值为真，就重复执行循环体语句，否则终止循环。

例 2 - 30　计算前 n 个自然数的和，直到和大于等于100。

在 MATLAB 中建立命令文件如下：

```
% 文件名为 ex2 _ 30
clear
n = 0;
s = 0;
while s<100
    n = n + 1;
    s = s + n;
end
fprintf ('1～%d 的和刚大于100，和为 %d \ n', n, s)
```

上机操作步骤：

(1) 选择"主页"选项卡上"文件"区中的"新建脚本"命令；

(2) 在 M 文件编辑器窗口输入上面的程序并保存；

(3) 在命令行窗口中运行：

```
>> ex2 _ 30
1～14 的和刚大于100，和为 105
```

2.8.3　其他流程控制语句

1. continue

continue 用于 for 循环和 while 循环中，其作用就是终止本次循环的执行，跳过循环体中所有剩余的语句，开始执行下一次循环。在嵌套循环中，continue 只是跳过它所在的循环体中剩余的语句，进入下一次循环。

2. break

break 用于终止 for 循环和 while 循环的执行。如果遇到 break 语句，则退出循环体，执行循环体外的下一行语句。在嵌套循环中，break 只退出它所在的循环。

3. keyboard

keyboard 的作用是暂停程序的运行，并将控制权交给键盘。当程序暂停后，命令行窗口中的提示符变为"K>>"，表示程序进入了调试模式，用户可以通过键盘进行各种操作。该命令主要用于对程序进行调试，用 dbcont 命令可退出调试模式，使程序继续运行。若要退出调试模式并终止程序的运行，则可使用 dbquit 命令。

4. return

return 语句的作用是强制终止命令文件的运行或终止函数的调用，使控制权返回命令提示符或调用函数。在 MATLAB 中，被调用的函数执行完所有指令后会自动返回调用函数，使用 return 语句可以迫使被调用函数提前结束并返回到调用函数。

5. pause

该命令用于暂时中止程序的运行，等待用户按任意键继续执行。

pause(n) 暂停执行 n 秒，然后继续执行。

例 2 - 31   编写一程序，求 $[50，100]$ 之间第一个能被 19 整除的整数。

在 MATLAB 中建立命令文件如下：

```
%文件名为 ex2_31
clear
for n = 50：100
    if rem (n, 19) ～ = 0              %rem 是求 n 除以 19 的余数
      continue
    end
    break
end
n
```

上机操作步骤：

（1）选择"主页"选项卡上"文件"区中的"新建脚本"命令；

（2）在 M 文件编辑器窗口输入上面的程序并保存；

（3）在命令行窗口中运行：

```
>> ex2_31
n =
      57
```

例 2 - 32   编写一程序实现循环输入数字，直到输入负数为止。

在 MATLAB 中建立命令文件如下：

```
%文件名为 ex2_32
clear
while 1
    n = input ('please input a number：');
    if n<0
      disp ('negative number')
      return
    else
      disp (n)
    end
end
```

上机操作步骤：

（1）选择"主页"选项卡上"文件"区中的"新建脚本"命令；

（2）在 M 文件编辑器窗口输入上面的程序并保存；

（3）在命令行窗口中输入：

＞＞ex2＿32

please input a number：2

   2

please input a number：5

   5

please input a number：6

   6

please input a number：－1

negative number

6．try-catch

在默认情况下，当程序出现异常（错误）时，MATLAB 软件会终止当前正在运行的程序，并给出出错信息。但如果不希望程序因出现错误而中止运行，则可以利用 try-catch 语句捕获有关出现问题的信息，并以适合特定条件的方式处理该情况。try-catch 语句具体格式如下：

```
try
    语句体 1
catch
    语句体 2
end
```

该语句首先执行 try 后面的语句体 1，如果没有出现错误，则执行完成后跳出结构。如果执行语句体 1 时出现错误，则执行 catch 后面的语句体 2。

例 2－33 使用 try-catch 语句，防止程序因数组下标超范围而出错。

在 MATLAB 中建立命令文件 ex2＿33 如下：

```
％文件名 ex2＿33
n＝4;
a＝magic(3)                 ％设置 3×3 矩阵 a
try
    a＿n＝a(n,:)             ％取 a 的第 n 行元素
catch
    a＿end＝a(end,:)         ％若取 a 的第 n 行出错，则改取 a 的最后一行
end
lasterr                    ％显示出错原因
```

在命令行窗口中输入下面的命令：

＞＞ex2＿33

```
a =
    8    1    6
    3    5    7
    4    9    2
a _ end =
    4    9    2
ans =
```
   '位置 1 处的索引超出数组边界（不能超出 3）。'

习题二

一、选择题

1. 执行 a.color='blue'；a.mat＝magic(4)；后变量 a 是哪一种数据类型？（   ）。
   A. 整数　　　　　B. 字符　　　　　　C. 单元　　　　　D. 结构体

2. 下列文件扩展名中不是 MATLAB 允许的数据文件的是（   ）。
   A. m　　　　　　B. txt　　　　　　C. mat　　　　　D. bmp

3. 若工作区中有变量 a，b，c，则只把变量 a 从工作区中删除的命令是（   ）。
   A. clear　　　　B. clear a　　　　C. clear b c　　　D. clear all

4. 清空 MATLAB 工作区中所有变量的命令是（   ）。
   A. clc　　　　　B. cls　　　　　　C. clear　　　　　D. clf

5. 清除命令行窗口显示的所有内容，但不清除工作空间中的数据的命令是（   ）。
   A. clc　　　　　B. cls　　　　　　C. clear　　　　　D. clf

6. 工作区中有变量 a、b、c，按如下步骤进行操作：
   (1) 将变量 a 存储到数据文件 adata.mat 中；
   (2) 清除工作区所有变量；
   (3) 将变量 a 导入工作区中。
   下面（   ）组命令是正确的。
   A. save adata a；clear；load adata；
   B. save adata a —ascii；clear；load adata；
   C. save adata；clear；load adata；
   D. save adata；clear all；load -ascii adata；

7. 符号（   ）可以使命令行不显示运行结果。
   A. //　　　　　　B. %　　　　　　C. ;　　　　　　D. ...

8. 在工作区中有一变量名为 demo 的变量，在当前文件夹中有一名为 demo.m 的文件，则在命令行窗口中输入 demo 后，计算机将执行（   ）操作。
   A. 显示变量 demo 的值　　　　　B. 执行 demo.m 的文件
   C. 显示 demo 的类型　　　　　　D. 编辑 demo.m 的文件

9. 下列变量的定义不合法的是（　　）。

    A. abcd-3　　　B. xyz _ 3　　　　　C. abcdef　　　　　D. x3yz

10. 在工作区，不可以进行的操作是（　　）。

    A. 修改变量的名　　　　　　　　B. 修改变量的值

    C. 修改变量的类型　　　　　　　D. 删除变量

11. 在当前文件夹不能进行的操作是（　　）。

    A. 删除文件　　　　　　　　　　B. 文件重命名

    C. 新建文件　　　　　　　　　　D. 修改文件的只读属性

12. 在 MATLAB 中，A 是一个二维数组，要获取 A 的行数和列数，应该使用的 MATLAB 的命令是（　　）。

    A. class(A)　　B. sizeof(A)　　　C. size(A)　　　　D. disp(A)

13. 设 $A = [2\ 4\ 3；5\ 3\ 1]$，则 length(A) 和 size(A) 的结果（　　）。

    A. 2　[2 3]　B. 3　[2 3]　　C. 2　[3 2]　　D. 3　[3 2]

14. 在 MATLAB 中表示实数中最大数的是（　　）。

    A. flintmax　B. intmax　　　C. realmax　　　　D. Inf

15. 下列数据中比 0 大的最小数是（　　）。

    A. eps　　　　B. realmin　　　C. intmin　　　　D. pi

16. 在 MATLAB 中无穷大用（　　）表示。

    A. i　　　　　B. intmax　　　C. inf　　　　　D. NaN

17. i＝2；a＝2i；b＝2 * i；c＝2 * sqrt(－1)；程序执行后，a, b, c 的值分别是（　　）。

    A. a＝4，b＝4，c＝2.0000i

    B. a＝4，b＝2.0000i，c＝2.0000i

    C. a＝2.0000i，b＝4，c＝2.0000i

    D. a＝2.0000i，b＝2.0000i，c＝2.0000i

18. 将 1234 转换为占内存 2 个字节的有符号整数型的命令是（　　）。

    A. int8(1234)　　　　　　　　　B. int16(1234)

    C. uint16(1234)　　　　　　　　D. int(1234)

19. 若变量 F 的类型是表（table），从表中取第 1、2 行元素仍作为一个表，则下面正确的命令是（　　）。

    A. F(1：2,:)　　　　　　　　　B. F{1：2, 'name'}

    C. F.name(1：2)　　　　　　　　D. F(1：2)

20. 下面对于 MATLAB 中变量的说法错误的为（　　）。

    A. 变量是用于存储数据的内存空间

    B. 使用变量不需要对所使用的变量进行事先声明

    C. 使用变量需要指定变量的类型

    D. MATLAB 自动根据所赋予变量的值或对变量所进行的操作来确定变量的类型

21. 在命令行窗口执行 x＝1 后，变量 x 的数据类型是（　　）。

    A. 整型　　　　　　　　　　　　B. 双精度实型

    C. 单精度实型　　　　　　　　　D. 逻辑型

22. 下面说法错误的是（　　）。

    A. 在 MATLAB 中，变量可以存储一个矩阵（数组），单一的数被看作 1×1 矩阵

    B. 在赋值过程中，如果变量已存在，则 MATLAB 将使用新值代替旧值，并以新的变量类型代替旧的变量类型

    C. 变量名以字母开头，变量名中可以包含字母、数字和下划线，可以使用标点

    D. 常量是指在计算过程中不变的量

23. MATLAB 表达式 2＊2^3^2 的结果是（　　）。

    A. 128　　　　　B. 1024　　　　　C. 4096　　　　　D. 262144

24. 用 round 函数对数组 [2.48　6.39　3.93　8.52] 取整，结果为（　　）。

    A. [2 6 3 8]　　B. [2 6 4 8]　　C. [2 6 4 9]　　D. [3 7 4 9]

25. 有关函数文件说法错误的是（　　）。

    A. 函数文件是以 function 为引导的文件

    B. 函数文件可以接受输入参数

    C. 函数文件可以返回输出参数

    D. 函数文件的变量保存在基本工作空间中

26. 关于命令文件下列说法错误的是（　　）。

    A. 命令文件中变量保存在基本工作区中

    B. 命令文件的建立可以用任何文本编辑器

    C. 一个命令文件中的变量不能被其他命令文件访问

    D. 执行命令文件时，不需要向命令文件传递数据

27. 在循环结构中跳出循环，但继续下次循环的命令为（　　）。

    A. return　　　　B. break　　　　C. continue　　　　D. keyboard

28. 运行如下程序后，输入 9 并回车，命令行窗口显示的结果为（　　）。

    ```
    x = input ('请输入 x 的值：');
    if x = = 10
        y = cos(x + 1) + sqrt(x * x + 1);
    else
        y = (3^(1/2)) * sqrt(x + sqrt(x));
    end
    y
    ```

    A. 9　　　　　　B. 8　　　　　　C. 7　　　　　　D. 6

29. 已知函数文件如下，则 factor(4) 的结果为（　　）

    ```
    function f = factor(n)
    if n< = 1
    ```

```
        f = 1;
    else
        f = factor(n - 1) * n;
    end
```
　　A. 4　　　　　　B. 12　　　　　　C. 24　　　　　　D. 48

二、填空题

1. 将数据文件 data. mat 的内容读入内存的命令为_____。

2. 显示工作区中所有变量的命令是_____。

3. MATLAB 中的运算主要包括_____、_____、_____。

4. MATLAB 命令行窗口中可用_____命令清除工作区中的变量；用_____命令清除命令行窗口中的内容。

5. 设置 double 型数据以长格式显示的命令是_____。

6. 将工作空间中的变量保存到 E 盘中的 data 文件夹中，文件名为 mydata. mat 的命令是_____。

7. 在命令行窗口中输入一个表达式，若不想计算机在命令行窗口中显示计算结果，则应在表达式后面加上符号_____。

8. 将一个文件夹添加到搜索路径中的命令是_____。

9. 在缺省情况下，函数文件的内部变量是_____，函数运行结束后，这些变量被释放，不再占用内存空间。

三、判断题

1. 在命令行窗口输入完命令后必须按回车键才能执行。　　　　　　(　　)
2. format 命令可以影响计算精度。　　　　　　(　　)
3. 在命令行窗口输入命令时，必须在提示符>>下输入。　　　　　　(　　)
4. 变量名 Sum 和变量名 sum 表示同一个变量。　　　　　　(　　)
5. 给一个变量赋值时，必须把数据放在一对［］中。　　　　　　(　　)
6. 命令文件中的变量存储在（基本）工作空间中。　　　　　　(　　)
7. 函数文件中的变量若没有特殊声明，保存在自己的工作空间中，不会出现在基本工作空间中。　　　　　　(　　)
8. 函数文件必须有输入参数。　　　　　　(　　)
9. 任何函数都可采用函数语法和命令语法两种调用格式。　　　　　　(　　)
10. 嵌套函数不能调用它的父函数。　　　　　　(　　)
11. 私有函数可以被任何函数调用。　　　　　　(　　)
12. 在 MATLAB 中，可以调用 fprintf 函数输出数据。　　　　　　(　　)

四、写出下面命令的运行结果

1. >>A = rand(2, 5);

　>>b = size(A)

　>>c = length(A)

2. s = 0;

```
    for i = 1 : 10
        s = s + i;
    end
    s
```

3. >> A = 1 : 2 : 7.5

4.
```
k = 0;
for n = 100 : 200
    if rem(n, 21) ~= 0    % R = rem(X, Y), 求余数函数, X, Y 应该为正数
    k = k + 1;
        continue
    end
    break;
end
k
```

5.
```
s = 0;
a = [12, 13, 14; 15, 16, 17; 18, 19, 20];
for k = a
    s = s + k;
end
disp (s');
```

五、上机操作题（在命令行窗口输入命令完成下面的任务）

1. 生成等差数列 1，−1，−3，−5，…，−13 并计算其元素个数。

2. 角度 $x = [30° \quad 45° \quad 60°]$，求 x 的正弦、余弦、正切和余切。

3. 在命令行窗口计算 $y = 1.3^3 \sin\left(\dfrac{\pi}{3}\right)\sqrt{26}$，要求：

（1）用 5 种不同的输出格式。

（2）用功能键回调刚才的计算语句。

（3）显示变量 y 的 size, class 属性。

4. 在 D 盘上新建一个以自己名字命名的文件夹，并将 MATLAB 的当前文件夹修改为此文件夹。

5. 在 E 盘根目录下创建文件夹 mypath，用菜单方法和 path 函数的方法将 E:\mypath 加入搜索路径中，指出两种方法的区别。

6. 随机生成 20 个范围在 100～200 的整数，并保存在数据文件 data.mat 中。

7. 自己找一个 Excel 数据文件，然后导入 MATLAB 的工作区。

8. 求下列表达式的值。

（1）$z = \dfrac{2\sin 85°}{1 + e^2}$；

（2）$z = \dfrac{e^{0.3a} - e^{0.2a}}{2} \sin(a + 0.3)$，$a = -3.0，-2.9，-2.8，\cdots，2.8，2.9，3.0$。

9. 生成一个 3×4 的服从均匀分布的随机矩阵并赋值给变量 r，要求数据在 $(-5,5)$ 区间内。

10. 将第 9 题生成的矩阵转换为单精度型实数并赋值给变量 k。

11. 将下列数据以表的类型输入变量 T 中。

编号	x（m）	y（m）	海拔（m）	功能区
1	74	781	5	4
2	1 373	731	11	4
3	1 321	1 791	28	4
4	0	1 787	4	2
5	1 049	2 127	12	4
6	1 647	2 728	6	2
7	2 883	3 617	15	4
8	2 383	3 692	7	2
9	2 708	2 295	22	4
10	2 933	1 767	7	4
11	4 233	895	6	5

12. 访问第 11 题变量 T 中编号为 6 的数据。

六、编程题

1. 某商场对顾客所购买的商品实行打折销售，标准如下（商品价格用 price 来表示）：

price＜200　　　　　　没有折扣
200≤price＜500　　　　3％折扣
500≤price＜1 000　　　5％折扣
1 000≤price＜2 500　　8％折扣
2 500≤price＜5 000　　10％折扣
5 000≤price　　　　　　14％折扣

输入所售商品的价格，求其实际销售价格。

2. 编写一函数文件，判断一数据是不是素数，若是，则返回 1，否则返回 0。

3. 编写一函数文件，求两个数的最大公约数。

4. 编写一个函数文件，实现返回两个数中较大的那个，并调用该函数计算两个数的最大值。

5. 编写一命令文件，求 10～100 间能被 3 整除的数。

6. 编写函数文件，实现给定百分制成绩，返回成绩等级，90 分及以上为 A，80～89 分为 B，70～79 分为 C，60～69 分为 D，60 分以下为 E。

7. 编写一个函数文件 fun.m，用于求 $\sum_{n=1}^{10} a^n$。

8. 编写一个函数文件，求斐波那契数列的前 n 项。斐波那契数列定义如下：

$$\begin{cases} f_1 = 1 \\ f_2 = 1 \\ f_n = f_{n-1} + f_{n-2}, \, n > 2 \end{cases}$$

9. 编制一个解数论问题的函数文件，验证：取任意整数，若是偶数，则除以 2，否则乘 3 加 1，重复此过程，最终整数都变为 1。

10. 编写一个函数文件 $[y1, y2] = fun(x1, x2)$，使之可以处理一个或两个输入参数，以及一个或两个输出参数，满足如下条件：

（1）当只有一个输入参数 x1 时：如果只有一个输出参数 y1，则 y1＝x1；如果有两个输出参数 y1，y2，则 y1＝y2＝x1/2；

（2）当有两个输入参数 x1，x2 时：如果只有一个输出参数 y1，则 y1＝x1＋x2；如果有两个输出参数 y1，y2，则 y1＝y2＝(x1＋x2)/2；

11. 编程实现查找矩阵 A 的每行中第一个零元素所在的列，将结果存放在一个列向量中。

第三章

数组（矩阵）运算

本章主要介绍 MATLAB 中的算术运算、关系运算和逻辑运算，这些运算中有的是以矩阵为单位进行的，有的是以元素为单位进行的。矩阵运算是根据线性代数的运算规则进行的，而数组运算是对应元素之间进行运算。通过本章学习，能够利用这些基本运算解决线性代数中的计算问题。

3.1 数组（矩阵）的创建

在 MATLAB 中，大部分数据形式都是从数组派生出来的，因此标量、向量、矩阵都可以看作数组的特殊形式。标量可以看作一个 1×1 的数组，向量可以看作一个 $1 \times n$ 或 $n \times 1$ 的数组，而矩阵则看作一个 $m \times n$ 的二维数组，数组元素可以是数值、字符、逻辑值，甚至可以是其他结构类型的数据。二维数组在线性代数中称为矩阵，所以，不管是数组还是矩阵，它们的存储方式都是一样的，只是运算方法不同。

在 MATLAB 中创建数组有以下几种方法：

(1) 在命令行窗口中直接输入数组元素。

(2) 利用 M 文件。

(3) 利用 MATLAB 的内部函数。

(4) 利用导入数据文件。

3.1.1 直接输入法

直接输入法是指把一组数据用方括号括起来，输入格式的具体要求在 2.4.2 中已经说明。需要强调的是，在创建数组时，数组元素可以是常量、变量、函数或表达式。

例 3 - 1 用直接法创建数组。

```
>> x = 2;
>> y = 4;
```

```
>> z = [sin(pi/2), 8 * 4; y, exp(x)]
z =
    1.0000   32.0000
    4.0000    7.38911
```

如果在创建一个数组时，输入了不同类型的数据，则 MATLAB 会自动把一些数据进行类型转换，以保证数组中的数据元素都为同一类型。转换规则如下：

$$logical \rightarrow double \rightarrow single \rightarrow int \rightarrow char$$

例如，在一个数组中有逻辑型数据和双精度数据时，MATLAB 会把逻辑型数据自动转换为双精度类型，数组的类型是双精度的。但逻辑型数据和字符型数据不能在一个数组中。

例 3-2 数组中不同数据类型的转换。

```
>> a = [int8(65), 'B', 67]     % 所有数据都转换为字符
a =
    'ABC'
>> class(a)
ans =
    'char'
```

如果在创建数组（矩阵）时，数组元素由两个及两个以上不同整数类型数据和除字符以外的其他非整数类型数据组成，则 MATLAB 会将所有数据转换为最左侧整数类型。

例 3-3 包含不同整数类型数据的转换。

```
>> A = [int16(450) uint8(250) int32(1000000)]
A =
  1×3 int16 行向量
    450    250   32767
>> B = [true pi int32(1000000) single(17.32) uint8(250)]
B =
  1×5 int32 行向量
    1        3  1000000       17        250
```

3.1.2 利用 M 文件

当数组的数据规模较大时，直接输入法就有些力不从心了，既容易出现差错，也不容易修改，因此，可以使用 M 文件来创建。具体方法是：创建一个 M 文件，其内容是创建数组的命令，执行 M 文件，即可将矩阵调入工作区中（写入内存）。这种方法的优点是一次输入，多次使用。

例 3-4 用建立 M 文件的方式创建矩阵。

在命令行窗口依次输入下面的命令：

（1）选择"主页"选项卡上"文件"区中的"新建脚本"命令；

（2）输入下面的内容并保存；

% 文件名为 mydata

A = [1, 4, 3, 6, 3, 8, 4; 4, 5, 6, 10, 43, 22, 65; 7, 8, 9, 76, 34, 55, 22; 45, 77, 56, 43, 23, 4, 2; 0, 6, 8, 4, 5, 7, 4]

（3）在命令行窗口中运行 M 文件 mydata.m。

```
>>mydata
A =
    1     4     3     6     3     8     4
    4     5     6    10    43    22    65
    7     8     9    76    34    55    22
   45    77    56    43    23     4     2
    0     6     8     4     5     7     4
```

3.1.3　利用 MATLAB 的内部函数

MATLAB 提供了一些内部函数来创建特殊矩阵，如单位阵、全零阵等。下面介绍一些创建特殊矩阵的函数。

1. 空矩阵

MATLAB 定义了一个特殊的矩阵，即空矩阵。空矩阵由下列命令创建：

- $A = [\ ]$，空阵中不包括任何元素，是 0×0 阶矩阵。

MATLAB 还定义了空向量。当 $n < 1$ 时，向量 $1:n$ 就是不包含任何元素的空向量，空向量也是空矩阵。

2. 全零阵

- zeros(n)，创建 $n \times n$ 阶全零阵。
- zeros(sz1, $\cdots$, szN)，创建 sz1 $\times \cdots \times$ szN 阶全零阵。
- zeros(size(A))，创建与 A 大小相同的全零阵。

例如：

```
>>C1 = zeros(5)        % 创建一个 5 阶全零阵
C1 =
    0     0     0     0     0
    0     0     0     0     0
    0     0     0     0     0
    0     0     0     0     0
    0     0     0     0     0
```

3. 全 1 阵

- ones(n)，创建 $n \times n$ 阶全 1 阵。
- ones(sz1, $\cdots$, szN)，创建 sz1 $\times \cdots \times$ szN 阶全 1 阵。

● ones(size(A))，创建与 A 大小相同的全 1 阵。

例如：

$\gg$C2 = ones(2，3)　　　　% 创建一个 2 行 3 列的全 1 阵

C2 =

　　1　　1　　1
　　1　　1　　1

4. 单位矩阵

● eye(n)，创建 $n \times n$ 的单位阵。

● eye(m，n)，创建 $m \times n$ 的矩阵，其中主对角线元素为 1，其他元素为 0。

● eye(size(A))，创建与 A 大小相同的单位阵。

例如：$\gg$C3 = eye(4)

C3 =

　　1　　0　　0　　0
　　0　　1　　0　　0
　　0　　0　　1　　0
　　0　　0　　0　　1

5. 随机矩阵

● rand，生成一个均匀分布的随机数，其数值范围在 0～1 之间。

● rand(n)，创建一个 $n \times n$ 的均匀分布的随机阵。

● rand(sz1，$\cdots$，szN)，创建 sz1$\times$sz2$\times \cdots \times$szN 的均匀分布的随机阵。

● randn，生成一个服从 $N(0，1)$ 正态分布的随机数。

● randn(n)，创建一个 $n \times n$ 的服从 $N(0，1)$ 正态分布的随机阵。

● randn(sz1，$\cdots$，szN)，创建 sz1$\times$sz2$\times \cdots \times$szN 的服从 $N(0，1)$ 正态分布的随机阵。

● randi(imax)，生成一个均匀分布的伪随机整数，其数值范围在 1～imax 之间。

● randi(imax，n)，创建一个 $n \times n$ 的均匀分布的伪随机整数矩阵。

● randi(imax，sz1，$\cdots$，szN)，创建一个 sz1$\times$sz2$\times \cdots \times$szN 的均匀分布的伪随机整数矩阵。

例如：$\gg$ C4 = rand(3)

C4 =

　　0.0975　　0.9575　　0.9706
　　0.2785　　0.9649　　0.9572
　　0.5469　　0.1576　　0.4854

$\gg$ C5 = randi(10，2，3)

C5 =

　　9　　5　　8
　　2　　10　　10

注意： 如果上述两个命令是启动 MATLAB 后第一次执行，那么请关闭 MATLAB，

重新启动 MATLAB 后，再依次执行上述两个命令，你会发现两次执行的结果是一样的。也就是说，rand 生成的数字序列由均匀伪随机数生成器的内部设置决定，该生成器是 rand、randi 和 randn 的基础。可以使用 rng 控制随机数生成器，详见 7.1.8 节。

想一想： 如何利用随机函数 rand 生成一个 $[-10, 20]$ 上的随机整数？

6. 魔方矩阵

魔方矩阵是有相同的行数和列数，并且每行、每列、对角线元素的和都相等的矩阵。

● magic(n)，创建一个 $n×n$ 的魔方矩阵。

例如：
```
>> M = magic(3)
M =
     8     1     6
     3     5     7
     4     9     2
```

3.1.4 利用导入数据文件

在 MATLAB 中，还可以通过读入外部数据文件来创建数组，具体内容见 2.4.5 节。下面主要介绍如何利用文本文件创建数组。

在文本文件中，数据必须排列成矩阵形式，数据之间用空格分隔，文件的每行仅包含矩阵的一行，并且每行的元素个数必须相等。

例 3-5 文本文件 data.txt 的内容如下，通过此文件创建矩阵。

```
1.1    3     4     5     8     7     5
2.3    2     1     0     9     4     65
34     44    2     4     5     2     6
```

在命令行窗口依次输入下面的命令：

```
>> load data.txt          % 将 data.txt 的内容导入工作区
>> data % 查看变量 data
data =
1.1    3     4     5     8     7     5
2.3    2     1     0     9     4     65
34     44    2     4     5     2     6
```

3.2 数组（矩阵）的基本操作

3.2.1 数组元素的表示方法

数组元素的表示方法有三种：按位置索引、线性索引和逻辑索引。

1. 按位置索引

按位置索引是用数组变量名和下标来表示的。下标表示数组元素在数组中的位置，最小下标值是 1，下标可以是常量、变量或表达式，如 $A(2，3)$ 表示数组 A 中第 2 行第 3 列的元素，2 和 3 称为数组 A 的下标。

在表示数组元素时，下标用"："可以表示所有的行或列，也可以用来表示一个范围，用 end 表示数组中的最后一行或最后一列。

- $A(i，j)$，表示数组 A 中第 i 行，第 j 列的元素。
- $A(:，j)$，表示数组 A 的第 j 列全部元素。
- $A(i,:)$，表示数组 A 的第 i 行全部元素。
- $A(i：i+m,:)$，表示数组 A 第 $i \sim i+m$ 行的全部元素。
- $A(:，j：j+m)$，表示数组 A 第 $j \sim j+m$ 列的全部元素。
- $A(i：i+m，j：j+m)$，表示数组 A 第 $i \sim i+m$ 行第 $j \sim j+m$ 列的全部元素。
- $A([i，j]，[m，n])$，表示数组 A 第 i、j 行中位于第 m、n 列的元素。
- $A(end,:)$，表示数组 A 最后一行的所有元素。

例 3-6　从一个矩阵中取部分元素组成新的矩阵。

在命令行窗口依次输入下面的命令：

```
>> A = [1, 2, 3, 4, 5; 6, 7, 8, 9, 10; 11, 12, 13, 14, 15; 16, 17,
18, 19, 20]
>> A =
    1     2     3     4     5
    6     7     8     9    10
   11    12    13    14    15
   16    17    18    19    20
>>x = A(2, 3)
x =
    8
>>B = A(1：2, [2, 4])
B =
    2     4
    7     9
>>C = A(end,:)                    % 取 A 最后一行
C =
   16    17    18    19    20
>>D = A([1, 4], 3：end)           % 取 A 第 1、4 行中第 3 列到最后一列的元素
D =
    3     4     5
   18    19    20
```

2. 线性索引

线性索引只使用一个下标，而不管数组的大小或维度如何。虽然 MATLAB 根据定义

的大小和形状显示数组，但实际上数组在内存中都存储为单列元素，也就是说，对于一个数组，我们按列优先的原则进行编号，命令 $A(:)$ 表示由数组 A 的元素按列的顺序排成的列向量。例如：

```
>> A = [1 2 3; 4 5 6]
A =
     1     2     3
     4     5     6
>> b = A(:)
b =
     1
     4
     2
     5
     3
     6
>> c = A(3)        % 线性索引
c =
     2
```

如果 $A(:)$ 出现在赋值语句的左端，并且数组 A 已经存在，则要求右侧数据的个数和数组 A 的元素个数相同。如：

```
>> A(:) = 10: 15
A =
    10    12    14
    11    13    15
```

3. 逻辑索引

逻辑索引使用 true 和 false 逻辑值也可以对数组进行索引。

例 3-7　找出矩阵 A 中小于矩阵 B 中的对应位置的所有元素。

```
>> A = randi(10, 3)
   A =
        9     1    10
        6     5     1
       10     2     8
>> B = randi(10, 3)
   B =
        9     4     5
        9     3    10
```

```
                    1    9    2
>> ind = A<B
    ind =
        3×3 logical 数组
        0  1  0
        1  0  1
        0  1  0
>>Av = A(ind)
Av =
    6
    1
    2
    1
>>Bv = B(ind)
Bv =
    9
    4
    9
    10
```

例 3-8　从一幅彩色图像中提取单色图像数据。

彩色图像一般由红、绿、蓝三种颜色组成，彩色图像的数据一般为 $m \times n \times 3$ 的数组，其中 m 和 n 分别表示图像的行数和列数，3 则代表 R、G、B 三个分量。

在命令行窗口依次输入下面的命令：

```
>>x = imread ('indiancorn.jpg');
>> imshow(x)           % 显示的是彩色图像，运行结果见图 3-1a
>>R = x (:,:, 1);      % 从 x 中提取红色图像数据
>> imshow(R)           % 显示的是单色图像，运行结果见图 3-1b
```

图 3-1a　原图

图 3 - 1b　单色图像

注：单色印刷未能显示原图的彩色，有兴趣的读者可按此方法自行体验。

3.2.2　数组的扩充

1. 单个数组的扩充

通过对一个数组下标范围之外的元素进行赋值操作，MATLAB 会自动扩展原数组到指定行列大小，扩展后未赋值的元素置为 0。

例 3 - 9　通过为元素赋值，扩充数组。

在命令行窗口依次输入下面的命令：

```
>> A = [1, 2, 3; 4, 5, 6]
A =
    1    2    3
    4    5    6
>> A (4, 5) = 10
A =
    1    2    3    0    0
    4    5    8    0    0
    0    0    0    0    0
    0    0    0    0   10
```

2. 合并多个数组为一个数组

大数组可以由多个小数组按行列排列在方括号中建立，合并时要注意水平方向上的小数组行数要相同，垂直方向上的小数组列数要相同。

例 3 - 10　将若干个小数组合并成一个大数组。

在命令行窗口依次输入下面的命令：

```
>> A = [1 2 3; 4 5 6; 7 8 9]
A =
    1    2    3
    4    5    6
```

```
     7    8    9
>> C = [A, eye(size(A)); ones(size(A)), A]
C =
     1    2    3    1    0    0
     4    5    6    0    1    0
     7    8    9    0    0    1
     1    1    1    1    2    3
     1    1    1    4    5    6
     1    1    1    7    8    9
```

3.2.3　数组元素的删除

利用空数组的特性，可以从一个数组中删除部分行元素和列元素，但不能删除一个元素，也就是说，元素的下标只能有一个非冒号索引。

例 3 - 11　A 是一个 3×3 的数组，删除 A 的第 1 行和第 3 行元素。

在命令行窗口依次输入下面的命令：

```
>> A = [1, 2, 3; 4, 5, 6; 7, 8, 9]
A =
     1    2    3
     4    5    6
     7    8    9
>> A([1, 3],:) = []                    % 删除 A 数组中第 1、3 行的元素
A =
     4    5    6
```

3.2.4　数组元素的修改

当数组元素出现在等号左端时，表示对原数组中的部分或全部元素重新赋值。

例如：$A([1, 3],:) = B([1, 2],:)$ 表示将数组 A 的第 1、3 行用数组 B 的 1、2 行代替。注意，表达式两端的元素个数必须相同。

例 3 - 12　数组的部分修改。

在命令行窗口依次输入下面的命令：

```
>> A = [1, 2, 3; 4, 5, 6; 7, 8, 9]
A =
     1    2    3
     4    5    6
     7    8    9
>> A(1, 2) = 10                        % 修改 A 数组中第 1 行第 2 列元素的值
A =
```

```
    1      10      3
    4       5      6
    7       8      9
>> B = ones(4，3);                    %创建4×3全1阵
>> A([1，3]，:) = B([1，2]，:)  %用 B 矩阵第 1、2 行的元素替换 A 矩阵第 1、3
                              行的元素

A =
    1       1      1
    4       5      6
    1       1      1
```

例 3 - 13　编写一程序，创建一个 $4×3$ 矩阵 A，$A(i，j) = i^2 + j^2$。

在 MATLAB 中建立命令文件如下：

```
%文件名为 ex3_13
  clear
%为了得到最大的速度，在 for 循环（while 循环）被执行之前，
%应预先分配矩阵。
A = zeros(4，3);
for i = 1：4
    for j = 1：3
        A(i，j) = i^2 + j^2;
    end
end
A
```

在命令行窗口中运行：

```
>> ex3_13
A =
     2            5           10
     5            8           13
    10           13           18
    17           20           25
```

3.2.5　数组维数的改变

MATLAB 可以实现数组元素的重新排列，以实现数组尺寸或维数的变化。根据 MATLAB 数组元素的排列顺序规则，重新排列的元素的顺序按照先列，后行，再第三维、第四维的顺序排列。

● $C = $ reshape(A，sz1，…，szN)，重构数组。其中 A 为原始数组，C 为变维后的

数组，大小为 sz1×…×szN。新数组的各维阶数的乘积必须与原数组的各维阶数的乘积相同。维数的大小可以使用 [ ]，使计算机自动计算维数。

例 3 - 14 把向量转变成矩阵或多维数组。

在命令行窗口依次输入下面的命令：

```
>>A = 1：12；
>> B = reshape(A，3，4)        % 将向量 A 转换成 3×4 阶矩阵
   B =
        1    4    7    10
        2    5    8    11
        3    6    9    12
>> C = reshape(A，2，[] )       % 将向量 A 转换成 2×6 阶矩阵
   C =
        1    3    5    7    9    11
        2    4    6    8    10   12
>> D = reshape(A，2，3，2)      % 将向量 A 转换成 2×3×2 维数组
   D(:,:, 1) =
        1    3    5
        2    4    6
   D(:,:, 2) =
        7    9    11
        8    10   12
```

3.2.6 数组的翻转和旋转

对数组进行翻转和旋转的函数如下：

● $B = \text{fliplr}(A)$，将数组 A 进行左右翻转创建数组 B，如果 A 是行向量，则返回一个大小和 A 相同、元素的排列顺序和 A 相反的行向量；如果 A 是列向量，则返回 A 本身。

● $B = \text{flipud}(A)$，将数组 A 进行上下翻转创建数组 B，如果 A 是行向量，则返回 A 本身；如果 A 是列向量，则返回一个大小和 A 相同，元素的排列顺序和 A 相反的列向量。

● $B = \text{flip}(A，\text{dim})$，将数组 A 沿指定的方向翻转来创建数组 B，当 $\text{dim} = 1$ 时，行翻转，相当于 flipud，当 $\text{dim} = 2$ 时，列翻转，相当于 fliplr。

● $B = \text{rot90}(A)$，将数组 A 逆时针旋转 90°创建数组 B。

● $B = \text{rot90}(A，k)$，将数组 A 逆时针旋转 $k×90$°创建数组 B，k 是整数。

例 3 - 15 $A = \begin{pmatrix} 1 & 2 & 3 \\ 4 & 5 & 6 \end{pmatrix}$，对数组进行翻转和旋转。

在命令行窗口依次输入下面的命令：

```
>> A = [1, 2, 3; 4, 5, 6]
A =
```

```
    1    2    3
    4    5    6
>> fliplr (A)                    %将数组 A 左右翻转
ans =
    3    2    1
    6    5    4
>> flipud (A)                    %将数组 A 上下翻转
ans =
    4    5    6
    1    2    3
>> flip (A，1)                    %将数组 A 上下翻转
ans =
    4    5    6
    1    2    3
>> flip (A，2)                    %将数组 A 左右翻转
ans =
    3    2    1
    6    5    4
>> rot90 (A)                     %将数组 A 逆时针旋转 90 度
ans =
    3    6
    2    5
    1    4
>> rot90 (A，2)                   %将数组 A 逆时针旋转 180 度
ans =
    6    5    4
    3    2    1
>> rot90 (A，-1)                  %将数组 A 顺时针旋转 90 度
ans =
    4    1
    5    2
    6    3
```

例 3 - 16 将例 3 - 8 中的原始图像上下翻转。

在命令行窗口依次输入下面的命令：

```
>> x = imread ('indiancorn. jpg');
>> z = flipud (x);
>> figure
```

$>>$imshow（z）　　% 见图 3 - 2

图 3 - 2　例 3 - 16 的运行结果

3.2.7　创建对角矩阵和三角矩阵

3.2.1 节中我们介绍了利用矩阵下标创建矩阵的方法，下面再介绍几个利用已知矩阵创建特殊矩阵的函数，包括 diag、triu 和 tril。函数的调用格式及功能如下：

● $b=$diag$(A，n)$，提取矩阵 A 的第 n 条对角线上的元素，创建列向量 b。当 $n>0$ 时，提取 A 主对角线上方第 n 条对角线上的元素；当 $n<0$ 时，提取 A 主对角线下方第 n 条对角线上的元素；当 $n=0$ 或不指定 n 时，b 为 A 的主对角线上的元素。

● $A=$diag$(b，n)$，利用向量 b 创建对角矩阵 A，使 b 作为 A 的第 n 条对角线，当 $n=0$ 或不指定 n 时，b 作为 A 的主对角线。

● $B=$tril$(A，n)$，提取矩阵 A 的第 n 条对角线下方的部分（含第 n 条对角线）组成矩阵 B，其余位置元素为 0，n 的定义同 diag。

● $B=$triu$(A，n)$，提取矩阵 A 的第 n 条对角线上方的部分（含第 n 条对角线）组成矩阵 B，其余位置元素为 0，n 的定义同 diag。

例 3 - 17　已知 $A=\begin{pmatrix} 1 & 2 & 3 \\ 4 & 5 & 6 \\ 7 & 8 & 9 \end{pmatrix}$，用 A 的主对角线元素创建向量，再用该向量创建对角矩阵。

在命令行窗口依次输入下面的命令：

$>>$ A = $[1\ 2\ 3；4\ 5\ 6；7\ 8\ 9]$

A =

　　1　　2　　3

　　4　　5　　6

　　7　　8　　9

$>>$ B = diag(A)　　　　% 提取矩阵 A 的主对角线元素组成列向量

```
B =
    1
    5
    9
>> C = diag(B)              %利用向量 B 创建对角矩阵 C
C =
    1    0    0
    0    5    0
    0    0    9
>> D = diag(A, 1)           %提取矩阵 A 第 1 条对角线上的元素组成列向量
D =
    2
    6
>> E = tril(A)              %用矩阵 A 创建下三角矩阵
E =
    1    0    0
    4    5    0
    7    8    9
>> F = triu(A)              %用矩阵 A 创建上三角矩阵
F =
    1    2    3
    0    5    6
    0    0    9
```

3.3 数组运算

在 MATLAB 中，数组运算是指两个数组对应元素之间的运算，运算符一般带有一个点。

3.3.1 算术运算

数组的算术运算是指数组中对应元素之间进行算术运算。要求两个运算量是具有兼容大小的数组。

所谓数组兼容大小，是指参加算术运算的两个数组的维度（大小）相同或其中有一维为 1，或有一个运算量是标量。MATLAB 中的大多数二元（两个运算量）运算符和函数都支持具有兼容大小的数值数组。以最简单的情况为例，如果两个数组大小完全相同或其中一个为标量，则这两个数组大小是兼容的。运行数组运算时，MATLAB 会将大小兼容的数组自动扩展为相同的大小。如数组 A 的大小为 3×3，数组 B 的大小为 3×1，两个数

组进行算术运算时，MATLAB 先将数组 B 扩展为 3×3 的，再进行运算，结果为 3×3 的。

1. 数组的加减运算

- $A+B$ 或 $A-B$，数组相应位置的元素相加、减。

例 3 - 18 $A=\begin{pmatrix} 1 & 2 & 3 \\ 2 & 3 & 4 \\ 3 & 4 & 5 \end{pmatrix}$，$B=\begin{pmatrix} 3 & 2 & 4 \\ 2 & 5 & 3 \\ 2 & 3 & 1 \end{pmatrix}$，$C=\begin{bmatrix} 5 & 3 & 9 \end{bmatrix}$，求 $A+B$，$A-2$，$B+C$。

在命令行窗口依次输入下面的命令：

```
>> A = [1, 2, 3; 2, 3, 4; 3, 4, 5]
A =
   1    2    3
   2    3    4
   3    4    5
>> B = [3, 2, 4; 2, 5, 3; 2, 3, 1]
B =
   3    2    4
   2    5    3
   2    3    1
>> C = [5 3 9]
C =
   5    3    9
>>R1 = A + B              %两个运算量的大小相同
R1 =
   4    4    7
   4    8    7
   5    7    6
>>R2 = A - 2             %有一个运算量是标量
R2 =
  -1    0    1
   0    1    2
   1    2    3
>> R3 = B + C           %两个运算量的大小不同，但 C 是 1*3 的行向量
R3 =
   8    5    13
   7    8    12
   7    6    10
```

例 3 - 19 将例 3 - 8 中的图像进行线性变换。

设 x 为原始图像的灰度值，则变换后的灰度值 y 为：$y=kx+d$（$0\leqslant d\leqslant 255$），当

$k=-1$，$d=255$ 时，可以让图像实现反色效果或称底片效果。

在命令行窗口依次输入下面的命令：

```
>> x = imread ('indiancorn.jpg');
>> y = 255 - x;                    % 线性变换
>> imshow (y)                      % 运行结果见图 3 - 3
```

图 3 - 3　反色效果图

2. 数组的乘法运算

● $A.*B$，数组 A 和 B 对应位置的元素相乘。

例 3 - 20　$A=\begin{pmatrix}1&2&3\\2&3&4\\3&4&5\end{pmatrix}$，$B=\begin{pmatrix}3&2&4\\2&5&3\\2&3&1\end{pmatrix}$，$C=\begin{bmatrix}3\\5\\8\end{bmatrix}$．求 $A.*B$，$A.*5$，$B.*C$。

在命令行窗口依次输入下面的命令：

```
>> A = [1, 2, 3; 2, 3, 4; 3, 4, 5]
A =
    1    2    3
    2    3    4
    3    4    5
>> B = [3, 2, 4; 2, 5, 3; 2, 3, 1]
B =
    3    2    4
    2    5    3
    2    3    1
>> C = [3; 5; 8]
C =
    3
```

```
       5
       8
>>R1 = A. * B                    %两个运算量的大小相同
R1 =
       3      4      12
       4     15      12
       6     12       5
>>R2 = A. * 5                    %有一个运算量是标量
R2 =
       5     10      15
      10     15      20
      15     20      25
>> R3 = B. * C                   %两个运算量的大小不同，但 C 是 3 * 1 的列向量
R3 =
       9      6      12
      10     25      15
      16     24       8
```

3. 数组的左除(. \)、右除(. /)

- $A./B$，数组 A 的元素除以数组 B 的对应元素，即等于 $[A(i,j)/B(i,j)]$。
- $A.\backslash B$，数组 B 的元素除以数组 A 的对应元素，即等于 $[B(i,j)/A(i,j)]$。

同阶对应元素相除 $A./B = B.\backslash A$。

例 3 - 21 $A = \begin{pmatrix} 1 & 2 & 3 \\ 0 & 1 & 0 \\ 3 & 2 & 1 \end{pmatrix}$, $B = \begin{pmatrix} 1 & 2 & 3 \\ 4 & 5 & 6 \\ 3 & 4 & 2 \end{pmatrix}$, $C = [1\ 2\ 3]$，求 $A.\backslash B$, $B./A$, $B./C$。

在命令行窗口依次输入下面的命令：

```
>> A =[1, 2, 3; 0, 1, 0; 3, 2, 1]
A =
       1      2      3
       0      1      0
       3      2      1
>> B =[1, 2, 3; 4, 5, 6; 3, 4, 2]
B =
       1      2      3
       4      5      6
       3      4      2
>> C =[1 2 3]
C =
```

```
    1    2    3
>>R1 = A. \B
R1 =
    1    1    1
  Inf    5  Inf
    1    2    2
>>R2 = A. /B
R2 =
    1.0000    1.0000    1.0000
         0    0.2000         0
    1.0000    0.5000    0.5000
>> R3 = A. /2
R3 =
    0.5000    1.0000    1.5000
         0    0.5000         0
    1.5000    1.0000    0.5000
R4 = B. /C
R4 =
    1.0000    1.0000    1.0000
    4.0000    2.5000    2.0000
    3.0000    2.0000    0.6667
```

注意：在 R1 的结果中，"Inf" 表示无穷大，在 MATLAB 中，被零除或浮点溢出都不按错误处理。

4. 数组的幂运算

- $A.\char94 B$，等于 $[A(i, j)\char94 B(i, j)]$。

例 3 - 22 $A = \begin{pmatrix} 1 & 2 & 3 \\ 2 & 1 & 2 \\ 3 & 3 & 1 \end{pmatrix}$，$B = \begin{pmatrix} 3 & 2 & 4 \\ 2 & 5 & 3 \\ 2 & 3 & 1 \end{pmatrix}$。求：$A.\char94 B$，$3.\char94 B$，$A.\char94 2$。

在命令行窗口依次输入下面的命令：

```
>> A = [1, 2, 3; 2, 1, 2; 3, 3, 1]
A =
    1    2    3
    2    1    2
    3    3    1
>> B = [3, 2, 4; 2, 5, 3; 2, 3, 1]
B =
    3    2    4
```

$$
\begin{array}{ccc}
2 & 5 & 3 \\
2 & 3 & 1
\end{array}
$$

```
>> C = [1 2 3]
C =
    1    2    3
>> R1 = A.^B
R1 =
    1    4   81
    4    1    8
    9   27    1
>> R2 = 3.^B
R2 =
   27    9   81
    9  243   27
    9   27    3
>> R3 = A.^2
R3 =
    1    4    9
    4    1    4
    9    9    1
>> R4 = B.^C
R4 =
    3    4   64
    2   25   27
    2    9    1
```

5. 点积和叉积的计算

计算向量点积的函数是 dot，计算叉积的函数是 cross，其具体格式如下：

● $C = \mathrm{dot}(A，B)$，返回值为向量 A、B 的点积，其中 A、B 必须是长度相同的向量。

● $C = \mathrm{cross}(A，B)$，返回值为向量 A、B 的叉积，其中 A、B 必须是具有 3 个元素的向量。

例 3-23 计算向量 $a=(4，-1，2)$，$b=(2，-2，-1)$ 的点积和叉积。

在命令行窗口依次输入下面的命令：

```
>>A = [4 -1 2];
>>B = [2 -2 -1];
>>C = dot(A, B)
C =
```

```
    8
>>D = cross(A，B)
D =
    5    8    -6
```

注意： 算术运算也可以通过调用函数实现，函数名见表 3-1。

表 3-1 数组算术运算的有关函数

运算	函数
$A+B$	plus(A，B)
$A-B$	minus(A，B)
$A.*B$	times(A，B)
$A.\wedge B$	power(A，B)
$A./B$	rdivide(A，B)
$A.\backslash B$	ldivide(A，B)

3.3.2 关系运算

MATLAB 提供了 6 种关系运算符，用于比较两个数组对应位置的元素的大小。数组的大小必须兼容，执行计算时，具有兼容大小的数组会自动扩展为相同的大小，结果为同维的逻辑数组，1 表示比较结果为真，0 表示比较结果为假。6 种关系运算符如下：

    $<$ 小于 $<=$ 小于等于 $>$ 大于
    $>=$ 大于等于 $==$ 等于 $\sim=$ 不等于

例 3-24 $A=\begin{bmatrix}-1 & 3 & 0\\4 & 5 & 8\end{bmatrix}$，$B=\begin{bmatrix}5 & 3 & -6\\2 & 7 & 1\end{bmatrix}$，$C=[1\ 2\ 3]$，求 $A<B$，$A==B$，$A<=0$，$B>C$。

在命令行窗口依次输入下面的命令：

```
>> A = [-1, 3, 0; 4, 5, 8]
A =
    -1    3    0
     4    5    8
>> B = [5, 3, -6; 2, 7, 1]
B =
     5    3    -6
     2    7     1
>> C = [1 2 3]
C =
```

```
      1     2     3
>> R1 = A<B
R1 =
    2×3   logical   数组
    1       0       0
    0       1       0
>> R2 = A = = B
R2 =
    2×3   logical   数组
    0       1       0
    0       0       0
>> R3 = A< = 0
R3 =
    2×3   logical   数组
    1       0       1
    0       0       0
>> R4 = B>C
R4 =
    2×3   logical   数组
    1       1       0
    1       1       0
```

注1：参加关系运算与逻辑运算的运算量的数据类型与算术运算的要求相同，但任意两个不同类型的运算量都可进行关系运算，其结果为真（1）或假（0）。

注2：关系运算符可以判断有一维是零的数组。如果一个数组的维数为零，那么另一个数组必须是相同的大小或是一个标量，其结果也是一个同样大小的空矩阵。如：

```
>> A = ones(3，0)
A =
  空的 3×0 double 矩阵
>> A = = 1
ans =
  空的 3×0 logical 数组
>> A = = []
  错误使用  = =
  矩阵维度必须一致
```

注3：关系运算也可以用函数实现，见表3-2。

表 3-2 关系运算的有关函数

运算	函数名
$A<B$	lt(A，B)
$A<=B$	le(A，B)
$A>B$	gt(A，B)
$A>=B$	ge(A，B)
$A==B$	eq(A，B)
$A\sim=B$	ne(A，B)

3.3.3 逻辑运算

MATLAB中主要有3种逻辑符，即与（&）、或（|）、非（～），它们的定义如下：

● $A\&B$，对数组 A、B 中的对应元素进行逻辑与运算，结果是逻辑数组，A 和 B 的对应元素都为非零时，结果为1，否则为0。

● $A|B$，对数组 A、B 中的对应元素进行逻辑或运算，结果是逻辑数组，A 和 B 的对应元素中至少有一个非零时，结果为1，否则为0。

● $\sim A$，对数组 A 进行取反运算，结果是逻辑数组。

例 3-25 $A=\begin{pmatrix}-1&0&3\\2.6&1&2\\0&3&1\end{pmatrix}$，$B=\begin{pmatrix}1&2&0\\0&5&0\\1&0&1\end{pmatrix}$，计算 $A\&B$，$A|B$，$\sim A$。

在命令行窗口依次输入下面的命令：

```
>> A=[-1, 0, 3; 2.6, 1, 2; 0, 3, 1];
>> B=[1, 2, 0; 0, 5, 0; 1, 0, 1];
>> A&B
ans =
    1    0    0
    0    1    0
    0    0    1
>> A|B
ans =
    1    1    1
    1    1    1
    1    1    1
>> ~A
ans =
    0    1    0
    0    0    0
    1    0    0
```

注： 上述逻辑运算也可以用函数实现，见表 3 - 3。

表 3 - 3　逻辑运算的有关函数

运算	函数
$A \& B$	and(A，B)
$A \mid B$	or(A，B)
$\sim A$	not(A)

另外，MATLAB 还有两个具有短路特性的逻辑运算符 && （与）和 ||（或），但这两个逻辑运算符的运算量只能是标量。

例如，如果我们需要判断一个条件 $a/b > 20$，为防止当 $b=0$ 时 a/b 的计算无意义，表达式可以写成：(b~=0) && (a/b>20)。这样一旦出现 $b=0$ 的情况，(b ~= 0) 的计算结果就为 false，MATLAB 将假定整个表达式为 false，并提早终止对表达式的计算。

除此之外，MATLAB 还提供了其他一些函数实现逻辑运算。

● $C =$ xor(A，B)，逻辑异或。如果 A 或 B 在相同的数组位置逻辑值不同，则输出数组中的对应元素设置为逻辑值 1（true）。如果相同，则将数组元素设置为 0。例如：

```
>> A=[1 0; 0 1]
A =
    1    0
    0    1
>> B=[1 1; 0 0]
B =
    1    1
    0    0
>> xor (A, B)
ans =
  2×2  logical  数组
    0    1
    0    1
```

● $B =$ all(A)，测试 A 的所有元素是否为非零或逻辑值 1。

(1) 如果 A 为向量，则当所有元素非零时，B 的值为逻辑 1，否则 B 的值为逻辑 0；

(2) 如果 A 为非空矩阵，all(A) 将 A 的各列视为向量，返回包含逻辑 1 和 0 的行向量。例如：

```
>> A=[1 2 3 4 5]
A =
    1    2    3    4    5
>> all(A)
ans =
```

```
logical
    1
>>B=[1 0 1; 2 2 2; 1 0 0]
B =
    1    0    1
    2    2    2
    1    0    0
>> all(B)
ans =
  1×3  logical  数组
    1    0    0
```

● $B = \text{any}(A)$，测试 A 是否存在非零数值或逻辑值 1（true）。

（1）如果 A 为向量，则当 A 的任何元素是非零数值或逻辑 1（true）时，B 的值为逻辑 1，当所有元素都为零时，返回逻辑 0（false）；

（2）如果 A 为非空矩阵，则将 A 的各列视为向量，返回包含逻辑 1 和 0 的行向量。

例如：

```
>> A=[0 1 0 2]
A =
    0    1    0    2
>> any(A)
ans =
  logical
    1
>> B=[1 0 1; 2 0 2; 1 0 0]
B =
    1    0    1
    2    0    2
    1    0    0
>> any(B)
ans =
  1×3  logical  数组
    1    0    1
```

● tf = iscell(A)，如果 A 是单元数组，则 iscell(A) 返回 1（true）；否则，返回 0（false）。

● tf = ischar(A)，如果 A 为字符数组，则 ischar(A) 返回逻辑值 1（true）；否则，返回逻辑值 0（false）。

● tf = isempty(A)，如果 A 为空，则 isempty(A) 返回逻辑值 1（true）；否则，返

回逻辑值 0 (false)。

- tf = isnumeric(A)，如果 A 是数值数据类型的数组，则 isnumeric(A) 返回逻辑值 1 (true)；否则，将返回逻辑值 0 (false)。

- tf = istable(T)，如果 T 是一个表，则 istable(T) 将返回逻辑值 1 (true)；否则，将返回逻辑值 0 (false)。

- tf = isstruct(A)，如果 A 为结构体，则 isstruct(A) 返回逻辑值 1 (true)；否则，返回逻辑值 0 (false)。

- tf = isprime(X)，返回与 X 大小相同的逻辑数组。如果 $X(i)$ 为质数，则 tf(i) 的值为 true；否则，值为 false。

3.4 矩阵运算

3.4.1 矩阵的算术运算

矩阵的算术运算是指按照高等代数中矩阵的运算法则进行的运算，主要有加、减、乘、除、幂运算和转置运算。

3.4　矩阵运算

1. 矩阵的加减运算

根据矩阵的加减运算规则，矩阵的加减运算与数组的加减运算规则完全相同，参见 3.3.1 节。

2. 矩阵的乘法

- $A*B$，计算矩阵 A 和 B 的乘积，要求 A 矩阵的列数和 B 矩阵的行数相等，也就是说，一个 n 行 m 列的矩阵可以乘以一个 m 行 p 列的矩阵，得到的结果是一个 n 行 p 列的矩阵，其中第 i 行第 j 列位置上的数等于前一个矩阵第 i 行上的 m 个数与后一个矩阵第 j 列上的 m 个数对应相乘后所有 m 个乘积的和。A 和 B 其中之一可以是一个数，其结果是这个数乘以矩阵中的每个元素，相当于数乘矩阵。

例 3 - 26　$A = \begin{pmatrix} 1 & 2 & 3 \\ 2 & 3 & 4 \\ 3 & 4 & 5 \end{pmatrix}$，$B = \begin{pmatrix} 3 & 2 & 4 \\ 2 & 5 & 3 \\ 2 & 3 & 1 \end{pmatrix}$，求 $A*B$，$A*5$。

在命令行窗口依次输入下面的命令：

```
>> A = [1, 2, 3; 2, 3, 4; 3, 4, 5]
A =
    1    2    3
    2    3    4
    3    4    5
>> B = [3, 2, 4; 2, 5, 3; 2, 3, 1]
B =
    3    2    4
```

```
      2     5     3
      2     3     1
>>R1 = A * B
R1 =
     13    21    13
     20    31    21
     27    41    29
>>R2 = A * 5
R2 =
      5    10    15
     10    15    20
     15    20    25
```

3. 矩阵的左除（\）和右除（/）

● $A\backslash B$，相当 $A^{-1}*B$（A 的逆矩阵乘以 B），要求 A 和 B 具有相同的行数。如果 A 是奇异阵或接近奇异，则 MATLAB 将会给出警告信息，但还是会执行计算。若 A 是一个标量，则 $A\backslash B$ 相当于 $A.\backslash B$。左除可以用于求解线性方程组 $Ax=B$ 的解（如果解存在）。

● B/A，相当 $B*A^{-1}$，要求 A 和 B 具有相同的列数。如果 A 是一个标量，则 B/A 相当于 $B./A$。右除可以用于求线性方程组 $xA=B$ 的解。

\ 与/之间的关系相当于 $B/A=(A'\backslash B')'$。

例 3-27 $A=\begin{pmatrix}1&2&3\\0&1&0\\3&2&1\end{pmatrix}$，$B=\begin{pmatrix}1\\2\\3\end{pmatrix}$，$C=(1\quad2\quad3)$，求 $A\backslash B$，C/A，$3\backslash A$。

在命令行窗口依次输入下面的命令：

```
>>A=[1, 2, 3; 0, 1, 0; 3, 2, 1]
A =
      1     2     3
      0     1     0
      3     2     1
>> B=[1; 2; 3]
B =
      1
      2
      3
>>C=[1, 2, 3]
C =
      1     2     3
```

```
>> x1 = A \ B
x1 =
            0
       2.0000
      -1.0000
>>x2 = C/A
x2 =
     1    0    0
>> 3 \ A
ans =
    0.3333    0.6667    1.0000
         0    0.3333         0
    1.0000    0.6667    0.333
```

4. 矩阵的幂运算

● $A^\wedge B$，A 的 B 次方。

（1）A 和 B 都是标量时，表示标量 A 的 B 次幂。

（2）A 为矩阵、B 为标量时，要求 A 必须是方阵。

1）B 为正整数时，幂运算即为矩阵 A 的自乘运算，B 为自乘次数。

2）B 为负整数时，幂运算为 A^{-1} 的自乘运算，$-B$ 为自乘次数

3）当 B 为非整数的标量时，$A^\wedge B = V * \begin{pmatrix} \lambda_1^B & & \\ & \ddots & \\ & & \lambda_n^B \end{pmatrix} * V^{-1}$，其中 V 为方阵 A 的特

征向量矩阵，$D = \begin{pmatrix} \lambda_1 & & \\ & \ddots & \\ & & \lambda_n \end{pmatrix}$ 为方阵 A 的特征值对角矩阵。

（3）当 A 为标量、B 为矩阵时，要求 B 为方阵。$A^\wedge B = V * \begin{pmatrix} A^{\lambda_1} & & \\ & \ddots & \\ & & A^{\lambda_n} \end{pmatrix} * V^{-1}$，

其中 V 为方阵 B 的特征向量矩阵，$D = \begin{pmatrix} \lambda_1 & & \\ & \ddots & \\ & & \lambda_n \end{pmatrix}$ 为方阵 B 的特征值对角矩阵。

（4）A 和 B 都是矩阵时，无定义。

例 3-28 设 $A = \begin{pmatrix} 1 & 2 \\ 3 & 1 \end{pmatrix}$，求 $A^\wedge 2$。

在命令行窗口依次输入下面的命令：

```
>> A = [1, 2; 3, 1]
```

```
A =
    1    2
    3    1
>> A^2
ans =
    7    4
    6    7
```

5. 矩阵的转置

- $A.'$，求矩阵 A 的转置，把矩阵的行和列互换，得到新矩阵。
- A'，求矩阵 A 的转置，但如果 A 是复矩阵，则运算结果是共轭转置。

例 3 - 29　分别计算 $A = \begin{pmatrix} 1+2i & 2 \\ 1 & i \end{pmatrix}$，$B = \begin{pmatrix} 1 & 2 \\ 3 & 4 \end{pmatrix}$ 的转置和共轭转置。

在命令行窗口依次输入下面的命令：

```
>> A = [1 + 2i 2; 1 i]
A =
    1.0000 + 2.0000i   2.0000 + 0.0000i
    1.0000 + 0.0000i   0.0000 + 1.0000i
>> B = [1 2; 3 4]
B =
    1    2
    3    4
>> A.'
ans =
    1.0000 + 2.0000i   1.0000 + 0.0000i
    2.0000 + 0.0000i   0.0000 + 1.0000i
>> A'
ans =
    1.0000 - 2.0000i   1.0000 + 0.0000i
    2.0000 + 0.0000i   0.0000 - 1.0000i
>> B.'
ans =
    1    3
    2    4
>> B'
ans =
    1    3
    2    4
```

注意：矩阵的上述运算也可以用函数形式，表3－4列出了运算对应的函数。

表3－4   运算与对应的函数

运算	函数
$A+B$	plus(A，B)
$A-B$	minus(A，B)
$A*B$	mtimes(A，B)
$A^\wedge B$	mpower(A，B)
$A\backslash B$	mldivide(A，B)
A/B	mrdivide(A，B)
A'	ctranspose(A)
$A.'$	transpose(A)

3.4.2　矩阵的其他运算

1. 计算逆矩阵

对于矩阵 X，如果存在一个具有相同大小的矩阵 Y，使得 $XY=YX=I$（其中 I 是 $n\times n$ 阶单位矩阵），则该矩阵为可逆矩阵，矩阵 Y 称为 X 的逆矩阵。没有逆矩阵的矩阵是奇异矩阵。对于方阵，仅当其行列式恰好为零时，它才是奇异矩阵。在 MATLAB 中可以调用 inv 函数计算逆矩阵。

● $B=\mathrm{inv}(A)$，求矩阵 A 的逆矩阵。要求矩阵 A 是方阵且是非奇异的，如果 A 是病态的或接近奇异的，则会给出警告信息。

计算逆矩阵的方法也可以用幂运算实现，如 $A^\wedge(-1)$。

例3－30　计算 3 阶魔方矩阵的逆矩阵。

在命令行窗口依次输入下面的命令：

```
>> A = magic(3)              %创建一个3×3阶魔方矩阵
A =
    8    1    6
    3    5    7
    4    9    2
>> B = inv(A)                %计算矩阵A的逆
B =
    0.1472   -0.1444    0.0639
   -0.0611    0.0222    0.1056
   -0.0194    0.1889   -0.1028
>> C = A^(-1)                %计算矩阵A的逆
C =
    0.1472   -0.1444    0.0639
   -0.0611    0.0222    0.1056
   -0.0194    0.1889   -0.1028
```

2. 计算矩阵的秩

矩阵的秩是反映矩阵固有特性的一个重要概念。若矩阵 A 有一个不等于 0 的 r 阶子式 D，且所有 $r+1$ 阶子式全等于 0，那么数 r 称为矩阵 A 的秩。在 MATLAB 中调用函数 rank 可以计算矩阵的秩。格式如下：

● $r = \text{rank}(A)$，求矩阵 A 的秩 r。

例 3-31　求 3 阶魔方矩阵的秩。

在命令行窗口依次输入下面的命令：

```
>> A = magic(3)
A =
    8    1    6
    3    5    7
    4    9    2
>> r = rank(A)
r =
    3
```

3. 计算特征值和特征向量

特征值问题是用来确定方程 $Av = \lambda v$ 的解，其中，A 是 $n \times n$ 阶矩阵，v 是长度为 n 的列向量，λ 是标量，满足方程的 λ 值即特征值，满足方程的 v 的对应值即特征向量。

在 MATLAB 中，求方阵的特征值和特征向量的函数为 eig，调用格式如下：

● $e = \text{eig}(A)$，求方阵 A 的特征值。

● $[V, D] = \text{eig}(A)$，求得方阵 A 的特征值组成的对角阵 D 和特征向量矩阵 V，方阵 A 的第 k 个特征值对应的特征向量为矩阵 V 的第 k 列向量，满足 $A * V = V * D$。

例 3-32　$A = \text{magic}(3)$，求 A 的特征值和特征向量。

在命令行窗口依次输入下面的命令：

```
>> A = magic(3)        % 魔方矩阵
A =
    8    1    6
    3    5    7
    4    9    2
>> [V, D] = eig(A)     % 计算矩阵 A 的特征值 D 和特征向量 V
V =
  -0.5774   -0.8131   -0.3416
  -0.5774    0.4714   -0.4714
  -0.5774    0.3416    0.8131
D =
  15.0000        0        0
        0   4.8990        0
```

$$0 \qquad 0 \qquad -4.8990$$

注：不同的计算机和 MATLAB 版本可能生成不同的特征向量，它们在数值上具有以下关系：

（1）对于实数特征向量，特征向量的符号可以更改。

（2）对于复数特征向量，特征向量可以乘以模为 1 的任何复数。

（3）对于多重特征值，其特征向量可以通过线性组合来重新组合。例如，如果 $Ax = \lambda x$ 且 $Ay = \lambda y$，则 $A(x+y) = \lambda(x+y)$，因此 $x+y$ 也是 A 的一个特征向量。

4. 计算矩阵的行列式

在数学中，行列式是解线性方程组时产生的一种算式，是取自不同行不同列的 n 个元素的乘积的代数和。无论是在线性代数、多项式理论，还是在微积分学中，行列式作为基本的数学工具，都有着重要的应用。

在 MATLAB 中，求方阵行列式值的函数为 det，调用格式如下：

● $d = \det(X)$，返回方阵 X 的行列式，其中 X 必须为方阵。

例 3 - 33 计算行列式 $A = \begin{vmatrix} 4 & 1 & 2 & 4 \\ 1 & 2 & 0 & 2 \\ 0 & 5 & 2 & 0 \\ 0 & 1 & 1 & 7 \end{vmatrix}$ 的值。

在命令行窗口依次输入下面的命令：

```
>> A=[4 1 2 4; 1 2 0 2; 0 5 2 0; 0 1 1 7]
A =
    4    1    2    4
    1    2    0    2
    0    5    2    0
    0    1    1    7
>> x=det(A)
x =
    180.0000
```

想一想：在高等代数中有哪些方法可以计算 n 阶行列式？如果你自己编写一个程序计算行列式的值，你会采用什么算法？

5. 计算矩阵的零空间

矩阵 A 的零空间就是 $Ax=0$ 的解的集合，在 MATLAB 中用 null 函数求解。

● $Z = \text{null}(A)$，返回 A 的零空间的标准正交基。

例 3 - 34 求矩阵 $A = \begin{bmatrix} 1 & 1 & 2 & -1 \\ 2 & 1 & 1 & -1 \\ 2 & 2 & 1 & 2 \end{bmatrix}$ 的零空间的标准正交基。

在命令行窗口依次输入下面的命令：

```
>> A=[1 1 2 -1; 2 1 1 -1; 2 2 1 2];
```

```
>> x = null(A)
x =
     0.3621
   - 0.8148
     0.3621
     0.2716
```

6. 矩阵的分解

（1）LU 分解。

LU 分解是把矩阵 A 分解为两个矩阵的乘积，其中一个是下三角矩阵置换后的矩阵，另一个是上三角矩阵。MATLAB 实现 LU 分解的函数是 lu。

- $[L, U] = \mathrm{lu}(A)$，把矩阵 A 分解为下三角矩阵的置换矩阵 L 和上三角矩阵 U，满足 $A = L * U$。
- $[L, U, P] = \mathrm{lu}(A)$，把矩阵 A 分解为下三角矩阵 L、上三角矩阵 U 和置换矩阵 P，满足 $P * A = L * U$。

例 3 - 35 对三阶随机阵进行 LU 分解。

在命令行窗口依次输入下面的命令：

```
>>A = rand(3);                    % 随机阵
>> [L, U] = lu(A)
L =
     0.4061     0.2979     1.0000
     1.0000          0          0
     0.9638     1.0000          0
U =
     0.6797     0.1190     0.3404
          0     0.3837     0.2572
          0          0     0.7449
>> [L, U, P] = lu(A)
L =
     1.0000          0          0
     0.9638     1.0000          0
     0.4061     0.2979     1.0000
U =
     0.6797     0.1190     0.3404
          0     0.3837     0.2572
          0          0     0.7449
P =
     0     1     0
```

```
    0    0    1
    1    0    0
```

（2）Cholesky 分解。

一个对称正定矩阵可以分解为一个上三角矩阵和一个下三角矩阵的乘积，这种分解称为 Cholesky 分解。MATLAB 中实现 Cholesky 分解的函数是 chol。

● $R=\mathrm{chol}(A)$，求上三角矩阵 R，满足 $R'*R=A$。

由于 chol 只能分解对称正定矩阵，因此使用 chol 之前应先通过检查 A 的特征值是否为正，判断 A 是否为对称正定矩阵。

例 3 - 36 Cholesky 分解。

在命令行窗口依次输入下面的命令：

```
>>A = [2, 2, -2; 2, 5, -4; -2, -4, 5]
A =
    2    2    -2
    2    5    -4
   -2   -4     5
>> e = eig(A)          % 对称阵 A 正定的充分必要条件是：A 的特征值全为正
e =
   1.0000
   1.0000
  10.0000
>>R = chol(A)
R =
   1.4142    1.4142   -1.4142
   0         1.7321   -1.1547
   0         0         1.2910
```

（3）QR 分解。

QR 分解是把矩阵分解为一个正交矩阵和一个上三角矩阵的乘积，MATLAB 中实现 QR 分解的函数是 qr。

● $[Q, R]=\mathrm{qr}(A)$，把矩阵 A 分解为正交矩阵 Q 和上三角矩阵 R，满足 $A=Q*R$。

例 3 - 37 QR 分解。

在命令行窗口依次输入下面的命令：

```
>> A = rand(2, 3)
A =
   0.2238    0.2551    0.6991
   0.7513    0.5060    0.8909
>> [Q, R] = qr(A)
Q =
```

$$-0.2855 \quad -0.9584$$
$$-0.9584 \quad 0.2855$$

R =

$$-0.7839 \quad -0.5577 \quad -1.0534$$
$$0 \quad -0.1000 \quad -0.4156$$

习题三

一、选择题

1. 在命令行窗口创建一个 3×4 阶矩阵，下列命令错误的是（　　）。

　　A．A＝[1 2 3 4 5 6 7 8 10 11 12]

　　B．A＝[1 2 3 4；5 6 7 8；9 10 11 12]

　　C．A＝[1，2，3，4；5，6，7，8；9，10，11，12]

　　D．A＝[1，2 3 4；5 6，7，8；9 10，11，12]

2. A＝[1，2，3；4，5，6]；A（:，[1，3]）＝[]；A＝（　　）。

　　A．[2 5]　　　　B．[2；5]　　　　C．[1 3；4 6]　　　D．[]

3. 若 m＝[11 27 33；29 57 12；73 45 37]，则 m(1, 2) 的值为（　　）。

　　A．12　　　　　B．57　　　　　　C．33　　　　　　D．27

4. 在命令行窗口直接输入元素序列创建矩阵时，矩阵元素必须在（　　）中。

　　A．方括号 []　　B．小括号 ()　　　C．花括号 {}　　　D．以上都可以

5. 如果 x＝1:2:8，则 x(1) 和 x(4) 分别是（　　）。

　　A．1，8　　　　B．1，7　　　　　C．2，8　　　　　D．2，7

6. 在 MATLAB 中，用指令 x＝1:9 生成数组 x。现在要把数组 x 的第 2 和第 7 个元素都赋值为 0，应该在命令行窗口中输入（　　）。

　　A．x([2 7])＝(0 0)　　　　　　B．x([2, 7])＝[0, 0]

　　C．x[(2, 7)]＝[0 0]　　　　　　D．x[(2 7)]＝(0 0)

7. 创建一个单位矩阵的函数是（　　）。

　　A．ones( )　　　B．eyes( )　　　C．rand( )　　　　D．eye( )

8. 产生 4 阶全 0 方阵的命令为（　　）。

　　A．zeros(4)　　B．ones(4)　　　C．zeros(n)　　　D．eye(4)

9. 已知 A＝[1 3；4 6]；C＝[A, eye(size(A))；A', ones(size(A))]，则 C＝
（　　）。

　　A．[1 3 1 0；4 6 0 1；1 3 1 1；4 6 1 1]

　　B．[1 3 1 1；4 6 1 1；1 3 1 0；4 6 0 1]

　　C．[1 3 0 1；4 6 1 0；1 3 1 1；4 6 1 1]

　　D．[1 3 1 0；4 6 0 1；1 4 1 1；3 6 1 1]

10. A＝[1，2；3，4]；B＝[1，0；0，1]；A.*B＝（　　）。

    A. ［1 2；3 4］   B. ［1 0；0 4］

    C. ［1 Inf；Inf 4］   D. ［1 0，0 0.25］

11. s='A'+1 的结果是（   ）。

    A. A   B. B   C. 65   D. 66

12. 在算术运算中，一个运算量是 double 型，若要求其结果是 double 型，则另一个运算量的类型可以是（   ）。

    A. single   B. int8   C. char   D. uint8

13. 求行列式的值的函数是（   ）。

    A. inv   B. diag   C. det   D. eig

14. 计算表达式 $a^{\wedge}b$ 时，不允许出现的是（   ）。

    A. a 为矩阵，b 为标量   B. a 为矩阵，b 为矩阵

    C. a 为标量，b 为矩阵   D. a 为标量，b 为标量

15. a=［110，0.15，0，−18，pi］在进行逻辑运算时，a 相当于什么逻辑量？（   ）。

    A. ［1，1，0，0，0］   B. ［0，0，1，1，1］

    C. ［1，1，0，1，1］   D. ［0，0，1，0，0］

16. ［V，D］=eig(A)，其中 V 是 A 的（   ），D 是（   ）。

    A. 特征值组成的对角阵，特征向量矩阵

    B. 特征值向量，特征向量矩阵

    C. 特征向量矩阵，特征值组成的对角阵

    D. 特征向量矩阵，特征值向量

17. inv(A) 表示（   ）。

    A. 求 A 的逆   B. 求 A 的转置

    C. 求 A 的共轭矩阵   D. 求 A 的相似矩阵

18. A=［1 2 3；6 5 4］；reshape(A，3，2)=（   ）。

    A. ［1 2；3 4；5 6］   B. ［1 5；6 3；2 4］

    C. ［1 5；4 3；2 6］   D. 以上都不对

二、填空题

1. 已知 $A = \begin{bmatrix} 1 & 2 \\ 3 & 4 \end{bmatrix}$，用 A 生成矩阵 C，$C = \begin{bmatrix} 1 & 2 & 1 & 0 \\ 3 & 4 & 0 & 1 \\ 1 & 1 & 1 & 2 \\ 1 & 1 & 3 & 4 \end{bmatrix}$，则生成 C 的命令是_____。

2. 若在命令行窗口输入"A=［3 5 9；2 6 8；4 1 7］；"后，则 $A(4)$ 的值为_____。

3. 已知 A 为 3×4 阶矩阵，删除矩阵 A 中第 3 列的命令是_____。

4. A=rand(5，6)，取 A 的第 1、4 行中第 3 列到最后一列的元素，相应的命令为_____。

5. 若 $A = \begin{bmatrix} 3 & 2 & 9 \\ 1 & 6 & 5 \\ 7 & 4 & 54 \end{bmatrix}$，则取 A 中 1、5、7、54 四个元素赋值给 B 的命令是_____。

6. 产生 4 阶全零方阵的命令为_____。

7. 在 MATLAB 中，表达式 1/0 的结果是_____。

8. 将含有 12 个元素的数组 x 转换成 3×4 阶矩阵的命令是_____。

9. 用 if 语句判断 $60 \leqslant x \leqslant 80$，在 MATLAB 中 if 语句后面的条件应写为_____。

10. 求矩阵 A 的秩的命令为_____。

11. 从矩阵 A 中抽取主对角线元素作为向量的命令是_____。

12. 求非奇异方阵 A 的逆的函数为_____。

13. 对于线性方程组 $Ax = B$，若已知该方程组有唯一的解，则计算其解的命令是_____。

14. 把矩阵 A 分解为一个下三角矩阵 L、上三角矩阵 U 和一个置换矩阵 P 的命令是_____。

三、判断题

1. 在 MATLAB 中，数组和矩阵在存储形式上是完全一样的，只是运算规则不同。 （ ）

2. 在一个数值数组中可以存储不同类型的数据。 （ ）

3. 在 MATLAB 中，数组必须事先定义其大小才能使用。 （ ）

4. 一个数组一旦被赋值，其维数是不能改变的。 （ ）

5. single 型数据与 double 型数据进行算术运算，其结果是 double 型的。 （ ）

6. 一个 int8 型整数可以和一个 int16 型整数进行算术运算。 （ ）

7. 在 MATLAB 中，表达式 3./2 与 2.\3 的运算结果是一样的。 （ ）

8. 对于逻辑运算符 &&，要求运算量必须是标量。 （ ）

9. 两个不同类型的运算量可以进行关系运算。 （ ）

10. 表达式 3/2 与 3./2 的结果是一样的。 （ ）

四、写出下面命令的运行结果

1. `>>A = 1:12；`
   `>>B = A(1:5)`

2. `>> a = [1 2 3; 4 5 6];`
   `>> b = [8 -7 4; 3 6 2];`
   `>> a>b`

3. `>>a = [1 2 3; 4 5 6; 7 8 9];`
   `>> a.^2`

4. 写出执行以下代码后 C，D 的值。

>> A = [1, 2, 3; 4; 6; 7; 9]; C = [A; [10, 11, 12]], D = C(1; 3, [2 3])

5. >>A = [1 2 3; 4 5 6; 7 8 9];

　　>>b = diag(A)

6. 写出下列程序的运行结果。

A = zeros(2, 4);

A(:) = 1; 8;

s = [2 3 5];

A(s)

Sa = [10 20 30]';

A(s) = Sa

7. 写出下列程序的运行结果。

x = [0, 1, 0, 2, 0, 3, 0, 4];

for k = 1; 8

　　if x(k) = = 0

　　　　x(k) = k;

　　else

　　　　x(k) = 2 * k + 1;

　　end

end

disp(x);

8. 写出下列程序执行后 array 的值。

for k = 1; 10

　　if k>6 　　break;

　　　　else

　　　　　　array(k) = k;

　　end

end

四、上机操作题

1. 已知矩阵 $A = \begin{bmatrix} 5 & 3 & 5 \\ 3 & 7 & 4 \\ 7 & 9 & 8 \end{bmatrix}$，$B = \begin{bmatrix} 2 & 4 & 2 \\ 6 & 7 & 9 \\ 8 & 3 & 6 \end{bmatrix}$，$E = [1, 2, 3]$，$F = [2, 4, 6]$，求：

（1）$A+B$，$A-B$，$5A$，A 和 B 的矩阵乘积，A 和 B 的数组乘积。

（2）A 的平方，A 中各元素平方。

（3）以 2 为底，以 A 中每个元素为指数得出的矩阵。

（4）B 的秩、逆，B 对应的行列式的值。

（5）A 与 F 的数组乘积。

（6）$E. /F$，$E. \backslash F$。

2. $a=[-1,0.5,0]$，$b=[-3.4,3,-6]$，求 $a<b$，$a>=b$，$a==b$，$a\sim=b$，$a<=0$。

3. $A=\begin{bmatrix} -5 & 0 & 1 \\ 2.6 & 1 & 2 \\ 0 & 8 & 1 \end{bmatrix}$，$B=\begin{bmatrix} 4 & 2.5 & 0 \\ 0 & 6 & 0 \\ -1.2 & 0 & 1 \end{bmatrix}$，计算 A 和 B 的逻辑与、逻辑或及 A 的非运算。

4. 已知矩阵 $A=\begin{bmatrix} 1 & 2 & 3 & 4 \\ 3 & 4 & 5 & 6 \\ 5 & 6 & 7 & 8 \\ 7 & 8 & 9 & 0 \end{bmatrix}$。

（1）提取第 1 行第 2 列元素。

（2）提取第 3 列元素。

（3）提取第 1 行到第 3 行中位于第 2 列和最后一列的元素。

（4）求 A 的转置。

（5）将 A 进行左右翻转和上下翻转。

（6）将 A 顺时针旋转 90 度。

（7）将 A 变形为 $2\times4\times2$ 阶矩阵。

5. 用克莱姆法则解下列线性方程组。

（1）$\begin{cases} 2x_1-x_2+3x_3+2x_4=6 \\ 3x_1-3x_2+3x_3+2x_4=5 \\ 3x_1-x_2-x_3+2x_4=3 \\ 3x_1-x_2+3x_3-x_4=4 \end{cases}$；

（2）$\begin{cases} x_1+2x_2+3x_3-2x_4=6 \\ 2x_1-x_2-2x_3-3x_4=8 \\ 3x_1+2x_2-x_3+2x_4=4 \\ 2x_1-3x_2+2x_3+x_4=-8 \end{cases}$。

6. 计算下列矩阵的秩。

（1）$\begin{bmatrix} 0 & 1 & 1 & -1 & 2 \\ 0 & 2 & -2 & -2 & 0 \\ 0 & -1 & -1 & 1 & 1 \\ 1 & 1 & 0 & 1 & -1 \end{bmatrix}$；

（2）$\begin{bmatrix} 1 & -1 & 2 & 1 & 0 \\ 2 & -2 & 4 & -2 & 0 \\ 3 & 0 & 6 & -1 & 1 \\ 0 & 3 & 0 & 0 & 1 \end{bmatrix}$。

7. 用左除法解下列线性方程组。

(1) $\begin{cases} x_1+3x_2+5x_3-4x_4+2x_5=1 \\ x_1+3x_2+2x_3-2x_4+x_5=-1 \\ x_1-2x_2+x_3-x_4-x_5=3 \\ x_1-4x_2+x_3+x_4-x_5=3 \\ x_1+2x_2+x_3-x_4+x_5=-1 \end{cases}$;

(2) $\begin{cases} x_1+2x_2-3x_4=1 \\ x_1-x_2-3x_3+x_4=2 \\ 2x_1-3x_2+4x_3-5x_4=7 \\ 9x_1-9x_2+6x_3-16x_4=25 \end{cases}$ 。

8. 利用 rand 函数创建由 0~9 的数字组成的随机阵 A，计算 $A\wedge 2$，$A.\wedge 2$，将 A 顺时针旋转 180 度，提取 A 的第 -1 条对角线以上的部分。

9. $A=1:12$，将 A 变形为 $2\times3\times2$ 阶矩阵。

10. $x=-\mathrm{pi}:\mathrm{pi}/10:\mathrm{pi}$，计算 $y=\sin x\,\mathrm{e}^x$。

11. 创建一个矩阵，验证行列式和它的转置行列式的值相等。

12. $A=\begin{bmatrix} 1 & 2 & 3 \\ 2 & 2 & 1 \\ 3 & 4 & 3 \end{bmatrix}$，求矩阵 A 的逆。

13. 求下列矩阵的全部特征值与特征向量。

(1) $A=\begin{bmatrix} 3 & 0 & 1 \\ 0 & 1 & 0 \\ 1 & 0 & 0 \end{bmatrix}$；

(2) $B=\begin{bmatrix} 1 & 1 & 1 & 1 \\ 1 & 1 & -1 & -1 \\ 1 & -1 & 1 & -1 \\ 1 & 1 & -1 & 1 \end{bmatrix}$。

五、编程题

1. 编写一个函数文件 randzero，该函数输入为矩阵 $A=\mathrm{rand}(3,4)<0.7$，输出 A 中有多少个零元素。

2. 用取随机数的方法模拟检验：抛一枚硬币 n 次，检验出现正面的概率逼近 1/2。

实验过程：在区间 $[0,1]$ 上取若干随机数，1 000 倍取整后用偶数表示扔硬币出现正面，用奇数表示出现反面，编写程序统计出现正反面的次数。

3. 建立一个随机矩阵，找出其中所有小于 0.3 的元素。

第四章

数据的可视化

在解决数学问题时，我们常常需要将数据用图形或图像的形式表现出来，使数据直观、形象，如函数图像、直方图等。本章将系统介绍如何用 MATLAB 绘制二维和三维图形，使读者能够利用 MATLAB 所提供的函数实现数据的可视化。

4.1 二维曲线和图形

4.1.1 二维曲线的绘制

在 MATLAB 中，最常用的绘图函数是 plot 函数，使用该函数绘图一般分 3 步：

4.1 二维曲线和图形

(1) 在 x 轴的某个区间上进行分割，获得向量 $x=[x_0, x_1, \cdots, x_n]$。

(2) 计算出 x 向量中每个元素 x_i 所对应的函数值 y_i。

(3) 调用 plot 函数进行绘制。

也就是说，plot 函数通过画点的方法来绘制图像，点与点之间用线相连，当我们取足够多的点时，可以保证绘制的曲线足够光滑。下面介绍 plot 函数的 4 种调用格式：

● plot(y, LineSpec)，绘制 y 中数据对每个值索引的二维曲线。

(1) 若 y 是向量，绘制以 $(i, y(i))$ 为坐标点的曲线。

(2) 若 y 是 $m \times n$ 实数矩阵，则以 y 的每列为向量绘制一条曲线，共绘制 n 条不同颜色的曲线。

(3) 若 y 是 $m \times n$ 复数矩阵，则每列分别以元素实部和虚部为横、纵坐标绘制一条曲线，共绘制 n 条曲线。

● plot(x, y, LineSpec)，绘制 y 中数据对 x 中对应值的二维曲线。

(1) 若 x 和 y 是大小相同的向量，则以 x 为横坐标、y 为纵坐标绘图。

（2）若 x 是向量，y 是在某个维数和 x 相等的矩阵，则绘制出多条不同颜色的曲线。曲线条数等于 y 矩阵的另一维数，x 被作为这些曲线共同的横坐标。

（3）若 x，y 是同维矩阵，则以 x，y 对应列元素为横、纵坐标分别绘制曲线，曲线条数等于矩阵的列数。

（4）若 y 为复数矩阵，则为 plot(x，real(y))。

● plot（$x1$，$y1$，LineSpec1，$x2$，$y2$，LineSpec2，$\cdots$，xn，yn，LineSpec$n$），绘制若干条曲线。

● plot（x，y，Name，Value），绘制曲线，其线的属性由一对或若干对 Name 和 Value 说明。

在前 3 个格式中，所绘图形的线形、点形和颜色是由 LineSpec 确定的，它是一个字符串，具体字符见表 4-1、表 4-2 和表 4-3。若 LineSpec 省略，则默认为蓝色实细线。第 4 个格式提供了更多图形属性，由 Name 和 Value 确定，常用的属性名及值见表 4-4，更多属性见 MATLAB 的帮助文档。

表 4-1　LineSpec 中使用的颜色字符

符号	颜色	符号	颜色
b	蓝色（默认）	r	红色
y	黄色	g	绿色
m	品红色	w	白色
c	青色	k	黑色

表 4-2　LineSpec 中使用的线形

符号	线形	符号	线形
—	实线（默认）	—.	点划线
:	点线	——	虚线

表 4-3　LineSpec 中使用的数据点形

符号	点形	符号	点形
.	实点（默认）	v	向下的三角形
o	圆圈	^	向上的三角形
x	叉号	<	向左的三角形
*	星号	>	向右的三角形
d	菱形	p	五角星
s	方块	+	十字符
h	六角星		

在用 LineSpec 设置线形、颜色和标记点 3 种属性时应该注意：

（1）3 种属性的符号必须放在一个单引号或双引号中。

（2）可以指定其中的 1 种、2 种或 3 种属性，属性的先后次序无关。

（3）同一种属性的取值只能有一个。

表 4-4 线的属性表

Name	Value	说明
LineStyle	'一'（默认） ｜ '一一' ｜ ':' ｜ '一.' ｜ 'none'	设置线的样式
Color	[0 0 0]（默认） ｜ RGB ｜ color string ｜ 'none'	设置线的颜色
LineWidth	0.5（默认） ｜ 正整数	设置线的宽度
Marker	'none'（默认） ｜ 'o' ｜ '+' ｜ '*' ｜ '.' ｜ 'x' ｜ ...	设置点标记的形状
MarkerSize	6（默认） ｜ 正整数	设置点标记的大小
MarkerFaceColor	'none'（默认） ｜ 'auto' ｜ RGB ｜ color string	设置点标记内部的颜色
MarkerEdgeColor	'auto'（默认） ｜ 'none' ｜ RGB ｜ color string	设置点标记边的颜色

说明： 在表 4-4 中，RGB 是用一个包含 3 个元素的向量分别表示红、绿、蓝三种颜色，每个元素的值在 [0，1] 范围内，值的大小表示颜色的强度，0 表示没有这种颜色，1 表示这种颜色的强度最大。color string 是用一个字符串表示颜色，可以用表 4-1 中的短名字，也可以用长名字，如黄色用'yellow'，红色用'red'。

例 4-1 绘制向量 $y=[4\ 6\ 3\ 9\ 6\ 8\ 6\ 15\ 3\ 2\ 3]$ 所描述的曲线。

在命令行窗口依次输入下面的命令：

```
>>y=[4 6 3 9 6 8 6 15 3 2 3];
>>plot(y)
```

运行结果见图 4-1。

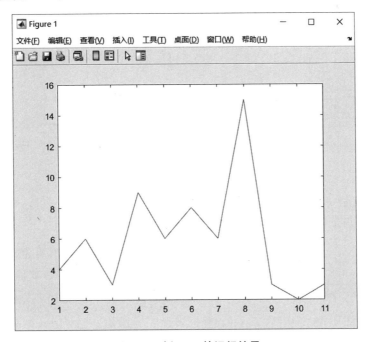

图 4-1 例 4-1 的运行结果

例 4 - 2　绘制矩阵 $A = \begin{pmatrix} 4 & 8 & 2 \\ 5 & 7 & 3 \\ 1 & 4 & 9 \end{pmatrix}$ 所描述的曲线。

在命令行窗口依次输入下面的命令：

```
>> A = [4 8 2; 5 7 3; 1 4 9]
A =
     4     8     2
     5     7     3
     1     4     9
>> plot(A)
```

运行结果见图 4 - 2。

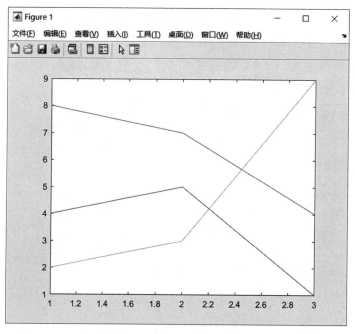

图 4 - 2　例 4 - 2 的运行结果

例 4 - 3　绘制 $[0, 2\pi]$ 上的正弦曲线。
在命令行窗口依次输入下面的命令：

```
>> x = 0:.1:2*pi;        %分割[0, 2π]区间，间隔为 0.1
>> y = sin(x);           %计算向量 x 上每个点的函数值
>> plot(x, y)            %绘制函数图像
```

运行结果见图 4 - 3。

例 4 - 4　用绿色点划线绘制函数 $y = \arcsin(\sin x)$ 在 $[-2\pi, 2\pi]$ 上的图像，数据点用星号标注。

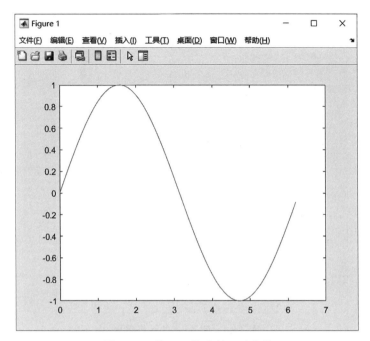

图 4 - 3　[0, 2π] 上的正弦曲线

在 MATLAB 中建立命令文件如下：

```
% 文件名 ex4_4
x = -2*pi：pi/10：2*pi；
y = asin(sin(x));
plot(x, y, '-.b*')
```

在命令行窗口输入下面的命令：

```
>>ex4_4
```

运行结果见图 4 - 4。

例 4 - 5　用红色虚线绘制函数 $y=\tan(\sin x)-\sin(\tan x)$ 的图像，并在取值点用方块标注，方块的大小为 10 磅，方块边的颜色为蓝色，方块内部颜色为黄色，线宽为 2 磅。

在 MATLAB 中建立命令文件如下：

```
% 文件名 ex4_5
x = -pi：pi/10：pi；
y = tan(sin(x))-sin(tan(x));
plot(x, y, '--rs', 'LineWidth', 2, 'MarkerSize', 10, 'MarkerEdgeColor', 'b', …'
MarkerFaceColor', [1, 1, 0])
```

在命令行窗口输入下面的命令：

```
>>ex4_5
```

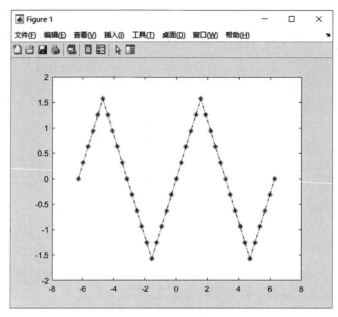

图 4 - 4　例 4 - 4 的运行结果

运行结果见图 4 - 5。

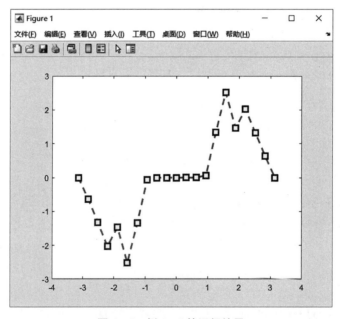

图 4 - 5　例 4 - 5 的运行结果

4.1.2　图形窗口

在 MATLAB 中，绘制的图形显示在一个独立的窗口中，这个窗口称为图形窗口。当我们使用绘图命令绘图时，如果屏幕上没有图形窗口，MATLAB 会自动建立一个图形窗口；如果屏幕上已经有图形窗口，则绘制的图形显示在当前图形窗口中，窗口中已有的图形将被覆盖。如果要保留原来图形窗口绘制的图形，则需要用创建图形窗口的命令创建一个新的图形窗口。

1. 创建新的图形窗口

● figure，以默认的方式建立一个新的图形窗口。

● figure(h)，若 h 号图形窗口不存在，则建立编号为 h 的图形窗口；若编号为 h 的图形窗口已经存在，则该命令是设置 h 号窗口为当前窗口。

● figure(PropertyName1，PropertyValue1，PropertyName2，PropertyValue2，…)，建立图形窗口并设置窗口属性的属性值，其中 PropertyName，PropertyValue（即属性名，属性值）构成属性二元对，常用的属性见表 4-5。

表 4-5　窗口属性名及属性值

PropertyName	PropertyValue	说明
Color	RGB triplet ｜ short name ｜ long name ｜ 'none'	设置窗口的背景颜色
MenuBar	'figure' (default) ｜ 'none'	是否显示图形窗口的菜单条
Name	'' (default) ｜ string	设置图形窗口的标题
NumberTitle	'on' (default) ｜ 'off'	是否显示窗口编号
ToolBar	'auto' (default) ｜ 'figure' ｜ 'none'	是否显示图形窗口的工具条
Position	[left bottom width height]	设置图形窗口绘图区域的位置和大小
Units	'pixels' (default) ｜ 'normalized' ｜ 'inches' ｜ 'centimeters' ｜ 'points' ｜ 'characters'	设置位置和大小的单位
Resize	'on' (default) ｜ 'off'	是否允许用户改变窗口的大小
KeyPressFcn	'' (default) ｜ function handle ｜ cell array ｜ string	当用户按下某键时调用函数
ButtonDownFcn	'' (default) ｜ function handle ｜ cell array ｜ string	当用户按下鼠标时调用函数

例 4-6　在两个图形窗口中，分别绘制函数 $y = \sin(x)$ 和 $y = \cos(x)$ 在定义域 $x \in [0, 2\pi]$ 内的图像。

在 MATLAB 中建立命令文件如下：

```
% 文件名 ex4_6
x = linspace(0, 2 * pi, 36);
y1 = sin(x);
y2 = cos(x);
plot(x, y1, 'r')
figure(2)
plot(x, y2, 'b - ^')
```

在命令行窗口输入下面的命令：

＞＞ex4＿6

运行结果如图 4 - 6a 和图 4 - 6b 所示。

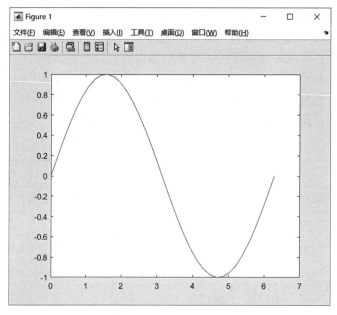

图 4 - 6a　正弦函数图像

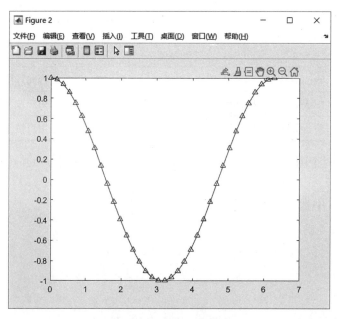

图 4 - 6b　余弦函数图像

例 4 - 7　建立一个图形窗口，该图形窗口没有菜单条，名称为"y＝x^2"，背景颜色为红色，窗口的左下角在屏幕的（100，100）位置，宽度、高度分别为 300、200（单位：

像素），按下鼠标左键响应的事件为在该图形窗口绘制出 $y = x^2$ 在 $[-4, 4]$ 区间上的曲线。

在 MATLAB 中建立命令文件如下：

```
%文件名 ex4_7
x = -4:0.1:4;
y = x.^2;
figure ('Name', 'y = x^2', 'Color', 'red', 'menubar', 'none', 'Position', [100, 100, 300, 200], 'Units', 'pixel', 'ButtonDownFcn', 'plot(x, y)');
```

在命令行窗口输入下面的命令：

```
>>ex4_7
```

运行结果如图 4-7a、图 4-7b 所示。

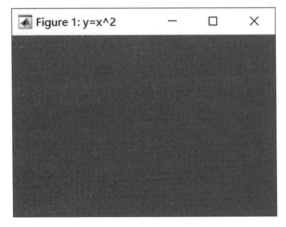

图 4-7a 单击窗口之前的结果

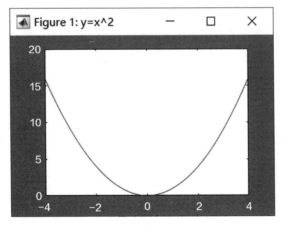

图 4-7b 单击窗口之后的结果

2. 关闭图形窗口

要关闭图形窗口，一种方法是利用图形窗口中"文件"菜单的"关闭"命令或图形窗口右上角的"关闭"按钮；另一种方法是使用 close 函数，调用格式为：

- close(h)，关闭编号为 h 的图形窗口。
- close all，关闭所有图形窗口。

3. 图形的保留

在绘图过程中，经常需要在同一个图形窗口中绘制不同的函数图像，这就要求将图形窗口中已有的图形保留住。实现该功能的函数是 hold。

- hold on，打开当前图形窗口的图形的保留功能，以后所有在这个窗口中绘制的图形都将添加到该图形窗口中。
- hold off，关闭当前图形窗口的图形的保留功能，以后在这个窗口新绘制的图形将覆盖原有图形。

例 4 - 8　在同一个图形窗口中绘制正弦和余弦函数图像。

在 MATLAB 中建立命令文件如下：

```
% 文件名 ex4 _ 8
x = 0:0.1:2 * pi;
y1 = sin(x);
y2 = cos(x);
plot(x, y1, 'b')
hold on
plot(x, y2, 'r')
```

在命令行窗口输入下面的命令：

```
>>ex4 _ 8
```

运行结果见图 4 - 8。

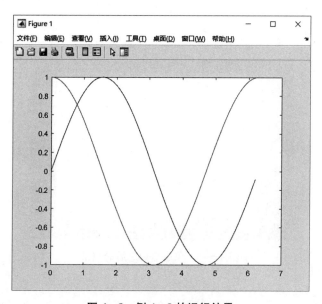

图 4 - 8　例 4 - 8 的运行结果

4. 图形窗口的分割

在 MATLAB 中，函数 subplot 可以将一个图形窗口分割成若干个子窗口，这样就可以在同一个图形窗口中的不同位置绘制若干个不同的函数图像。其格式如下：

● subplot(m，n，p)，将图形窗口分割成 m 行 n 列，并将 p 所指定的子窗口设置为当前窗口。子窗口按行由左至右、由上至下编号。

● subplot(m，n，p，'replace')，删除编号为 p 的子窗口中的坐标系，建立一个新的坐标系。

例 4-9　将图形窗口分割成 2 行 2 列共 4 个子窗口，并在不同的子窗口中绘制函数图像。

在 MATLAB 中建立命令文件如下：

```
% 文件名 ex4_9
x = 0:0.1 * pi:2 * pi;
subplot(2, 2, 1)
plot(x, sin(x), '- *')
subplot(2, 2, 2)
plot(x, cos(x), '- o')
subplot(2, 2, 3)
plot(x, sin(x). * cos(x), '- x')
subplot(2, 2, 4)
plot(x, sin(x) + cos(x), '- h')
```

在命令行窗口输入下面的命令：

＞＞ex4_9

运行结果见图 4-9。

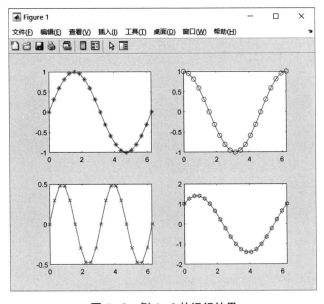

图 4-9　例 4-9 的运行结果

例 4 - 10　将图 4 - 9 中第 2 个子窗口的图形删除。

在命令行窗口依次输入下面的命令：

$>>$ subplot(2，2，2，'replace')

运行结果见图 4 - 10。

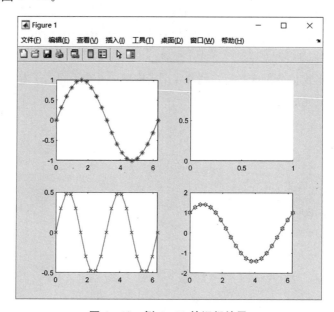

图 4 - 10　例 4 - 10 的运行结果

在 R2019b 及以后的 MATLAB 版本中增加了新的分割图形窗口的命令。

- tiledlayout(m，n)，创建图形窗口的分块布局，用于显示当前图形窗口中的多个绘图。该布局有固定的 $m \times n$ 个子窗口排列，最多可显示 $m \times n$ 个绘图。

- tiledlayout('flow')，指定绘图窗口的'flow'分块布局。'flow'布局是指，开始只有一个坐标系充满整个绘图窗口；每次调用 nexttile 时，MATLAB 会根据需要调整布局以适应新坐标区，同时保持所有子窗口的纵横比约为 4：3。

- nexttile，创建一个坐标区对象，并将其放入当前图形窗口的分块布局的下一个子窗口中。如果当前图形窗口中没有布局，则 nexttile 会创建一个新布局并使用 'flow' 布局排列。生成的坐标区对象是当前坐标区，因此下一个绘图命令可以在其中进行绘制。

- nexttile(tilenum)，指定编号为 tilenum 的子窗口为当前坐标区。

例 4 - 11　在一个图形窗口上不重叠地绘制 4 个正弦函数图像。

在 MATLAB 中建立命令文件如下：

```
% 文件名 ex4_11
x = linspace(0，30);
y1 = sin(x);
y2 = sin(2 * x);
y3 = sin(3 * x);
```

```
y4 = sin(4 * x);
t = tiledlayout(2, 2);
nexttile
plot(x, y1)
nexttile
plot(x, y2)
nexttile
plot(x, y3)
nexttile
plot(x, y4)
```

在命令行窗口输入下面的命令：

>>ex4_11

运行结果见图 4-11。

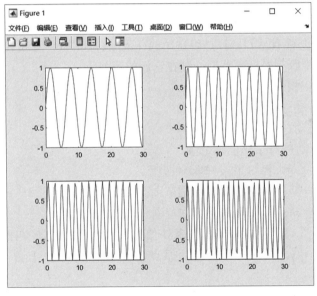

图 4-11　例 4-11 的运行结果

4.1.3　坐标系属性的设置

一般情况下，在绘制图形时图形窗口的界面无须人工干预，MATLAB 能够根据所给的数据自动地确定坐标取向、范围、刻度、高宽比，给出比较满意的画面。如果有特殊需要，也可以通过一系列命令改变默认设置。

1. 坐标轴的设置

利用 axis 命令可以设置坐标轴的可视、取向、取值范围和轴的高宽比等。常用的坐标系命令如下：

- axis(limits)，设定坐标轴的取值范围。其中，limits 是一个 4、6 或 8 个元素的向量：

（1）［xmin xmax ymin ymax］，设置 x 轴的范围从 xmin 到 xmax，y 轴的范围从 ymin 到 ymax。

（2）［xmin xmax ymin ymax zmin zmax］，增加设置 z 轴的范围从 zmin 到 zmax。

（3）［xmin xmax ymin ymax zmin zmax cmin cmax］，增加设置颜色范围。cmin 是对应于色图中第一种颜色的数据值，cmax 是对应于色图中最后一种颜色的数据值。

- axis style，使用预定义样式设置轴范围和尺度。其中 style 可以有以下选择：
（1）tight，将坐标轴范围设置为等同于数据范围，使坐标框紧密围绕数据。
（2）equal，每个坐标轴使用相同的数据单位长度。
（3）image，每个坐标区使用相同的数据单位长度，并使坐标框紧密围绕数据。
（4）square，使用相同长度的坐标轴，相应调整数据单位之间的增量。
（5）fill，启用"伸展填充"行为（默认值）。每个轴线的长度恰好围成由坐标区的 Position 属性所定义的位置矩形。
（6）vis3d，冻结纵横比属性。
（7）normal，还原默认行为。

- axis mode，设置 MATLAB 是否自动选择范围。其中 mode 可以选择：
（1）manual，将所有坐标轴范围冻结在它们的当前值。
（2）auto，自动选择所有坐标轴范围。
（3）auto x，自动选择 x 坐标轴范围。
（4）auto y，自动选择 y 坐标轴范围。
（5）auto z，自动选择 z 坐标轴范围。
（6）auto xy，自动选择 x 和 y 坐标轴范围。
（7）auto xz，自动选择 x 和 z 坐标轴范围。
（8）auto yz，自动选择 y 和 z 坐标轴范围。

- axis ydirection，其中 ydirection 的默认值为 xy，即将原点放在坐标区的左下角，y 轴的方向从下到上；ydirection 为 ij 时，原点放在坐标区的左上角。y 轴的方向从上到下。

- axis off，隐藏坐标系。
- axis on，显示坐标系。

例 4-12 画出在 $\left[0, \frac{\pi}{2}\right]$ 上函数 $y=\tan(x)$ 的图形。

在命令行窗口依次输入下面的命令：

```
>> x = 0: 0.01: pi/2;
>> plot(x, tan(x), '-ro')
```

运行结果如图 4-12a 所示。

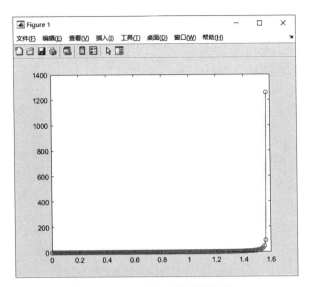

图 4 - 12a 坐标轴范围调整前

MATLAB 根据 y 的数据范围自动设置了 y 轴的取值范围，使得绘制的图形在 $[0, \pi/2]$ 上无法看清。下面我们修改 y 轴的取值范围在 $0 \sim 10$：

>>axis([0 pi/2 0 10])

结果如图 4 - 12b 所示。

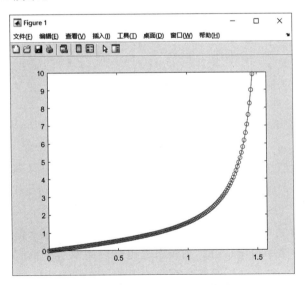

图 4 - 12b 坐标轴范围调整后

有时我们仅对一个坐标轴限制其数据范围，可以用下面的命令实现：

- xlim([xmin xmax])，设置 x 轴的数据范围。
- ylim([ymin ymax])，设置 y 轴的数据范围。
- zlim([zmin zmax])，设置 z 轴的数据范围。

2. 坐标框

在绘图时，有时我们希望图形的四周都显示坐标刻度，则可使用下面的命令：

- box on，显示当前坐标轴的坐标框。
- box off，不显示当前坐标轴的坐标框。
- box，在 box on 和 box off 之间切换。

3. 网格线

grid 命令可以在绘图区显示网格线，格式如下：

- grid on，在当前坐标系中添加主要的网格线。
- grid off，从当前的坐标系中取消网格线。
- grid，在 grid on 和 grid off 之间切换。

4. 标注文字

在绘制图形时，可以对图形窗口加上一些文字说明，如图的标题、坐标轴的名称、图形的注释和图例等，我们将这些操作称为添加图形标注。

- title(string)，在坐标系的上面显示 string 中的字符以作为标题。
- title(string，Name，Value)，用 Name 和 Value 设置标题的属性。
- xlabel(string，Name，Value)，在当前坐标系的 x 轴显示 string 中的字符。
- ylabel(string，Name，Value)，在当前坐标系的 y 轴显示 string 中的字符。
- zlabel(string，Name，Value)，在当前坐标系的 z 轴显示 string 中的字符。
- legend(string1，string2，…)，在当前图形上显示图例，按照绘图顺序用 string1，string2 等作为标注。
- text(x，y，string)，在图形窗口的 (x，y) 位置显示 string 中的字符。
- gtext(string)，用鼠标指向图形窗口的某个位置，然后单击鼠标或任意键，则在鼠标所指向的位置显示 string 中的字符。

注 1：在上述函数中，Name 常用的属性有：'FontSize'，'FontWeight'，'FontName'、'Color' 等，也可以省略。

（1）'FontSize'，设置字体的大小，其值为大于 0 的整数，默认值为 11（磅）。

（2）'FontWeight'，设置文本字符的粗细，其值为'bold'或'normal'.

（3）'FontName'，设置字体的名称，其值必须为系统支持的字体名称或 'FixedWidth'.

（4）'Color'，设置文本的颜色，其值的要求与表 4-5 中 Color 值的要求相同。

注 2：string 是一个字符串，可以用单引号也可以用双引号括起来，其内容可以是英文、中文或 Tex 所支持的 Tex 标记修饰符（见表 4-6）和特殊字符（见表 4-7）。

表 4-6　Tex 标记修饰符

修饰符	说明	示例
^{ }	上标	'x^{2}'
_{ }	下标	'x_{1}'
\ bf	粗体	'\ bf sin'

续表

修饰符	说明	示例
\ it	斜体	'\ it sin'
\ sl	伪斜体（通常与斜体相同）	'\ sl sin'
\ rm	常规字体	'\ rm sin'
\ fontname{specifier}	设置字体	'\ fontname{楷体} 正弦函数'
\ fontsize{specifier}	设置字号	'\ fontsize{15} 正弦函数'
\ color{specifier}	设置字体颜色	'\ color{magenta} 正弦函数'
\ color[rgb]{specifier}	自定义字体颜色	'\ color[rgb]{0, 0.5, 0.5} 正弦函数'

表 4－7　Tex 字符序列和对应符号

字符序列	符号	字符序列	符号	字符序列	符号
\ alpha	α	\ upsilon	υ	\ sim	∼
\ angle	∠	\ phi	φ	\ leq	≤
\ ast	∗	\ chi	χ	\ infty	∞
\ beta	β	\ psi	ψ	\ clubsuit	♣
\ gamma	γ	\ omega	ω	\ diamondsuit	♦
\ delta	δ	\ Gamma	Γ	\ heartsuit	♥
\ epsilon	ε	\ Delta	Δ	\ spadesuit	♠
\ zeta	ζ	\ Theta	Θ	\ leftrightarrow	↔
\ eta	η	\ Lambda	Λ	\ leftarrow	←
\ theta	Θ	\ Xi	Ξ	\ Leftarrow	⇐
\ vartheta	ϑ	\ Pi	Π	\ uparrow	↑
\ iota	ι	\ Sigma	Σ	\ rightarrow	→
\ kappa	κ	\ Upsilon	ϒ	\ Rightarrow	⇒
\ lambda	λ	\ Phi	Φ	\ downarrow	↓
\ mu	μ	\ Psi	Ψ	\ circ	°
\ nu	ν	\ Omega	Ω	\ pm	±
\ xi	ξ	\ forall	∀	\ geq	≥
\ pi	π	\ exists	∃	\ propto	∝
\ rho	ρ	\ ni	∋	\ partial	∂
\ sigma	σ	\ cong	≅	\ bullet	•
\ varsigma	ς	\ approx	≈	\ div	÷
\ tau	τ	\ Re	ℜ	\ neq	≠
\ equiv	≡	\ oplus	⊕	\ aleph	ℵ
\ Im	ℑ	\ cup	∪	\ wp	℘
\ otimes	⊗	\ subseteq	⊆	\ oslash	∅
\ cap	∩	\ in	∈	\ supseteq	⊇

续表

字符序列	符号	字符序列	符号	字符序列	符号
\ supset	⊃	\ lceil	⌈	\ subset	⊂
\ int	∫	\ cdot	•	\ o	o
\ rfloor	⌋	\ neg	¬	\ nabla	∇
\ lfloor	⌊	\ times	x	\ ldots	…
\ perp	⊥	\ surd	√	\ prime	′
\ wedge	∧	\ varpi	$\bar{\omega}$	\ 0	∅
\ rceil	⌉	\ rangle	〉	\ mid	∣
\ vee	∨	\ copyright	©	\ langle	〈

例 4 - 13　绘制 $[0, 2\pi]$ 上的正弦函数图像。

在 MATLAB 中建立命令文件如下：

```
% 文件名 ex4_13
x = 0:pi/50:2 * pi;
y = sin(x);
plot(x, y)
xlabel('x 轴')
ylabel('y 轴')
title('\ fontname{黑体}\ fontsize{20} 正弦函数图像', 'Color', 'red')
text(pi, 0, ' \ leftarrow \ it{sin} ( \ pi) ', 'FontSize', 18)
```

在命令行窗口输入下面的命令：

```
>>ex4_13
```

运行结果如图 4 - 13 所示。

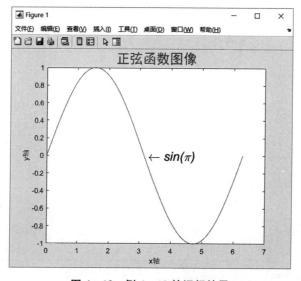

图 4 - 13　例 4 - 13 的运行结果

4.1.4 特殊坐标系绘图

1. 双 *y* 轴坐标系绘图

有时，需要对函数值范围差别较大的两组数据同时绘图，如果采用叠加绘图方式，则很难从图像中辨别出函数值变化范围较小的那组数据的变换趋势的细节，这时最好采用双 *y* 轴绘图。

- yyaxis left，设置当前坐标轴左侧纵轴绘制图形，如果当前坐标系没有双 *y* 轴或没有坐标系，则该命令创建双 *y* 轴坐标系。
- yyaxis right，设置当前坐标轴右侧纵轴绘制图形，如果当前坐标系没有双 *y* 轴或没有坐标系，则该命令创建双 *y* 轴坐标系。

例 4 - 14 在同一窗口画出函数 $y = \sin3x$ 和 $y = \sin3x \cdot e^{\frac{x}{2}}$ 在区间 $[0，10]$ 上的曲线。

由于两个函数的 *y* 轴范围差别较大，所以采用双 *y* 轴坐标系绘制。

在 MATLAB 中建立命令文件如下：

```
%文件名 ex4_14
x = linspace(0，10);
y = sin(3*x);
yyaxis left
plot(x，y)
z = sin(3*x).*exp(0.5*x);
text(1，0.6，'\fontsize{14}\ity=sin3x')
yyaxis right
plot(x，z)
ylim([-150 150])
text(2.5，3.5，['\fontsize{14}\ity=sin3x\cdote^{x/2}']);
```

在命令行窗口输入下面的命令：

```
>>ex4_14
```

运行结果如图 4-14 所示。

2. 极坐标系绘图

MATLAB 除提供了直角坐标绘图函数外，还提供了极坐标绘图函数。函数 polarplot 的格式如下：

- polarplot（theta，rho），在极坐标系中绘图。向量 theta 的元素代表弧度参数，向量 rho 代表从极点开始的长度。
- polarplot（theta，rho，LineSpec），用 LineSpec 指定线形、点形及颜色，参见 4.1.1 节中的 plot 命令。

例 4 - 15 画出玫瑰线 $\rho = a\cos n\theta$ 的图像。

建立函数文件如下：

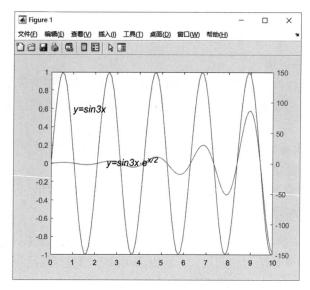

图 4 - 14 例 4 - 14 的运行结果

```
function [] = rose(a, n)
theta = 0:0.01:2 * pi;
    rho = a * cos(n * theta);
    polarplot(theta, rho)
end
```

在命令行窗口输入下面的命令：

$$\gg rose(2, 4)$$

运行结果如图 4 - 15 所示。

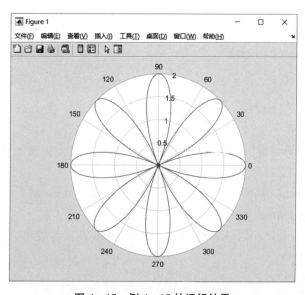

图 4 - 15 例 4 - 15 的运行结果

3. 对数坐标系绘图

MATLAB除了能以直角坐标系和极坐标系绘图外，还提供了两个半对数坐标系绘图函数：semilogx，semilogy以及对数坐标系绘图函数：loglog。调用格式分别如下：

- semilogx(x，y)，在半对数坐标系中绘图，x 轴用以 10 为底的对数刻度标定，纵轴为线性坐标。这类似于 plot($\log10(x)$，y)，但是对于 log10(0) 不能给出警告信息。

- semilogy(x，y)，在半对数坐标系中绘图，y 轴用以 10 为底的对数刻度标定，横轴为线性坐标。这类似于 plot(x，$\log10(y)$)，但是对于 log10(0) 不能给出警告信息。

- loglog(x，y)，在对数坐标系中绘图，两个坐标轴均用以 10 为底的对数刻度标定。这类似于 plot($\log10(x)$，$\log10(y)$)，但是对于 log10(0) 不能给出警告信息。

例 4 - 16 绘制 $y = e^{-x}$ 的对数坐标图并与直角线性坐标图进行比较。

在 MATLAB 中建立命令文件如下：

```
% 文件名 ex4_16
x = 0:0.1:10; y = exp(-x);
subplot(2, 2, 1); plot(x, y);                % 绘制直角坐标系图形
title('Linear Plot'); xlabel('x'); ylabel('y'); grid on;
subplot(2, 2, 2); semilogx(x, y);            % x 轴对数绘图
title('Semilog x Plot'); xlabel('x'); ylabel('y'); grid on;
subplot(2, 2, 3); semilogy(x, y);            % y 轴对数绘图
title('Semilog y Plot'); xlabel('x'); ylabel('y'); grid on;
subplot(2, 2, 4); loglog(x, y);              % 双对数绘图
title('Loglog Plot');
xlabel('x'); ylabel('y');
grid on;
```

在命令行窗口输入下面的命令：

>>ex4_16

运行结果如图 4 - 16 所示。

4.1.5 函数绘图

4.1.5 函数绘图

前面我们介绍的绘图方法必须先计算出图像上的坐标，然后调用绘图函数绘图。在对 x 轴上的绘图区间进行分割时，分割的点数不好把握，若点数太少，则绘出的图像不光滑，若点数太多，则计算量增加，并且屏幕像素的点距是固定的，有时会造成计算的浪费。下面介绍的绘图函数就避免了这个问题，只要知道函数的表达式就能绘图，但对于通过采样获得的数据就无能为力了。

- fplot(fun，[xmin，xmax]，specification)，绘制函数 fun 的曲线。fun 为函数句柄或匿名函数，[xmin，xmax] 为变量 x 的取值范围，若省略，则 x 的取值范围为 [-5，5]。

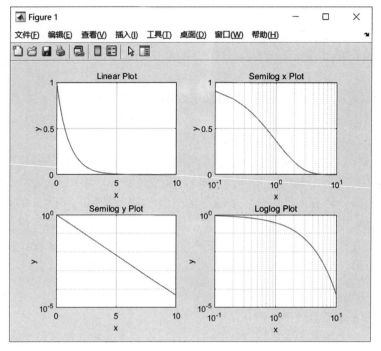

图 4-16   例 4-16 的运行结果

● fplot(funx，funy，[tmin，tmax]，specification)，绘制参数方程 $x=\text{funx}(t)$ 和 $y=\text{funy}(t)$ 在 [tmin，tmax] 上的图形，若省略参数 [tmin，tmax]，则表示 t 的取值范围为 [-5，5]。

说明：specification 是用于说明线的属性的参数，其形式可以是 LineSpec 或 Name，Value，具体使用参见 4.1.1 中的 plot 命令。

例 4-17   绘制参数曲线 $\begin{cases} x=\cos 3t \\ y=\sin 2t \end{cases}$ 的图像。

在命令行窗口依次输入下面的命令：

$\gg$ x = @(t) cos(3 * t);
$\gg$ y= @(t) sin(2 * t);
$\gg$ fplot(x, y)

运行结果如图 4-17 所示。

例 4-18   通过绘制函数 $f(x)=\dfrac{\sin x}{x}$ 在区间 [-40，40] 的图像，观察 $\lim\limits_{x\to 0}\dfrac{\sin x}{x}$ 的值。

在命令行窗口依次输入下面的命令：

$\gg$ f = @(x)sin(x)./x;   %定义匿名函数
$\gg$ fplot (f, [-40, 40])

运行结果如图 4-18 所示。

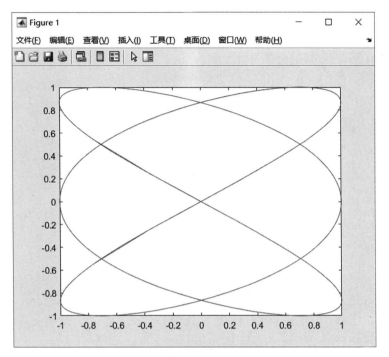

图 4 - 17　例 4 - 17 的运行结果

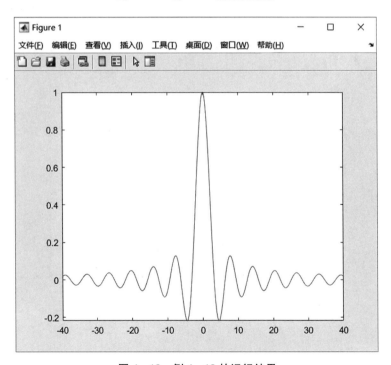

图 4 - 18　例 4 - 18 的运行结果

由图 4 - 18 可以看出，$\lim\limits_{x \to 0} \dfrac{\sin x}{x} = 1$。

例 4 - 19   通过观察函数图像，判断 $f(x) = \sin(x + \cos(x + \sin(x)))$，$g(x) = 0.2x + \sin(x + \cos(x + \sin(x)))$ 是不是周期函数。

在 MATLAB 中建立命令文件如下：

```
% 文件名 ex4_19
f = @(x)sin(x + cos(x + sin(x)));
g = @(x)0.2 * x + sin(x + cos(x + sin(x)));
fplot(f, [0, 8 * pi], '- - r');
hold on
fplot(g, [0, 8 * pi], 'Linewidth', 1.5)
legend ('sin(x+cos(x+sin(x)))','0.2 * x + sin(x + cos(x + sin(x)))')
hold off
```

在命令行窗口输入下面的命令：

```
>> ex4_19
```

运行结果如图 4 - 19 所示，由图可以看出，$f(x)$ 是周期函数，而 $g(x)$ 则不是。

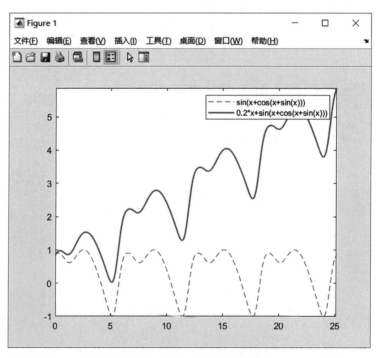

图 4 - 19   例 4 - 19 的运行结果

3. ezpolar 函数

在极坐标系中绘制函数图像的函数为 ezpolar，调用格式为：

● ezpolar(fun, [a, b])，绘制极坐标曲线 rho = fun(theta)，theta 的范围为 [a, b]，缺省值范围为 [0, 2π]，fun 可以是函数句柄或字符串。

例 4 - 20　绘制函数 $r = 2\cos\left(2\left(t - \dfrac{\pi}{8}\right)\right)$ 的图形。

在命令行窗口依次输入下面的命令：

$>>$ ezpolar('2 * cos(2 * (t - pi/8))')

运行结果如图 4 - 20 所示。

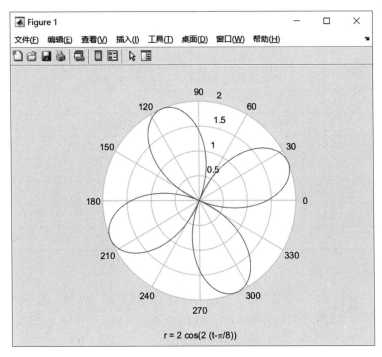

图 4 - 20　例 4 - 20 的运行结果

4.1.6　常用二维图形的绘制

MATLAB 能够绘制的二维图形主要有：条形图，饼图，杆状图，阶梯图等。

1. 条形图

用一个单位长度表示一定的数量，根据数量的多少，画成长短相应成比例的直条，并按一定顺序排列起来，这样的统计图，称为条形统计图。条形图是统计资料分析中最常用的图形，它可以清楚地表明各种数量的多少。按照排列方式的不同，可分为纵式条形图和横式条形图；按照分析作用的不同，可分为条形比较图和条形结构图。

在 MATLAB 中绘制条形图的函数是 bar，调用格式如下：

● bar(y，spec)，绘制条形图，对参数 y 中的每个元素用一直条表示，每个直条的位置是 y 的下标，若 y 为矩阵，则矩阵中的每一行为一组。

● bar(x，y，spec)，绘制条形图，对参数 y 中的每个元素用一直条表示，x 的值是每个直条的位置，若 y 为矩阵，则矩阵中的每一行为一组。

说明：在上述两个函数格式中，spec 是一个可选参数，一般可选下列参数：

（1）width，是一个实数，设置每个直条的宽度，默认的宽度是 0.8。

（2）style，是一个字符串，设置条形图的样式，常用样式有'grouped'，'stacked'，'histc'，'hist'，默认的样式是'grouped'。

（3）color，是一个字符串，设置直条的颜色，使用的字符见表 4-1。

例 4-21 现有一销售部季度销售业绩如表 4-8 所示，请画出每个部门三个月销售总额的条形图。

表 4-8　销售部季度销售业绩

部门	一月	二月	三月
一组	93 450.00	124 620.00	166 250.00
二组	125 050.00	96 200.00	155 280.00
三组	193 800.00	146 200.00	163 490.00
四组	113 930.00	108 960.00	124 690.00
五组	189 560.00	153 890.00	135 520.00
六组	88 560.00	108 590.00	125 360.00
七组	109 560.00	123 140.00	155 540.00
八组	139 560.00	153 760.00	135 520.00

在命令行窗口依次输入下面的命令：

```
>> y = [93450.00   124620.00   166250.00；125050.00   96200.00   155280.00；…
193800.00   146200.00   163490.00；113930.00   108960.00   124690.00；…
189560.00   153890.00   135520.00；88560.00   108590.00   125360.00；…
109560.00   123140.00   155540.00；139560.00   153760.00   135520.00]；
>> bar (y, 'stacked')
```

运行结果如图 4-21 所示。

2. 饼图

饼图是以一个圆的面积表示事物的总体，以扇形面积表示占总体的百分数的统计图，又叫作扇形统计图。饼图可以比较清楚地反映出部分与部分、部分与整体之间的数量关系。

MATLAB 提供的绘制饼图的函数是 pie，具体调用格式如下：

● pie(x，explode，labels)，绘制参数 x 的饼图。如果 x 的元素和小于 1，则绘制不完全的饼图，否则绘制 x 的元素所占比例的饼图。explode 是与 x 大小相同的向量，并且其中不为零的元素所对应的部分从饼图中独立出来。labels 是一个字符串，可对每块扇区加文字标签，其长度与 x 相同。

例 4-22 用饼图绘制例 4-21 中一月份各组的销售业绩，并突出表现三小组。

在命令行窗口依次输入下面的命令：

```
>> y = [93450.00   125050.00   193800.00   113930.00   189560.00   88560.00
109560.00   139560.00]；
```

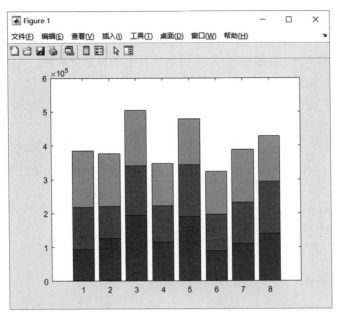

图 4 - 21　例 4 - 21 的运行结果

>> ex = [0 0 1 0 0 0 0 0];

>> pie(y, ex)

运行结果如图 4 - 22 所示。

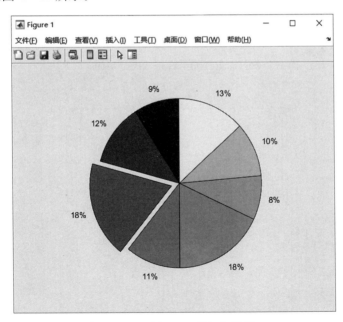

图 4 - 22　例 4 - 22 的运行结果

3. 杆状图

杆状图与条形图类似，用于表现离散数据，它是用一根一头带小圆圈的直线（每个杆像一根火柴）表示数据的图形，绘制杆状图的函数是 stem，调用格式如下：

- stem(Y，spec)，绘制 Y 的离散杆状图。

- stem(X，Y，spec)，绘制以 X 为横坐标的 Y 的离散杆状图。X 和 Y 是大小相同的向量或矩阵，若 X 是向量，则 Y 是行数等于 length(X) 的矩阵。

说明：上述两个格式中的 spec 是一个可选参数，用于说明杆的属性。spec 有下面几种：

（1）filled，设置杆头上的小圆圈用一种颜色填充。

（2）LineSpec，是一个字符串，设置杆的线形、颜色等属性。具体使用方法见 4.1.1 节的 plot 函数中 LineSpec 的使用方法。

（3）Name，Value，是一对参数，Name 是属性名，Value 是属性值，详见表 4-4。

例 4-23   用杆状图绘制正弦和余弦函数。

在命令行窗口依次输入下面的命令：

$\gg$ X = linspace(0，2 * pi，50);

$\gg$ Y1 = cos(X);

$\gg$ Y2 = 0.5 * sin(X);

$\gg$ stem(X, Y1)

$\gg$ hold on

$\gg$ stem(X, Y2, 'LineStyle', '-.', 'MarkerFaceColor', 'red', 'MarkerEdgeColor', 'green')

运行结果如图 4-23 所示。

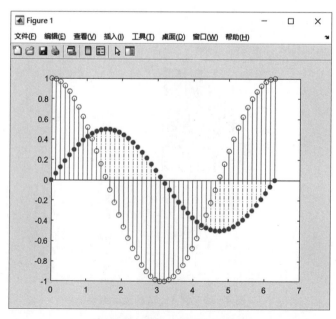

图 4-23   例 4-23 的运行结果

4. 阶梯图

阶梯图表示绘制的数据趋势会随着时间推移而改变，它通过相邻数据落差的程度反映数据变化的情况。阶梯图和折线图最主要的区别是：阶梯图处理数据在特定时间点的变化，它广泛应用于财务类、销售类以及数值不连续下降和上涨的任意示例，换句话说，就是数字的变化没有覆盖某个区间的所有值。

阶梯图的绘图函数是 stairs，调用格式如下：

- stairs(Y，spec)，绘制 Y 的阶梯图。如果 Y 是向量，则绘制一条线；若 Y 是矩阵，则矩阵的每一列绘制一条线。

- stairs(X，Y，spec)，绘制以 X 为横坐标的 Y 的阶梯图。X 和 Y 是大小相同的向量或矩阵，若 X 是向量，则 Y 是行数等于 length(X) 的矩阵。

说明： 上述两个格式中的 spec 是一个可选参数，用于设置线的颜色、宽度等属性，主要有两种形式：

（1）LineSpec，是一个字符串，具体使用方法参见 4.1.1 节中的 LineSpec。

（2）Name，Value，是一对参数，Name 是属性名，Value 是属性值，详见表 4-4。

例 4-24　绘制取整函数 $y=[x]$ 在 $[-5，5]$ 上的图像。

在命令行窗口依次输入下面的命令：

```
>> x = - 5：0.1：5;
>> y = floor(x);
>> stairs(x, y)
```

运行结果如图 4-24 所示。

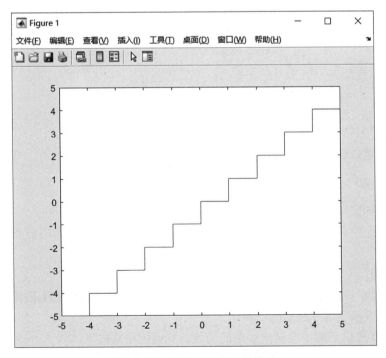

图 4-24　例 4-24 的运行结果

5. 向量图

向量图是用箭头表示具有大小和方向的向量的图形，可以用 quiver 函数绘制，调用格式如下：

● quiver (x, y, u, v)，绘制箭头，用来表示起点在 (x, y)，分量为 (u, v) 的向量，要求 x, y, u, v 是同维的向量或矩阵。

例 4-25　给定常微分方程 $\dfrac{\mathrm{d}y}{\mathrm{d}x} = y\left(\dfrac{1}{2} - x\right) + 1$，画出它在区域 $\{(x, y) \mid x \in [0, 6], y \in [0, 3]\}$ 上的向量场。

分析： 设一阶微分方程 $\dfrac{\mathrm{d}y}{\mathrm{d}x} = f(x, y)$ 满足解的唯一性定理的条件，过 D 中任一点 (x_0, y_0)，有且只有一个解 $y = \varphi(x)$，满足 $\varphi(x_0) = y_0$，$\varphi'(x) = f(x, \varphi(x))$，则称域 D 为方程所定义的向量场。

我们知道，解曲线 $y = \varphi(x)$ 在区域 D 中任意点 (x, y) 的切线斜率是 $f(x, y)$，因此，我们在区域内每一点 (x, y) 都画上一个以值 $f(x, y)$ 为斜率的箭头，就可以画出常微分方程的向量场。

在 MATLAB 中建立命令文件如下：

```
%文件名为 ex4_25
clear
x0 = 0：0.2：6;
y0 = 0：0.2：3;
[x, y] = meshgrid(x0, y0);          %求区域的网格点坐标
dy = y.*(0.5-x)+1;
dx = ones(size(dy));
d = sqrt(dx.^2+dy.^2);
u = dx./d;                          %向量单位化
v = dy./d;                          %向量单位化
quiver(x, y, u, v)
```

在命令行窗口输入下面的命令：

```
>>ex4_25
```

运行结果如图 4-25 所示。

说明： 程序中调用了 meshgrid 函数，用于生成 XY 平面坐标网格数据，使用说明参见 4.2.2 节。

6. 流线图

流线是在同一时刻由不同流体质点所组成的曲线，给出了该时刻不同流体质点的运动方向，常用于表示气流等数据的可视化。

MATLAB 提供了两个绘制流线图的函数，其调用格式如下：

● streamslice(X, Y, U, V)，根据向量数据 U、V 绘制间距合适的流线图（带方向

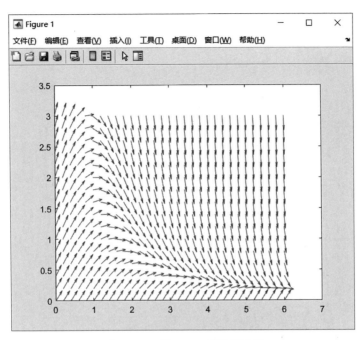

图 4-25　例 4-25 的运行结果

箭头）。数组 X 和 Y 用于定义 U 和 V 的坐标，它们必须是单调的，无需间距均匀，X 和 Y 必须具有相同数量的元素。

● streamline(X, Y, U, V, startx, starty)，绘制二维向量 (U, V) 的流线图。其中，X，Y 是向量 U，V 的坐标，不一定是等间距的，但必须是单调的，且 X，Y 具有相同的元素个数，startx，starty 定义了流线开始的位置。

例 4-26　给定常微分方程 $\dfrac{\mathrm{d}y}{\mathrm{d}x}=y\left(\dfrac{1}{2}-x\right)+1$，画出它在区域 $\{(x, y) \mid x \in [0, 6],$ $y \in [0, 3]\}$ 上的流线图。

首先运行 ex4_25 求出微分方程的向量场，然后在命令行窗口运行下面的命令：

```
>> figure
>> streamslice (x, y, u, v)
```

运行结果如图 4-26 所示。

例 4-27　给定常微分方程 $\dfrac{\mathrm{d}y}{\mathrm{d}x}=y\left(\dfrac{1}{2}-x\right)+1$，画出它在区域 $\{(x, y) \mid x \in [0, 6],$ $y \in [0, 3]\}$ 上经过点 (0, 0.2) 和点 (0, 1.8) 的流线图。

首先运行 ex4_25 求出微分方程的向量场，然后在命令行窗口运行下面的命令：

```
>> hold on
>> streamline (x, y, u, v, 0, 0.2);
>> streamline (x, y, u, v, 0, 1.8);
```

运行结果如图 4-27 所示。

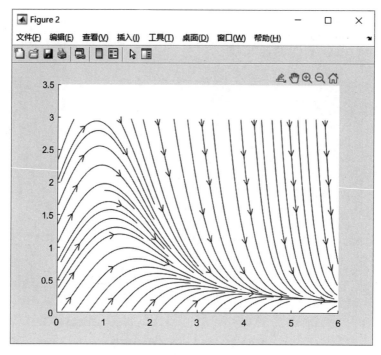

图 4 - 26　例 4 - 26 的运行结果

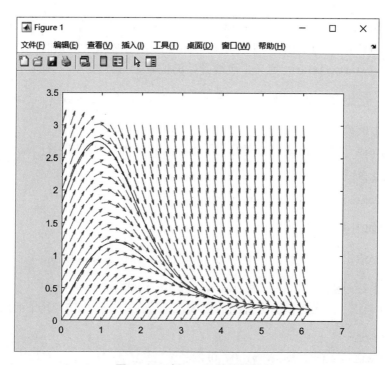

图 4 - 27　例 4 - 27 的运行结果

4.2 三维曲线和曲面

MATLAB 提供了大量三维绘图函数，可以绘制三维曲线图、表面图、网格图等。MATLAB 还提供了控制颜色、光照、视角等效果的函数，从而使三维图形的表现更加丰富多彩。

4.2.1 三维曲线

4.2 三维曲线和曲面

MATLAB 中最基本的三维曲线图形函数是 plot3，将二维绘图函数 plot 的有关功能扩展到三维空间，用来绘制三维图形。plot3 的调用格式如下：

● plot3(x，y，z，LineSpec)，绘制三维曲线。其中：

（1）当 x，y 和 z 是维数相同的向量时，绘制以 x，y 和 z 元素为坐标的一条三维曲线；

（2）当 x，y 和 z 是同型矩阵时，绘制以 x，y 和 z 元素为坐标的若干条三维曲线。

（3）LineSpec 是指定绘制的三维曲线的线形、点形和颜色的字符串，参见 4.1.1 节。

● plot3(x，y，z，Name，Value)，为绘制的曲线设置属性值，参见表 4-4。

例 4-28 绘制圆柱螺旋线，其参数方程为 $\begin{cases} x = \sin(t) \\ y = \cos(t) \\ z = t \end{cases}$。

在命令行窗口依次输入下面的命令：

```
>>t = 0:0.1:10 * pi;
>> plot3(sin(t), cos(t), t)
>>xlabel('sin(t)'), ylabel('cos(t)'), zlabel('t'); title ('圆柱螺旋线');
```

运行结果如图 4-28 所示。

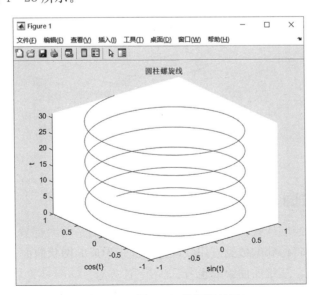

图 4-28 例 4-28 的运行结果

对三维曲线的绘制同样有函数绘图形式 fplot3，调用格式为：

● fplot3（funx，funy，funz，[tmin，tmax]，specification），绘制函数 $x=$funx(t)，$y=$funy(t) 和 $z=$funz(t) 的曲线。funx、funy、funz 为函数句柄或匿名函数，[tmin，tmax] 为参数 t 的取值范围，若省略，则 t 的取值范围为 [−5，5]。

说明：specification 是用于说明线的属性的参数，其形式可以是 LineSpec 或 Name，Value，具体使用参见 4.1.1 节中的 plot 命令。

例 4 - 29　绘制参数方程 $\begin{cases} x=\mathrm{e}^{-t/10}\sin 5t \\ y=\mathrm{e}^{-t/10}\cos 5t \\ z=t \end{cases}$ 的曲线。

在命令行窗口依次输入下面的命令：

```
>>xt = @(t) exp(-t/10).* sin(5*t);
>>yt = @(t) exp(-t/10).* cos(5*t);
>>zt = @(t)t;
>>fplot3(xt, yt, zt, [-10 10])
```

运行结果如图 4 - 29 所示。

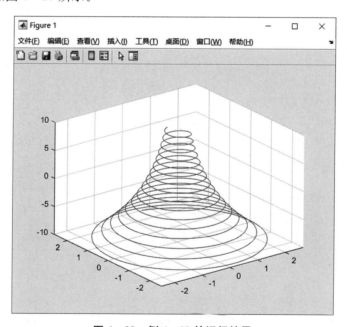

图 4 - 29　例 4 - 29 的运行结果

4.2.2　三维曲面

三维曲面有两种绘制形式：表面图和网格图。表面图是用涂有颜色的小面片拼接而成的曲面，网格图是指将相邻的数据点用线段连接起来形成的网状曲面。

与二维绘图类似，三维曲面绘制也分三步：

（1）构造网格数据：首先根据 x、y 的范围，对 x、y 的区间进行分割，然后在 xy

平面构造矩形网格数据。

（2）计算曲面上的函数值：根据 xy 平面上每个网格点的坐标 (x, y)，由函数关系计算函数值 z，得到矩阵 Z。

（3）调用曲面函数绘制三维表面图或网格图。

1. 构造网格数据

构造网格坐标矩阵的函数是 meshgrid，调用格式如下：

● $[X, Y] = $ meshgrid(x, y)，由向量 x 和 y 产生 xy 平面上的各网格点坐标矩阵 (X, Y)，其中向量 x 为 $1×m$ 的行向量，向量 y 为 $1×n$ 的行向量，语句执行后，矩阵 X 的每一行都是向量 x，行数等于向量 y 的元素个数，矩阵 Y 的每一列都是向量 y，列数等于向量 x 的元素个数。于是 X 和 Y 相同位置上的元素 (X_{ij}, Y_{ij}) $(i=1, 2, …, n; j=1, 2, …, m)$ 恰好是绘图区域的 (i, j) 网格点的坐标。

注意：向量 x 和 y 相同时，meshgrid 函数也可以写成 $[X, Y] = $ meshgrid(x)。

2. 三维表面图

绘制三维表面图的函数是 surf，有三种调用格式：

● surf(Z)，以 Z 矩阵的行下标作为 x 坐标、Z 的列下标当作 y 坐标、Z 的元素值作为 z 坐标和颜色值绘制三维表面图。

● surf(X, Y, Z)，绘制以 X 为 x 坐标、Y 为 y 坐标、Z 为 z 坐标和颜色值的三维表面图。其中 X，Y 可以是矩阵，也可以是向量，Z 必须是矩阵。

● surf(X, Y, Z, C)，用 C 定义的颜色绘制三维表面图，若 Z 是 $m×n$ 阶矩阵，则 C 是 $m×n×3$ 阶 RGB 颜色矩阵。

例 4-30　绘制 $z = x\mathrm{e}^{-x^2-y^2}$ 在 $[-2, 2]×[-2, 2]$ 上的三维表面图。

在命令行窗口依次输入下面的命令：

```
>> x = -2:0.2:2;              %在 x 轴上分割
>> y = -2:0.2:2;              %在 y 轴上分割
>> [X, Y] = meshgrid(x, y);   %生成 xy 平面的网格数据
>> Z = X.* exp(-X.^2 - Y.^2); %计算曲面在 xy 平面每个网格点上的函数值
>> surf(X, Y, Z)       %绘制三维表面图，也可以用 surf(x, y, Z) 命令实现
```

运行结果如图 4-30 所示。

上述绘制三维表面图的方法必须先计算出每个网格点上的函数值，才能调用 surf 函数绘制图形。MATLAB 还提供了直接用函数表达式绘制三维表面图的函数：

● fsurf$(fun, [xmin, xmax, ymin, ymax])$，绘制二元函数 fun$(x, y)$ 在 $[xmin, xmax, ymin, ymax]$ 范围内的函数图像。若省略第二个参数，则默认 x 的范围为区间 $[-5, 5]$，y 的范围为区间 $[-5, 5]$。

● fsurf$(funx, funy, funz, [smin, smax, tmin, tmax])$，绘制在 $[smin, smax, tmin, tmax]$ 范围内 $x = funx(s, t)$，$y = funy(s, t)$ 和 $z = funz(s, t)$ 的三维表面图。若省略最后一个参数，则默认 s 的范围为区间 $[-5, 5]$，t 的范围为区间 $[-5, 5]$。

其中，fun、funx、funy、funz 是函数句柄或匿名函数。

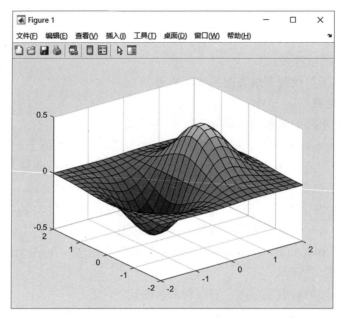

图4-30　例4-30的运行结果

例4-31　椭圆抛物面的方程是 $\dfrac{x^2}{9} + \dfrac{y^2}{4} = 2z$ ，请绘制三维表面图。

在命令行窗口依次输入下面的命令：

```
>> fun = @(x,y)(x.^2/9 + y.^2/4)/2;    % 定义匿名函数
>> fsurf(fun, [-4, 4, -3, 3])
```

运行结果如图4-31所示。

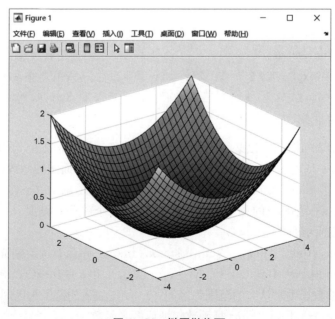

图4-31　椭圆抛物面

3. 三维网格图

三维网格图的绘制函数是 mesh，除函数名不同外，其调用格式与 surf 完全相同，调用格式如下：

● mesh(Z)，以 Z 矩阵的行下标作为 x 坐标、Z 的列下标当作 y 坐标、Z 的元素值作为 z 坐标和颜色值绘制三维网格图。

● mesh(X，Y，Z)，绘制以 X 为 x 坐标、Y 为 y 坐标、Z 为 z 坐标和颜色值的三维网格图，其中 X，Y 可以是矩阵，也可以是向量，Z 必须是矩阵。

● mesh(X，Y，Z，C)，用 C 定义的颜色绘制三维网格图，C 的要求同 surf 函数。

例 4 - 32　绘制函数 $f(x, y) = \dfrac{\sin\sqrt{x^2+y^2}}{\sqrt{x^2+y^2}}$ 的三维网格图。

在命令行窗口依次输入下面的命令：

```
>> [X, Y] = meshgrid(-8:.5:8);
>> R = sqrt(X.^2 + Y.^2);
>> Z = sin(R)./R;
>> mesh(X, Y, Z)
```

程序运行结果如图 4 - 32 所示。

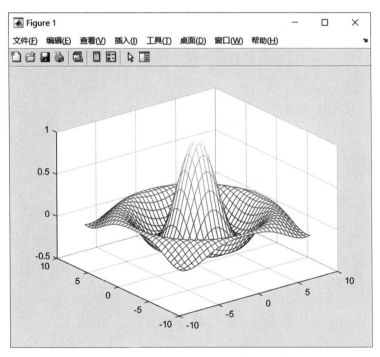

图 4 - 32　例 4 - 32 的运行结果

直接用表达式绘制三维网格图的函数为：

● fmesh (fun，[xmin，xmax，ymin，ymax])，绘制二元函数 fun(x，y) 在 [xmin，xmax，ymin，ymax] 范围内的函数图像。若省略第二个参数，则默认 x 的范围为区间

$[-5，5]$，y 的范围为区间 $[-5，5]$。

• fmesh（funx，funy，funz，$[$smin，smax，tmin，tmax$]$），绘制在 $[$smin，smax，tmin，tmax$]$ 范围内 $x = $funx$(s，t)$，$y = $funy$(s，t)$ 和 $z = $funz$(s，t)$ 的三维曲面。若省略最后一个参数，则默认 s 的范围为区间 $[-5，5]$，t 的范围为区间 $[-5，5]$。

其中，fun、funx、funy、funz 是函数句柄或匿名函数。

例 4 - 33   椭球面的参数方程是 $\begin{cases} x = a \cdot \sin\varphi \cdot \cos\theta \\ y = b \cdot \sin\varphi \cdot \sin\theta \\ z = c \cdot \cos\varphi \end{cases}$，其中 $\begin{cases} 0 \leqslant \theta < 2\pi \\ 0 \leqslant \varphi \leqslant \pi \end{cases}$，绘出 $a = 3$，$b = 4$，$c = 5$ 时的三维网络图。

在命令行窗口依次输入下面的命令：

```
>> fx = @(u, v) 3 * sin(u). * cos(v);
>> fy = @(u, v) 4 * sin(u). * sin(v);
>> fz = @(u, v) 5 * cos(u);
>> fmesh(fx, fy, fz, [0, pi, 0, 2 * pi])
```

运行结果如图 4 - 33 所示。

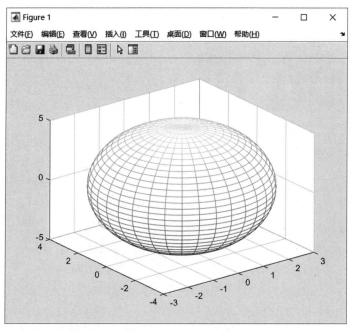

图 4 - 33   椭球面

4.2.3   三维图形的属性设置

1. 设置视角

MATLAB 允许用户从不同的角度观察三维图形，调整视角的函数是 view，格式如下：

4.2.3   三维图形的属性设置

● view([az，el])，通过方位角和俯视角设置视角，其中：

（1）az 是方位角，值为正时是指在 xy 平面内从 y 轴负方向开始逆时针旋转的角度；

（2）el 为俯视角，值为正时是指从 xy 平面向 z 轴正方向旋转的角度，两者单位均为度。

● view([x，y，z])，通过坐标设置视点的方向，[x，y，z] 是视点所在的直角坐标。

注：系统默认的视角是 az$=-37.5°$，el$=30°$。

例 4 - 34　绘制双曲抛物面 $\dfrac{x^2}{6}-\dfrac{y^2}{10}=2z$，并通过调整视角观察图形。

在命令行窗口依次输入下面的命令：

```
>> z = @(x, y) x.^2/12 - y.^2/20;          %定义匿名函数
>> fsurf(z, [-20, 20])
```

运行结果如图 4 - 34a 所示。若要换个角度观察图形，可在命令行窗口输入下面的命令调整视角：

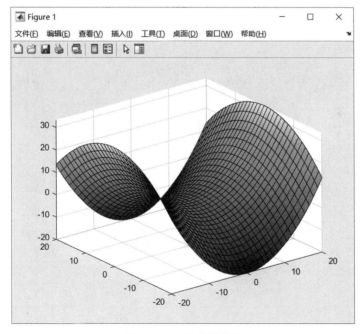

图 4 - 34a　双曲抛物面

```
>> view(-25, 19)
```

运行结果如图 4 - 34b 所示。

注 1：上述操作可以通过图形窗口中的三维旋转工具 实现，具体操作方法是：

（1）将鼠标移动到图形上，在图形的右上方就会出现一个工具栏如图 4 - 34b 所示。

（2）选择三维旋转工具后，按住鼠标左键上下左右拖曳图形即可。

注 2：上述操作也可以通过选择图形窗口菜单栏中的"工具"→"三维旋转"命令来

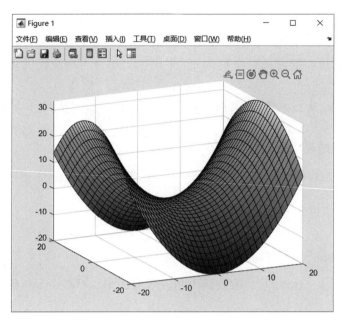

图 4 - 34b   例 4 - 34 调整视角后的双曲抛物面

实现。

2. 设置颜色

颜色是图形的一个重要属性。在 MATLAB 中三维曲面的颜色可以由色图矩阵来确定，色图矩阵是一个 $n \times 3$ 阶矩阵，其中每一列代表红、绿、蓝三种颜色中的一种，每一行的 3 个数作为 RGB 三元组定义了一种颜色，其值在 $0 \sim 1$ 之间。常见颜色的数值见表 4 - 9。

表 4 - 9   常用的颜色向量

颜色	R（红）	G（绿）	B（蓝）
黑	0	0	0
白	1	1	1
红	1	0	0
绿	0	1	0
蓝	0	0	1
黄	1	1	0
灰色	0.5	0.5	0.5
品红色	1	0	1
橘黄	1	0.5	0

MATLAB 预定义了一些常用的色图矩阵如表 4 - 10 所示，每个矩阵默认包含 256 种颜色，若着色时只使用其中的部分颜色，则可采用函数形式，如 hsv(64) 包含 64 种颜色。

表 4 - 10　MATLAB 预定义的色图矩阵表

色图矩阵名	含义	色图矩阵名	含义
parula	由紫到黄的饱和彩色图	jet	由蓝到红的饱和彩色图
hsv	两端为红色的饱和彩色图	hot	黑—红—黄—白渐变彩色图
cool	由青到品红渐变彩色图	spring	由品红到黄的渐变彩色图
summer	由绿到黄渐变彩色图	autumn	由红到黄的渐变彩色图
winter	由蓝到绿渐变彩色图	gray	由黑到白的渐变灰度图
bone	蓝色色调的渐变灰度图	copper	纯铜色调的渐变灰度图
pink	粉红色调的渐变灰度图	lines	交替的彩色图
colorcube	增强的彩色立方体彩色图	prism	色谱交替的彩色图
flag	红、白、蓝、黑交替的彩色图	white	全白色图

色图矩阵也可以自己定义，如"$m=[1\ 0\ 0;0\ 1\ 0]$;"是一个定义了两种颜色的色图矩阵。

对于已经绘制在图形窗口中的三维曲面，若要用色图矩阵重新着色，可以调用函数 colormap 来实现，调用格式如下：

● colormap(m)，用色图矩阵 m 对三维曲面着色，其中 m 可以是表 4 - 10 中的色图矩阵，也可以是自定义的色图矩阵。

● colormap default，用默认的色图矩阵 parula 对三维曲面着色。

例 4 - 35　绘制函数 $z=x\mathrm{e}^{-x^2-y^2}$ 的曲面图，先用品红色着色，然后用 hsv 着色。

在命令行窗口依次输入下面的命令：

```
>>z = @(x,y) x. * exp( - x.^2 - y.^2);
>>fsurf(z, [-2 2])              %用默认色图着色
>>colormap([1, 0, 1])          %用品红色着色，如图 4 - 35a 所示
>>colormap(hsv(64))            %用 hsv 着色，如图 4 - 35b 所示
```

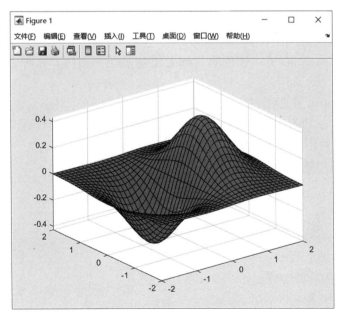

图 4 - 35a　品红色着色效果图

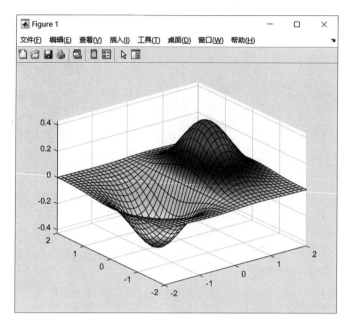

图 4 - 35b hsv 色图矩阵着色效果图

注意： 对于表 4 - 10 中的色图矩阵，虽然包含的颜色数量都是 256 种，但在使用 colormap 函数着色时，实际着色的颜色数与当前曲面上已经有的颜色数相同。若要用不同数量的颜色着色，必须采用函数方式指定颜色的数量，如 hsv(64)。

3. 设置着色方式

三维曲面是由若干小方片（四边形）构成的，使用 surf 函数绘制三维表面图时，曲面的着色是在曲面的每个小方片上涂上颜色，这种着色方式有三种，利用 shading 命令可以改变当前图形窗口上曲面的着色方式。

● shading flat，对小方片或整段网格线着同一种颜色，其颜色由下标最小的小方片顶点或线段端点的值决定。

● shading faceted，在 flat 着色的基础上绘制黑色网格线，这种方式立体表现力最强（默认方式）。

● shading interp，根据小方片四个顶点或线段两端的值，对小方片内部或线段上的颜色进行插值计算，从而产生连续变化的颜色，这种方式着色细腻但耗费时间。

例 4 - 36 三种图形着色方式的效果比较。

在 MATLAB 中建立命令文件如下：

```
[x, y] = meshgrid( - 1:0.2:1);
z = x.^2 + y.^2;
subplot(1, 3, 1);
surf(x, y, z);
title('shading faceted')
subplot(1, 3, 2);
surf(x, y, z);
```

```
shading flat;
title('shading flat')
subplot(1, 3, 3);
surf(x, y, z);
shading interp;
title('shading interp')
```

程序运行结果如图 4 - 36 所示。

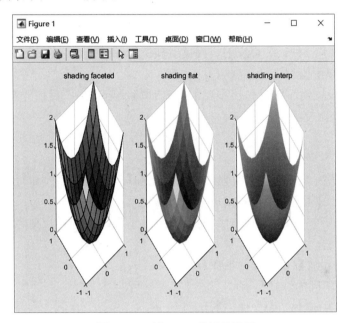

图 4 - 36　例 4 - 36 的运行结果

4. 设置光照

光照是为三维曲面图形增加真实感的一种方式，它通过模拟自然光照射下对象上出现的高光区和黑暗区来实现。为了产生光照效果，MATLAB 定义了一个图形对象，称为光源。在 MATLAB 中，对于三维图形的表面图可以设置光源，使三维曲面图形具有更好的显示效果。与光照有关的函数有如下几个：

● light('PropertyName', propertyvalue，…)，在当前坐标轴创建一个光源。其中，PropertyName 和 propertyvalue 用于设置光源的属性，常用的 PropertyName 有：

（1）color，设置光源的颜色，propertyvalue 可采用 RGB 三元组或相应的颜色字符（见表 4 - 1）默认为 [1 1 1]，即白光。

（2）style，设置光源的类型，propertyvalue 可为'infinite'或'local'，前者表示光源在无穷远处，光线是平行的；后者为近光。

（3）position，设置光源的位置，propertyvalue 为三个元素的向量 [x y z]，默认值为 [1 0 1]。如果 style 设置为'infinite'，则表示光源的方向；如果 style 设置为'local'，则表示光源的具体位置。

● lighting options，设置光照明模式，用于选择曲面光亮度的计算方法。该命令只有在 light 指令执行后才起作用。

其中 options 可取以下值：

（1）flat，小方片中每个点的光亮度是相同的，图形的光滑度较差，这是默认的模式。

（2）gouraud，先计算小方片顶点的法线，然后用线性插值方法计算小方片中每个点的光亮度。

（3）none，关闭所有光源。

● material options，设置三维曲面光的反射属性，用于设置计算光亮度时，光线的反射系数。光的反射有三种：环境反射、漫反射和镜面反射。

options 可取以下值：

（1）shiny，设置镜面反射光比漫反射光和环境反射光强，反射光颜色仅取决于光源的颜色，图形对象比较明亮。

（2）dull，设置光线主要是漫反射光，没有镜面反射光，反射光的颜色仅取决于光源的颜色，图形对象比较暗淡。

（3）metal，设置镜面反射光很强，漫反射光和环境反射光较弱，反射光的颜色取决于光源和图形对象的颜色，图形对象可呈现金属光泽。

（4）（[ka kd ks]），设置图形对象的环境反射光系数 ka、漫反射光系数 kd 和镜面反射光系数 ks。

（5）default，设置默认的反射系数。

例 4 - 37　用不同的灯光显示球。

在 MATLAB 中建立命令文件如下：

```
[X Y Z] = sphere(60);
surf(X, Y, Z)
colormap(cool)
shading interp
light('position', [0, -10, 1.5], 'style', 'infinite')
lighting gouraud
material shiny
figure
surf(X, Y, Z, -Z)
shading flat
light
lighting flat
light('position', [-1, -1, -2], 'color', 'y')
material dull
```

程序运行结果如图 4 - 37a 和图 4 - 37b 所示。

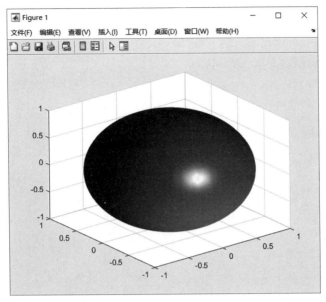

图 4-37a　例 4-37 运行结果 1

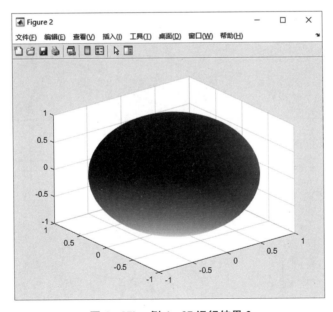

图 4-37b　例 4-37 运行结果 2

5. 设置消隐

在绘制三维图形的网格图时，为了更好地体现三维物体的立体感，被遮挡的部分不应该显示，这种技术称为图形的消隐。在 MATLAB 中，hidden 命令可以设置图形显示时是否采用消隐技术，但该命令只适用于网格图。

● hidden on，开启消隐，不显示被遮挡的线段，这是默认状态。
● hidden off，关闭消隐，显示被遮挡的线段。

例 4-38　用网格图绘制曲面函数 $z = y\sin x - x\cos y$ 的图像，并观察消隐效果。

在命令行窗口依次输入下面的命令：

```
>> [X, Y] = meshgrid(-5:.5:5);
>> Z = Y.*sin(X) - X.*cos(Y);
>> mesh(X, Y, Z)
>> hidden off
```

运行结果如图 4-38a 和图 4-38b 所示。

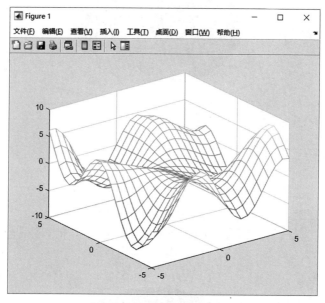

图 4-38a　开启消隐后的效果

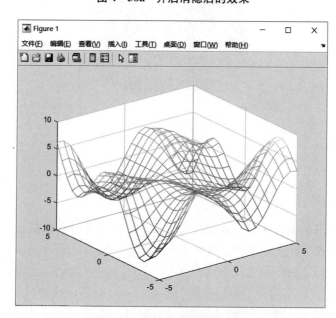

图 4-38b　关闭消隐后的效果

6. 设置裁剪

在绘制三维曲面时，我们可以利用 NaN 去掉不想显示的部分。

例 4 – 39 peaks 是 MATLAB 内部定义的、从高斯分布转换和缩放得来的包含两个变量的函数。绘制 peaks 函数图像并裁剪掉区域 $[10，15] \times [10，20]$ 的部分。

在命令行窗口依次输入下面的命令：

```
>>z = peaks(30);
>>surf(z)
>>z(10:15，10:20) = NaN;
>>surf(z)
```

运行结果如图 4 – 39a 和图 4 – 39b 所示。

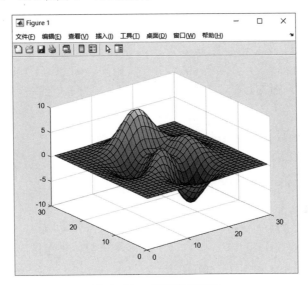

图 4 – 39a　裁剪前的图像

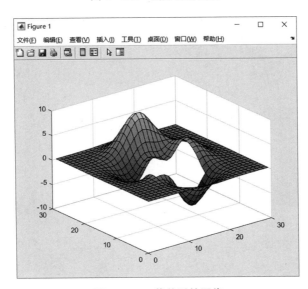

图 4 – 39b　裁剪后的图像

4.2.4   常用三维图形的绘制

1. 等值线图

等值线也称为等高线，指的是三维曲面图上高度相等的相邻各点所连成的闭合曲线。等值线也可以看作不同高度的水平面与三维曲面的交线，所以等值线是闭合曲线。绘制等值线图的函数有 contour 和 contour3。

- contour(Z)，绘制一个等值线图，其中 Z 包含 xy 平面上的高度值。Z 的列标和行标分别是平面中的 x 和 y 坐标。

- contour(X，Y，Z)，绘制一个等值线图，指定 Z 中各值的 X 和 Y 坐标。

- contour3(Z，n)，以 Z 矩阵的列下标作为 X 坐标，Z 的行下标作为 Y 坐标，绘制 Z 的 n 条三维等值线图，若 n 省略，则根据 Z 自动选择。其中 Z 至少是 $2×2$ 阶矩阵，且至少有两个不同值。

- contour3(X，Y，Z，n)，绘制 Z 的三维等值线图，X 和 Y 是 x 轴和 y 轴坐标，若 X，Y 是向量，则 length(X) 必须与 size(Z，2) 相同，length(Y) 必须与 size(Z，1) 相同。若 X，Y 是矩阵，则 X，Y 必须与 Z 大小相同。n 为等值线条数，若 n 省略，则根据 Z 自动选择。

例 4 - 40   绘制函数 $z = x\mathrm{e}^{-x^2-y^2}$ 的等值线图。

在命令行窗口依次输入下面的命令：

```
>> [x, y] = meshgrid( -2:0.25:2);
>> z = x. * exp( - x.^2 - y.^2);
>> contour(x, y, z, 10)          % 绘制等值线图
>> contour3(x, y, z, 10)         % 绘制三维等值线图
```

运行结果如图 4 - 40a 和图 4 - 40b 所示。

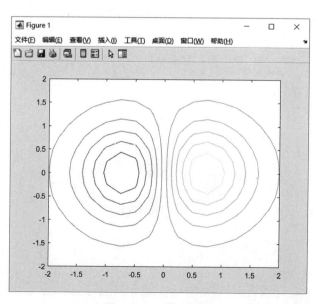

图 4 - 40a   等值线图

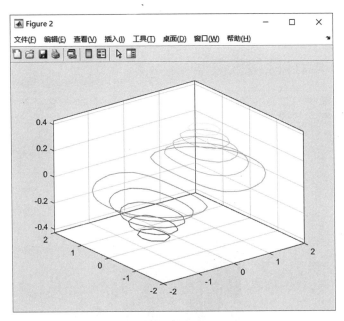

图 4 - 40b　三维等值线图

2. 三维条形图

三维条形图与二维条形图的作用是一样的，只不过是立体的。绘制函数是 bar3，调用格式如下：

● bar3(y，spec)，绘制三维条形图，对参数 y 中的每个元素用一个直条表示，每个直条的位置是 y 的下标。若 y 为矩阵，则矩阵中的每一行为一组。

● bar3(x，y，spec)，绘制三维条形图，对参数 y 中的每个元素用一个直条表示，x 的值是每个直条的位置。若 y 为矩阵，则矩阵中的每一行为一组。

说明： 在上述两个函数格式中，spec 是一个可选参数，一般可选下列参数：

（1）width，是一个实数，设置每个直条的宽度，默认的宽度是 0.8。

（2）style，是一个字符串，设置条形图的样式，常用样式有'detached'，'grouped'和'stacked'，默认样式是'detached'。

（3）color，是一个字符串，设置直条的颜色，使用的字符见表 4 - 1。

例 4 - 41　某地 1996—2000 年 1—3 月降水量（毫米）如下所示，请用三维条形图表示表中的数据。

月份＼年份	1996 年	1997 年	1998 年	1999 年	2000 年
1 月	920	860	1 005	670	704
2 月	1 001	900	840	550	820
3 月	810	950	970	760	910

在命令行窗口依次输入下面的命令：

＞＞x = 1996：2000；

$>>$ y = [920 1001 810；860 900 950；1005 840 970；670 550 760；704 820 910]；

$>>$ bar3(x，y，0.4)

运行结果如图 4 - 41 所示。

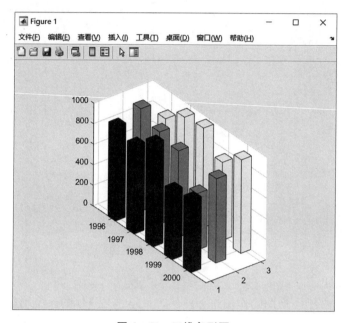

图 4 - 41　三维条形图

3.　三维饼图

与二维饼图一样，三维饼图用于显示每一数值相对于总数值的大小，绘制函数是 pie3，调用格式如下：

● pie3(x，explode)，绘制向量 x 的三维饼图。explode 是与 x 同长度的向量，用来决定是否从饼图中分离对应的一部分。

例 4 - 42　用三维饼图表示例 4 - 41 中 1996 年 1—3 月份降雨量的比例。

在命令行窗口依次输入下面的命令：

$>>$ y = [920 1001 810]；

$>>$ pie3(y)

运行结果如图 4 - 42 所示。

4.　三维向量图

在三维空间用箭头表示有大小和方向的数据。绘制三维向量图的函数是 quiver3，调用格式如下：

● quiver3(x，y，z，u，v，w)，绘制分量（u，v，w）位于（x，y，z）处的向量图，其中 x，y，z，u，v，w 都是实数且大小必须相同。

例 4 - 43　计算曲面 $z = x e^{-x^2 - y^2}$ 上各点的法向量，并用箭头表示出来。

在 MATLAB 中建立命令文件如下：

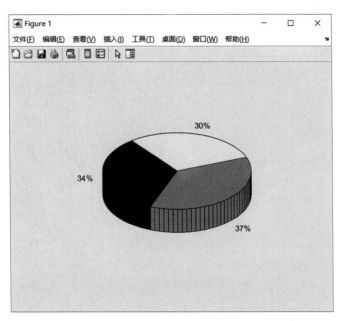

图 4 - 42　例 4 - 42 的运行结果

```
[X, Y] = meshgrid (-2:0.25:2, -1:0.2:1);
Z = X. * exp(-X.^2 - Y.^2);
[U, V, W] = surfnorm(X, Y, Z);        % 计算法向量
quiver3(X, Y, Z, U, V, W)
hold on
surf(X, Y, Z)
colormap(spring)
view(-14, 15)
axis([-2 2 -1 1 -.6 .6])
hold off
```

运行结果如图 4 - 43 所示。

说明：surfnorm(X, Y, Z) 的作用是创建一个三维曲面图并显示其曲面图法线，若以赋值的形式调用，则只是返回三维曲面图法线的 x、y 和 z 分量，而不绘制任何图。

5. 三维流线图

在三维空间绘制流线图可使用 streamline 函数，该函数的调用格式如下：

● streamline$(X, Y, Z, U, V, W$, startx, starty, startz)，绘制三维向量 U, V, W 的流线图。其中，X, Y, Z 是向量 U, V, W 的坐标，不一定是等间距的，但必须是单调的，且 X, Y, Z 中具有相同的元素个数。startx, starty, startz 定义了流线开始的位置。

例 4 - 44　MATLAB 自带的数据文件 wind. m 是流过北美洲的气流数据。画出 x 坐标为 80，y 坐标从 20 到 50，z 坐标从 0 到 15 的流线图。

在命令行窗口依次输入下面的命令：

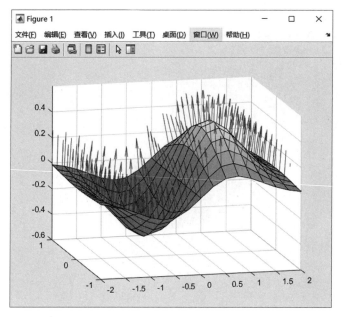

图 4-43　例 4-43 的运行结果

```
>> load wind                                    % 载入数据
>> [sx sy sz] = meshgrid(80, 20:10:50, 0:5:15);  % 数据准备
>> streamline(x, y, z, u, v, w, sx, sy, sz);    % 绘制流线图
>> view(3)                                       % 见图 4-44
```

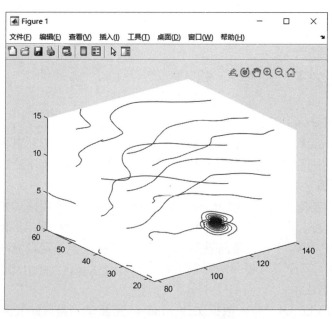

图 4-44　例 4-44 的运行结果

4.3 图形的动态显示

4.3.1 彗星轨迹图

在 MATLAB 中可以动态地显示一个质点的运动轨迹，命令如下：

- comet(x，y，p)，二维彗星轨迹图。
- comet3(x，y，z，p)，三维彗星轨迹图。

4.3 图形的动态显示

其中，参数 p 的作用是指定彗星尾巴的长度为 $p \times \mathrm{length}(y)$，$p$ 的默认值为 0.1。

例 4-45 动态绘制函数图像。

在 MATLAB 中建立命令文件如下：

```
t = 0：.01：2 * pi;
x = cos(2 * t). * (cos(t).^2);
y = sin(2 * t). * (sin(t).^2);
comet(x, y);
```

运行结果如图 4-45 所示，动态效果在计算机上才能看到，请读者自己运行一下。

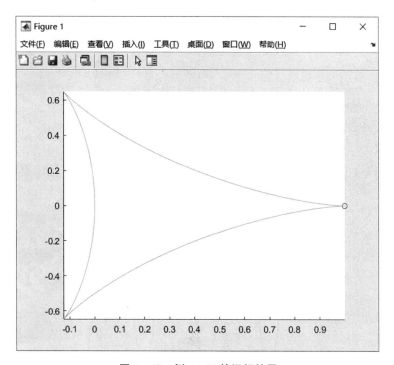

图 4-45 例 4-45 的运行结果

4.3.2　动态画线

MATLAB 提供了以下几个函数来实现动态画线。

（1）使用 animatedline 函数创建流数据的动画线条。

● an = animatedline(x，y，z，Name，Value)，创建一根包含由 x、y 和 z 定义的初始数据点的动画线条并将其添加到当前坐标区中。使用一个或多个属性名和属性值对参数指定动画线条属性，函数的参数也可以省略。

（2）使用 addpoints 向动画线条添加数据点。

● addpoints(an，x，y，z)，向 an 指定的动画线条中添加 x、y 和 z 定义的点。

（3）使用 drawnow 更新屏幕的显示。

● drawnow，更新图形窗口。

例 4 - 46　用动画绘制正弦函数图像。

在 MATLAB 中建立命令文件如下：

```
h = animatedline('LineWidth', 2);
axis([0, 8 * pi, -1, 1])
x = linspace(0, 8 * pi, 2000);
y = sin(x);
for i = 1:length(x)
    addpoints(h, x(i), y(i));
    drawnow
end
```

运行结果如图 4 - 46 所示。

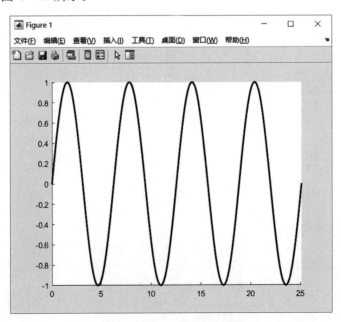

图 4 - 46　例 4 - 46 的运行结果

4.3.3 颜色的变化

MATLAB 提供了一个能使当前图形的色图做循环变化的命令，若变化增量为 1，则色图矩阵第 1 行变成第 2 行，第 2 行变成第 3 行，依此类推，从而使颜色发生变化。

- spinmap，使色图循环滚动大约 3 秒钟，变化增量为 2。
- spinmap(t)，使色图循环滚动大约 t 秒钟，变化增量为 2。
- spinmap(t, inc)，使色图循环滚动大约 t 秒钟，变化增量为 inc。
- spinmap(inf)，使色图无休止地变化下去，直到用 Ctrl+C 键中断。

例 4 - 47 变化的颜色。

在 MATLAB 中建立命令文件如下：

```
fsurf(@(x,y)x. * y)
shading flat
view([-17, 13])
C = summer;
CC = [C; flipud(C)];
colormap(CC)
spinmap(10)
```

运行结果如图 4 - 47 所示。

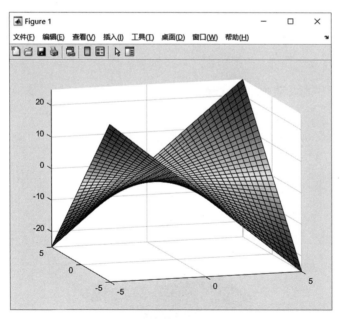

图 4 - 47 例 4 - 47 的运行结果

4.3.4 制作影片

显示屏幕上的一幅静态图像称为一帧图像，在一定的时间内连续播放若干帧图像就形成了动画。因此，制作影片首先要把若干帧图像保存到一个变量，然后按一定的速度进行播放。MATLAB 提供了两个函数：

- getframe，用于捕获当前坐标轴上的一幅图像，作为动画的一帧。
- movie(m，n，fps)，以每秒 fps 帧图像的速度播放由矩阵 m 的列向量所组成的画面 n 次。

例 4 - 48　三维图形的动画。

4.3.4　动画

在 MATLAB 中建立命令文件如下：

```
x = 3 * pi * ( - 1:0.05:1);
[X, Y] = meshgrid(x);
R = sqrt(X.^2 + Y.^2);
Z = sin(R). /R;
h = surf(X, Y, Z);
colormap(jet);
axis off
n = 15;
for i = 1:n
    rotate(h, [0 0 1], 25);
    m(i) = getframe;
end
```

运行上述程序后，在命令行窗口输入下面的命令：

```
>> movie(m, 5)
```

请读者运行程序查看动画效果（静态图像见图 4 - 48）。

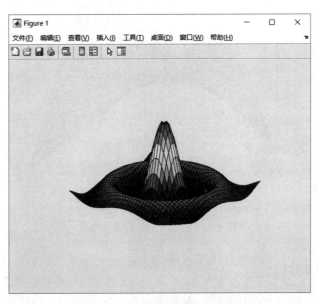

图 4 - 48　例 4 - 48 的运行结果

4.4　图形对象

　　图形对象是用于显示图形的基本元素。当调用绘图函数时，MATLAB 使用各种图形对象（例如，图形窗口、坐标轴、线条、文本等）创建图形。

　　每个图形对象都具有一组固定的属性，不同类型的图形对象所具有的属性也不相同。我们可以通过控制这些图形对象的属性来改变图形对象的行为和外观。

　　图形句柄（handle）是屏幕上图形对象的一个引用，它是图形对象唯一的标识符。利用图形句柄可以读取或设置图形对象的属性值，例如颜色、线形等都可以通过句柄进行修改。

4.4.1　图形句柄的获取

1.　创建图形对象时获取句柄

　　在调用绘图函数创建图形对象时，绘图函数的返回值就是该函数所创建的图形对象的句柄，图形句柄可以保存到一个变量中。例如，

4.4　图形句柄

```
>> h = fplot(@sin)
h =
  FunctionLine － 属性:
    Function: @sin
       Color: [0 0.4470 0.7410]
    LineStyle: '-'
    LineWidth: 0.5000
  显示所有属性
```

该命令在绘制正弦函数图像的同时，把正弦函数图像的句柄保存到变量 h 中。

2.　图形对象创建后获取句柄

对于图形窗口中已经绘制出来的图形对象，可以利用相应函数获取其句柄。

（1）当前图形对象句柄的获取。

● fig＝gcf，返回当前图形窗口的句柄，若图形窗口不存在，则先创建图形窗口。例如，

　　在命令行窗口输入下面的命令：

```
>> fig = gcf
fig =
  Figure (1) － 属性:
    Number: 1
      Name: ''
     Color: [0.9400 0.9400 0.9400]
```

Position：$\begin{bmatrix}791.4000 & 351.4000 & 560 & 420.0000\end{bmatrix}$

Units：'pixels'

显示所有属性

● ax＝gca，返回当前图形窗口中当前坐标轴的句柄，若当前坐标轴不存在，则先建立坐标轴。例如，

```
>> ax = gca
ax =
  Axes － 属性:
            XLim：[-5 5]
            YLim：[-1 1]
          XScale：'linear'
          YScale：'linear'
     GridLineStyle：'-'
        Position：[0.1300 0.1100 0.7750 0.8150]
           Units：'normalized'
```

显示所有属性

● h＝gco，返回当前对象的句柄。

● h＝gco(fig)，返回句柄为 fig 的图形窗口中当前对象的句柄值。

（2）根据对象属性获取句柄。

● h＝ findobj，查找根对象和所有子对象的句柄。

● h＝findobj ('PropertyName'，PropertyValue，…)，查找属性 PropertyName 的值为 PropertyValue 的所有对象的句柄。

4.4.2　利用句柄获取和设置对象的属性值

图形对象建立后，可以通过图形句柄来获取或修改其属性，也可以通过 get 函数或 set 函数来实现。

1. 利用图形句柄获取或设置图形对象的属性

具体格式为：句柄变量.属性名，例如，

```
>> h = fplot(@sin);                    % 运行结果见图 4-49a
>>c = h.LineStyle
c =
       '-'
>> h.LineWidth
ans =
    0.5000
>> h.LineStyle ='- -';
>> h.LineWidth = 2;                    % 运行结果见图 4-49b
```

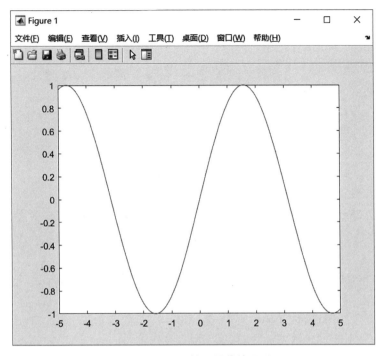

图 4 - 49a　属性设置前的图形

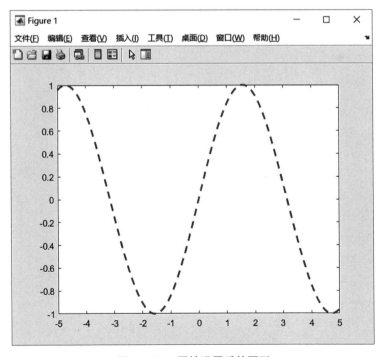

图 4 - 49b　属性设置后的图形

2. 利用 get 或 set 函数获取或设置图形对象的属性值

- $v=\mathrm{get}(h)$，返回图形对象 h 的所有属性及其值。v 是一个结构体变量，其字段名

称为属性名称，其值为对应的属性值。例如，

>> h = fplot(@sin);

>> i = get(h)

i =

包含以下字段的 <u>struct</u>：

Clipping：on

ShowPoles：on

LineWidth：0.5000

MeshDensity：23

XRangeMode：'auto'

Color：$[0\ 0.4470\ 0.7410]$

LineStyle：'−'

MarkerFaceColor：'none'

Function：@sin

Marker：'none'

MarkerSize：6

MarkerEdgeColor：'auto'

XRange：$[-5\ 5]$

XData：$[1×191\ double]$

YData：$[1×191\ double]$

ZData：$[1×191\ double]$

ColorMode：'auto'

LineStyleMode：'auto'

MarkerMode：'auto'

Children：$[0×0\ GraphicsPlaceholder]$

Parent：$[1×1\ Axes]$

Visible：on

HandleVisibility：'on'

ButtonDownFcn：''

ContextMenu：$[0×0\ GraphicsPlaceholder]$

BusyAction：'queue'

BeingDeleted：off

Interruptible：on

CreateFcn：''

DeleteFcn：''

Type：'functionline'

Tag：''

UserData：$[\ ]$

```
                Selected: off
         SelectionHighlight: on
                 HitTest: on
           PickableParts: 'visible'
             DisplayName: ' {sin} '
              Annotation: [1×1 matlab.graphics.eventdata.Annotation]
          DataTipTemplate: [1×1 matlab.graphics.datatip.DataTipTemplate]
              SeriesIndex: 1
```

● $v = \text{get}(h，propertyName)$，返回图形对象 h 的属性名为 propertyName 的值。例如，

```
>> h = fplot(@sin);
>> k = get(h, 'Color')
k =
     0    0.4470    0.7410
```

● $\text{set}(H，Name，Value)$，设置图形对象 H 的 Name 属性的值为 Value。例如，

```
>> h = fplot(@sin);          %运行结果见图4-49a
>> set(h, 'LineWidth', 2)     %运行结果见图4-50
```

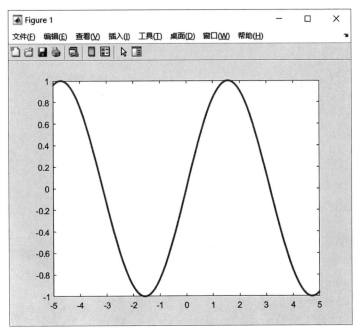

图 4-50 设置线的宽度属性

例 4-49 绘制三维网格图，并用句柄设置图形的颜色等属性。
在 MATLAB 中建立命令文件如下：

```
h = surf(peaks);
fig = gcf;
fig. Color = [0 0.5 0.5];
fig. ToolBar = 'none';
h. FaceColor = 'red';
ax = gca;
ax. View = [-105, 18];
```

运行结果如图 4-51 所示。

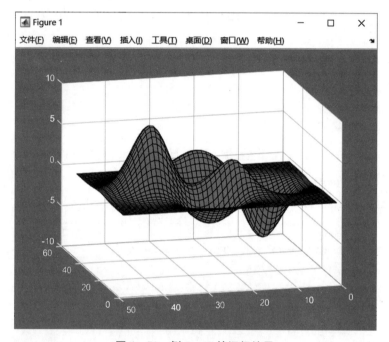

图 4-51   例 4-49 的运行结果

例 4-50   创建背景为红色的图形窗口，绘制函数 $y = \sin x \cdot e^{-x}$ 的图像，并利用句柄设置坐标轴对象、曲线对象属性并对曲线注释。

在 MATLAB 中建立命令文件如下：

```
h_fig = figure ('color', 'red', 'menubar', 'none', 'position', [0, 0, 300, 300]);
x = 0:0.1:2 * pi;
y = sin(x). * exp(-x);
h_line1 = plot (x, y, 'b'); title ('y = sin(x) * exp(-x)');
set (gca, 'ygrid', 'on')                        %显示 y 网格
line1width = get(h_line1, 'linewidth')          %获取曲线宽度
set(h_line1, 'linewidth', 3)                    %设置曲线宽度
h_title = get(gca, 'title')                     %获取标题句柄
titlefontsize = get(h_title, 'fontsize')        %获取字体大小
```

```
set(h_title, 'fontsize', 13)                          %设置标题字体大小
h_text1 = text(pi, 0.025, '\downarrow');              %画向下的箭头
textlpos = get(h_text1, 'position')                   %获取文字位置
h_text2 = text(pi, 0.05, 'exp(−x)*sin(x)=0');
set(h_text1, 'fontsize', 13, 'color', 'red')          %设置字体大小和颜色
set(h_text2, 'fontsize', 13, 'color', 'red')
```

运行结果如图 4-52 所示。

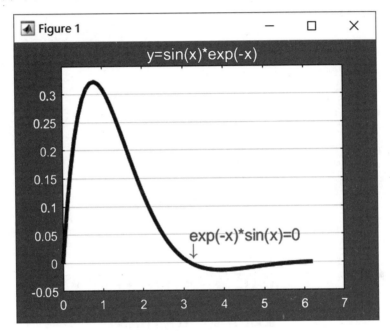

图 4-52 例 4-50 的运行结果

例 4-51 绘制一个正弦波，制作一个动画使一红色小球沿正弦波移动。

分析： 首先绘制一个正弦波，在开始位置标注一红色小球，然后通过改变小球的 XData 和 YData 属性并更新屏幕显示实现动画效果。在某些情况下，MATLAB 直到代码完成后才会更新屏幕，因此我们使用更新图形窗口命令 drawnow，在动画过程中实时更新整个屏幕，这一技术对于在图形大部分保持不变的情况下创建动画非常有用。

在 MATLAB 中建立命令文件如下：

```
x = 0:0.01:20;
y = sin(x);
plot(x, y)
hold on
h = plot(x(1), y(1), 'o', 'MarkerFaceColor', 'red', 'MarkerSize', 10);
hold off
for i = 2:length(x)
```

```
        h. XData = x(i);
        h. YData = y(i);
        drawnow
    end
```

运行结果如图 4 - 53 所示。

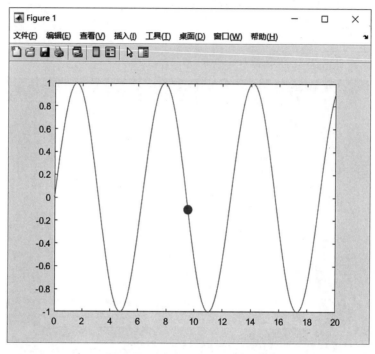

图 4 - 53   例 4 - 51 的运行结果

习题四

一、选择题

1. 已知函数图像上点的坐标，在二维平面绘制曲线的函数是（　　　）。
   A. plot　　　　　　B. fplot　　　　　　C. ezplot　　　　　　D. plot3

2. 在调用 plot 函数绘图时，绘制一条绿色的虚线的符号串是（　　　）。
   A. 'b——'　　　　B. 'g—.'　　　　　C. 'g——'　　　　　D. 'k—'

3. 图形窗口（Figure）显示网格的命令是（　　　）。
   A. axis on　　　　B. grid on　　　　　C. box on　　　　　　D. hold on

4. 在 MATLAB 中可以用（　　　）对图形进行剪裁。
   A. eps　　　　　　B. i　　　　　　　　C. j　　　　　　　　D. NaN

5. 在绘制三维表面图时，若要用色图矩阵定义的颜色着色，应调用（　　　）函数。
   A. colormap　　　B. shading interp　　C. metal　　　　　　D. fill3

6. 在图形指定位置加标注的命令是（　　）。

    A. title(x，y,"y＝sin(x)")；   B. xlabel(x，y,"y＝sin(x)")；

    C. text(x，y,"y＝sin(x)")；   D. legend(x，y,"y＝sin(x)")；

7. 下列命令正确的是（　　）。

    A. plot(x，y, 'g＋')   B. plot(x，y, 'g＋', '＋')

    C. plot(x，y, 'gb＋')   D. plot(x，y, "gb＋")

8. 已知三维图形视角的缺省值是方位角为$-37.5°$，仰角为$30°$，将观察点逆时针旋转 $20°$ 角的命令是（　　）。

    A. view(-57.5，30)   B. view(-17.5，30)

    C. view(-37.5，50)   D. view(-37.5，10)

9. 在同一个图形窗口中画出三行两列的图形，并指定当前可编辑图形为第 3 个图的 MATLAB 命令是（　　）。

    A. subplot(3，2，1)；   B. subplot(3，3，2)；

    C. subplot(3，2，3)；   D. subplot(1，3，2)；

10. 在二维平面绘制条形图的函数是（　　）。

    A. pie   B. bar   C. stairs   D. Quiver

11. 在图形窗口标注文字时，若要显示希腊字母 α，则应用 tex 字符序列（　　）表示。

    A. \ angle   B. \ alpha   C. \ delta   D. \ rho

12. 设置坐标轴的刻度范围为所画图形数据范围的命令是（　　）。

    A. axis auto   B. axis tight   C. axis fill   D. axis equal

13. 在 MATLAB 中，绘制三维曲面图的函数是（　　）。

    A. surf   B. plot   C. subplot   D. plot3

14. 在 MATLAB 中，要绘制三维空间曲线，应该使用（　　）函数。

    A. polar   B. plot   C. subplot   D. plot3

15. 在 MATLAB 中可以动态地显示一个质点运动轨迹的绘图函数是（　　）。

    A. comet   B. movie   C. stremline   D. contour

16. 在 MATLAB 中，能够使三维表面图的颜色发生循环变化的函数是（　　）。

    A. colormap   B. movie   C. splinmap   D. getframe

17. 在图形的属性中，表示线宽的属性名是（　　）。

    A. LineWidth B. LineStyle   C. MarkerSize   D. Xrange

18. 绘制一条红色的正弦曲线，下面错误的是（　　）。

    A. h＝fplot(@sin, 'r')

    B. h＝fplot(@sin)；h. Color＝[1 0 0]

    C. h＝fplot(@sin)；set(h, 'color', [1 0 0])

    D. h＝fplot(@sin)；h. color＝[1 0 0]

二、填空题

1. 在绘图时，若要以默认方式新建一个图形窗口，应执行＿＿＿＿＿＿命令。

2. 在一个已有图形的图形窗口上绘图，若想保留已有图形，则应先执行_____命令。

3. 在图形窗口的上方用"y＝sin(x)的图像"作为标题的命令是_____。

4. 绘制向量图的函数是_____。

5. 在 MATLAB 中，如果需要绘制出具有不同纵坐标标度的两个图形，可以使用_____函数。

6. 已知 $x＝[4, 2, 6, 8, 1, 5]$，在行号标注的位置绘制宽度为 0.6 的条形图的命令为_____。

7. 用 MATLAB 绘制条形图时可使用_____函数。

8. 在绘制三维表面图时，若要用色图矩阵定义的颜色着色，应调用_____函数。

9. 获得当前图形的当前坐标轴的句柄值的命令是_____。

10. 设置图形对象属性的函数名是_____。

11. 某次考试中，优秀、良好、中等、及格、不及格的人数分别为 7，17，23，19，5，使用此数据绘制饼图，并将优秀和不及格人数对应的扇区分离出来，命令为_____。

12. 在绘图三维表面图时，使每个小片根据 4 个顶点的颜色产生连续的变化，应执行_____。

三、判断题

1. 一个 plot 函数可以同时绘制若干条曲线。　　　　　　　　　　　（　　）

2. 调用相关函数绘图时，必须先用 figure 命令创建图形窗口。　　　（　　）

3. 调用 plot 函数绘图，必须先计算出函数图像上点的坐标。　　　（　　）

4. 调用 plot 函数绘图时，不能设置线的宽度。　　　　　　　　　（　　）

5. 创建新的图形窗口时，可以指定图形窗口的大小和位置。　　　　（　　）

6. 色图矩阵必须是 3 列。　　　　　　　　　　　　　　　　　　　（　　）

7. 用 view 调整视角时，方位角为正时表示视点从 y 轴负方向开始逆时针旋转。（　　）

8. comet(x, y, p) 函数中的参数 p 可以调整彗星尾部的长度。　　（　　）

9. MATLAB 允许不同的图形具有相同的图形句柄。　　　　　　　　（　　）

10. 通过图形句柄可以设置图形对象的属性。　　　　　　　　　　（　　）

四、操作题（写出解决下列问题的命令）

1. 设 $y＝\cos\left(0.5+\dfrac{3\sin x}{1+x^2}\right)$，把 $x＝0\sim2\pi$ 分为 101 点，画出以 x 为横坐标，y 为纵坐标的曲线，曲线为红色实线，标记为 *。

2. 分别用 plot、fplot 命令绘制函数 $y(x)＝x^2\sin(x^2-x-2)$，$-2\leqslant x\leqslant2$ 的图形。

3. 绘制参数曲线 $\begin{cases} x＝\cos3t \\ y＝\sin2t \end{cases}$ 的图像。

4. 绘制三维曲线 $\begin{cases} x(t)＝e^{-0.2t}\cos2t \\ y(t)＝e^{-0.2t}\sin2t \\ z(t)＝t \end{cases}$。

5. 绘制 $\begin{cases} x = 4t\cos t \\ y = 3t\sin t\ (0 \leqslant t \leqslant 20\pi) \text{。} \\ z = 5t \end{cases}$

6. 绘制曲面 $\begin{cases} x = (1 + \cos u)\cos v \\ y = (1 + \cos u)\sin v \text{，其中 } u，v \in [0，2\pi] \text{。} \\ z = \sin u \end{cases}$

7. 绘制椭圆抛物面 $\begin{cases} x = ar\cos\theta \\ y = br\sin\theta，0 \leqslant \theta \leqslant 2\pi，r > 0 \text{。} \\ z = r^2/2 \end{cases}$

8. 创建二维随机矩阵，绘制三种排列形式的条形图。

9. 设样本数据为 $\{0.2，0.1，0.3，0.4\}$，画出该样本的条形图和饼图。

10. $f = \sin x$，$g = \ln x$，绘制 f，g 的反函数图形和 $f(g(x))$ 的图形。

11. 绘制 $z = x^2 + y^2$，x，$y \in [-2，2]$ 的曲面图和网格图。

12. 创建大小为 $300 * 400$ 像素的图形窗口，背景为蓝色，标题为"抛物线"，单击鼠标绘制 $y = x^2 + 3x + 2$ 的曲线。

13. 在同一图形窗口中按照 $x = 0.1$ 的步长间隔分别绘制曲线 $y1 = \sin x$；$y2 = \sin x + \cos x$，$1 \leqslant x \leqslant 2$。要求 $y1$ 曲线为红色虚线，数据点用圆圈标识；$y2$ 曲线为蓝色点划线；给出图例；标记图名为 $y1$，$y2$。

14. 绘制一个 x 在 $[0，2\pi]$ 上的正弦函数图像，然后设置其线粗为 2，最后让图像的颜色变化 10 秒钟左右。

15. 在同一窗口分别用红色实线和绿色虚线绘制 $y1 = \sin x$ 和 $y2 = \cos x$ 在区间 $[0，4\pi]$ 的曲线，并用星号（*）标出两条曲线的交点以及建立图例。

16. 绘制 $y = \sin t \sin 9t$ 及其包络线。

17. 绘制正弦函数图像，利用图形对象句柄自定义坐标轴显示刻度为 $\{-\pi，-\pi/2，0，\pi/2，\pi\}$，设置线宽为 5，颜色为红色，在坐标 $[-\pi，0]$ 位置输出"←sinx"，字体为斜体加粗。

第五章
数值运算

数值计算是指在利用计算机解决数学问题的过程中，所涉及的变量必须有一个确定的数值（如实数或整数），计算的结果会有一定的误差。

数值运算的研究领域包括数值逼近、数值微分和数值积分、数值代数、最优化方法、常微分方程数值解法、积分方程数值解法、偏微分方程数值解法、计算几何、计算概率统计等。

实际上，我国古代数学家刘徽利用"割圆术"求得圆周率 $\pi=3.14$，祖冲之在前人的基础上求出 π 在 3.141 592 6 与 3.141 592 7 之间，用的都是数值逼近的方法，这一结果比外国数学家获得同样的结果早 1 000 多年。秦九韶在《数书九章》中提出了高次代数方程的数值解法也是数值逼近。

本章主要介绍如何用 MATLAB 解决常见的数值计算问题，主要内容包括多项式的计算、线性方程组的求解、差分、梯度、插值和拟合等，目的是使读者能够利用计算机解决一些实际问题。

5.1 多项式

在数学中，多项式（polynomial）是指由变量、系数以及它们之间的加、减、乘、幂运算（非负整数次方）得到的表达式。

MATLAB 用行向量表示多项式，行向量由多项式系数按降幂排列组成。例如，多项式

$$P(x)=a_n x^n+a_{n-1}x^{n-1}+\cdots+a_1 x+a_0$$

可以用它的长度为 $n+1$ 的系数行向量表示为 $P=\begin{bmatrix} a_n & a_{n-1} & \cdots & a_1 & a_0 \end{bmatrix}$。

注意：系数行向量中元素的排列顺序必须是从高次幂系数到低次幂系数，多项式中缺少的幂次要用 0 补齐。

5.1.1　多项式的创建

多项式的创建方法主要有以下几种：

1. 直接输入法

由于 MATLAB 中的多项式是以向量形式存储的，因此，创建多项式的最简单的方法即为直接输入多项式的系数行向量，MATLAB 自动将向量元素按降幂顺序分配给各系数。

例 5 - 1　创建一个向量来表示多项式 $x^3 - 5x^2 + 6x - 33$。

在命令行窗口输入下面的命令：

$\gg$ p = [1 -5　6 -33];

2. 通过矩阵的特征多项式来创建多项式

设 A 为 n 阶方阵，则称 λ 的 n 次多项式 $f(\lambda) = |\lambda E - A|$ 为方阵 A 的特征多项式。求矩阵的特征多项式，由函数 poly 实现。调用格式为：

● $p = poly(A)$，求矩阵 A 的特征多项式的系数，要求输入参数 A 是 $n \times n$ 阶方阵，输出参数 p 是包含 $n+1$ 个元素的行向量，是 A 的特征多项式系数向量。

例 5 - 2　求矩阵 $\begin{bmatrix} 1 & 2 & 3 \\ 4 & 5 & 6 \\ 7 & 8 & 0 \end{bmatrix}$ 的特征多项式。

在命令行窗口依次输入下面的命令：

$\gg$ A = [1 2 3; 4, 5, 6; 7, 8, 0];
$\gg$ p = poly(A)
p =
　　1.0　-6.0000　-72.0000　-27.0000

由此可得，该矩阵的特征多项式为：$\lambda^3 - 6\lambda^2 - 72\lambda - 27$。

3. 由根向量创建多项式

如果我们已知一个多项式方程的根，就可以用 poly 函数反求出这个根的多项式方程的系数。调用格式为：

● $p = poly(r)$，返回一个行向量，该行向量是以 r 为根的多项式系数向量。

例 5 - 3　求以 -5，-3，4 为根的多项式方程。

在命令行窗口依次输入下面的命令：

$\gg$ r = [-5 -3 4];
$\gg$ p = poly(r)
p =
　　1　　　4　　-17　　-60

用向量 p 表示多项式不直观，可以用 poly2sym 函数将向量 p 转换为符号表达式的形式。

```
>> poly2sym(p)
ans =
    x^3 + 4 * x^2 - 17 * x - 60
```

由给定根向量创建多项式时应注意：如果希望创建实系数多项式，则根向量中的复数根必须共轭成对。

例 5 - 4　根据根向量 $r=(-1+2i, -1-2i, 0.2)$ 创建多项式。

在命令行窗口依次输入下面的命令：

```
>> r = [-1+2i, -1-2i, 0.2];
>> p = poly(r)                    % 求多项式的系数向量
p =
    1.0000    1.8000    4.6000   -1.0000
```

5.1.2　多项式运算

1. 求多项式的值

求多项式的值可以有两种形式，对应两种算法：

（1）以标量或矩阵中每个元素为计算单元的，对应函数为 polyval；

（2）以矩阵为计算单元的，进行矩阵式运算来求得多项式的值，对应函数为 polyvalm。

调用格式为：

● polyval(p, x)，求多项式 p 在 x 点的值，x 可以是标量或矩阵，x 是矩阵时，表示求多项式 p 在 x 中各元素的值，p 是多项式的系数行向量。

● polyvalm(p, x)，求多项式 p 对于矩阵 x 的值，x 可以是标量或矩阵。如果 x 是标量，则求得的值与函数 polyval 相同；如果 x 是矩阵，则必须是方阵。

例 5 - 5　给定多项式 $2x^2 - 3x + 5$，计算多项式在 2，4，6，8 处的值及 $x = \begin{bmatrix} 2 & 4 \\ 6 & 8 \end{bmatrix}$ 的值。

在命令行窗口依次输入下面的命令：

```
>> p = [2, -3, 5];
>> x = [2, 4; 6, 8];
>> y1 = polyval(p, x)      % 相当于 2 * x.^2 - 3 * x + 5 * ones(size(x))
y1 =
     7    25
    59   109
>> y2 = polyvalm(p, x)      % 相当于 2 * x^2 - 3 * x + 5 * eye(size(x))
y2 =
```

```
    55    68
   102   157
```

2. 求多项式方程的根

若要计算多项式方程 $a_n x^n + a_{n-1} x^{n-1} + \cdots + a_1 x + a_0 = 0$ 的根，可以调用 roots 函数，调用形式为：

- $r = \text{roots}(p)$，其中输入参数 p 是多项式系数行向量，输出参数 r 是方程的根。

例 5-6 求方程 $x^3 - 0.5x^2 - 7.5x + 9 = 0$ 的解。

在命令行窗口依次输入下面的命令：

```
>> p = [1 -0.5 -7.5  9];
>> r = roots(p)
r =
   -3.0000
    2.0000
    1.5000
```

3. 多项式的乘法和除法

在 MATLAB 中，因为多项式是用多项式的系数向量表示的，所以多项式的乘法和除法与向量的卷积和解卷的运算是一样的。多项式的乘法用函数 conv 实现，此函数也用于计算向量的卷积，调用格式为：

- $c = \text{conv}(a, b)$，求多项式 a 和 b 的乘积，如果向量 a 的长度为 m，b 的长度为 n，则 c 的长度为 $m + n - 1$。

多项式的除法用函数 deconv 实现，此函数也是向量的卷积函数的逆函数，调用格式为：

- $[b, r] = \text{deconv}(c, a)$，求多项式 c 除以 a 的商 b 与余项 r。

例 5-7 (1) 求两多项式 $3x^4 - 3x^3 + 4x^2 - x + 2$ 和 $2x^3 - x^2 + x + 2$ 的乘积。

(2) 求上述结果被 $2x^3 - x^2 + x + 2$ 除所得的结果。

在命令行窗口依次输入下面的命令：

```
>> a = [3 -3 4 -1 2];
>> b = [2 -1 1 2];
>> c = conv(a, b)
c =
    6    -9    14    -3    3    5    0    4
>> [d, r] = deconv(c, b)
d =
    3    -3    4    -1    2
r =
    0    0    0    0    0    0    0    0
```

4. 多项式的微积分

MATLAB 中求多项式导数的函数为 polyder，求多项式不定积分的函数为 polyint。两个函数的调用格式为：

- polyder(a)，计算系数行向量为 a 的多项式的导数。
- polyint(a)，求系数行向量为 a 的多项式的不定积分。

例 5-8 （1）求多项式 $x^5 - 5x^4 + 3x^3 - 6x^2 + 4x - 10$ 的导数。

（2）将上述结果求积分。

在命令行窗口依次输入下面的命令：

```
>>a = [1 -5 3 -6 4 -10];
>> d = polyder (a)
d =
     5    -20     9    -12     4
>>polyint (d)
ans =
     1     -5     3     -6     4     0
```

5. 多项式的部分分式展开

对于多项式 $b(x)$ 和不含重根的 n 阶多项式 $a(x)$ 之比，有如下展开：

$$\frac{b(x)}{a(x)} = \frac{r_1}{x - p_1} + \frac{r_2}{x - p_2} + \cdots + \frac{r_n}{x - p_n} + k(x)$$

式中 p_1，p_2，$\cdots$，p_n 称为极点（poles），r_1，r_2，$\cdots$，r_n 称为留数（residue），$k(x)$ 称为直项（direct term）。

假如 $a(x)$ 有 m 重根 $p(j) = \cdots = p(j+m-1)$，则相应部分写成：

$$\frac{r_j}{x - p_j} + \frac{r_{j+1}}{(x - p_j)^2} + \cdots + \frac{r_{j+m-1}}{(x - p_j)^m}$$

在 MATLAB 中，两个多项式之比用部分分式展开的函数为 residue，有两种调用方法：

- $[r, p, k]$ = residue(b, a)，求多项式之比 $\dfrac{b(x)}{a(x)}$ 的部分分式展开，输出参数 r 为留数，p 为极点，k 为直项。

- $[b, a]$ = residue(r, p, k)，从部分分式得出多项式表达式 $b(x)$ 和 $a(x)$ 的系数行向量，结果为对于表达式分母的归一形式。

例 5-9 两个多项式的比为 $\dfrac{x+2}{x^2+3x-4}$，求部分分式展开，再用展开的结果转换回原来的两个多项式。

在命令行窗口依次输入下面的命令：

```
>> a = [1, 3, -4];
```

```
>> b = [1, 2];
>> [r, p, k] = residue(b, a)
r =
    0.4000
    0.6000
p =
    -4
     1
k =
    [ ]
```

从这个结果可知：

$$\frac{x+2}{x^2+3x-4}=\frac{0.4}{x+4}+\frac{0.6}{x-1}$$

```
>> [b, a] = residue(r, p, k)
b =
    1    2
a =
    1    3    -4
```

5.2 线性方程组求解

5.2.1 齐次线性方程组的解法

对于齐次线性方程组 $AX=0$ 而言，可以通过求系数矩阵 A 的秩来判断解的情况：

5.2 线性方程组的求解

（1）如果系数矩阵的秩＝n（方程组中未知数的个数），则方程组只有零解。

（2）如果系数矩阵的秩＜n，则方程组有无穷多个解，利用函数 null(A) 可求出它的基础解系。

例 5-10 求解方程组 $\begin{cases} x_1+x_2+x_3+x_4-3x_5-x_6+x_7=0 \\ x_1+x_5+x_6=0 \\ -2x_1-x_4-x_6-2x_7=0 \end{cases}$。

在命令行窗口依次输入下面的命令：

```
>> A = [1 1 1 1 -3 -1 1; 1 0 0 0 1 1 0; -2 0 0 -1 0 -1 -2];
>> r = rank(A)                    % 求矩阵 A 的秩
r =
    3                             % 系数矩阵的秩小于未知数的个数, 有无穷多个解
```

```
>>x = null(A)                    % 求方程组的 n-r 个标准正交基
x =
  - 0. 2555     0. 0565   - 0. 3961   - 0. 3138
  - 0. 0215     0. 7040     0. 5428     0. 0967
    0. 2218   - 0. 1603   - 0. 2941     0. 7991
    0. 8915     0. 0717   - 0. 0151   - 0. 2386
    0. 1752     0. 4429   - 0. 2353     0. 2039
    0. 0803   - 0. 4994     0. 6314     0. 1099
  - 0. 2304     0. 1573     0. 0879     0. 3781
```

则方程组的所有解可表示为：$k_1 x(:, 1) + k_2 x(:, 2) + k_3 x(:, 3) + k_4 x(:, 4)$，$k_i \in R(i=1, 2, 3, 4)$。

5.2.2　非齐次线性方程组的解法

对于非齐次线性方程组 $AX = b$ 而言，要根据系数矩阵 A 的秩、增广矩阵 $B = [A\ b]$ 的秩和未知数个数 n 的关系，才能判断方程组 $AX = b$ 的解的情况。

（1）如果系数矩阵 A 的秩＝增广矩阵 B 的秩＝n，则方程组有唯一解。可直接利用左除运算符进行求解 $x = A \backslash b$。

（2）如果系数矩阵 A 的秩＝增广矩阵 B 的秩＜n，则方程组有无穷多解。求线性方程组 $Ax = b$ 的通解要先求对应的齐次方程组 $Ax = 0$ 的基础解系，再用左除法求 $Ax = b$ 的特解，然后将基础解系的线性组合再加上特解就是通解。

（3）如果系数矩阵的秩＜增广矩阵的秩，则方程组无解。

下面举例说明非齐次线性方程组求通解的方法。

例 5 - 11　求解方程组 $\begin{cases} 2x_1 + 2x_2 - x_3 = 6 \\ x_1 - 2x_2 + 4x_3 = 3 \\ 5x_1 + 6x_2 + x_3 = 28 \end{cases}$。

在命令行窗口依次输入下面的命令：

```
>> A = [2 2 -1; 1 -2 4; 5 6 1];
>> b = [6; 3; 28];
>> r1 = rank(A)              % 计算系数矩阵的秩
r1 =
    3
>> B = [A b];
>> r2 = rank(B)              % 计算增广矩阵的秩
r2 =
    3                        % r1 = = r2 有唯一解
>> x = A \ b
x =
    0. 4000
```

　　3.9000

　　2.6000

我们也可以编写一个程序实现线性方程组的求解。

例 5-12　求方程组 $\begin{cases} x_1+x_2+x_3+x_4-3x_5-x_6+x_7=1 \\ x_1+x_5+x_6=0 \\ -2x_1-x_4-x_6-2x_7=1 \end{cases}$ 的解。

在 MATLAB 中建立命令文件如下：

```
%文件名为 ex5_12
clear
A=[1 1 1 1 -3 -1 1;1 0 0 0 1 1 0;-2 0 0 -1 0 -1 -2];
b=[1, 0, 1]';                    %输入矩阵 A,b
[m, n]=size(A);
R=rank(A);
B=[A b];
Rr=rank(B);
if R==Rr&R==n                    % n 为未知数的个数,判断是否有唯一解
   x=A\b;
elseif R==Rr&R<n                 %判断是否有无穷解
   x=A\b                         %求特解
C=null(A)%求 AX=0 的基础解系,所得 C 为 n-R 列矩阵,这 n-R 列即为对应的基础解系
else X='Nosolution'              %显示无解
end
```

（2）在命令行窗口输入下面的命令：

```
>>ex5_12
x =
    0.5000
         0
         0
         0
   -0.5000
         0
   -1.0000
C =
   -0.2555    0.0565   -0.3961   -0.3138
   -0.0215    0.7040    0.5428    0.0967
    0.2218   -0.1603   -0.2941    0.7991
    0.8915    0.0717   -0.0151   -0.2386
```

$$
\begin{array}{cccc}
0.1752 & 0.4429 & -0.2353 & 0.2039 \\
0.0803 & -0.4994 & 0.6314 & 0.1099 \\
-0.2304 & 0.1573 & 0.0879 & 0.3781
\end{array}
$$

方程组的通解为：$k_1 C(:,1) + k_2 C(:,2) + k_3 C(:,3) + k_4 C(:,4) + x$，$k_i \in R$（$i = 1, 2, 3, 4$）。

5.3 数值微积分

5.3.1 数值微分

1. 差分

又名差分函数或差分运算，差分的结果反映了离散量之间的一种变化，是研究离散数学的一种工具。差分运算相应于微分运算，是微积分中一个重要的概念。

设变量 y 依赖于自变量 t，当 t 变到 $t+1$ 时，因变量 $y = y(t)$ 的改变量 $Dy(t) = y(t+1) - y(t)$ 称为函数 $y(t)$ 在点 t 处步长为 1 的（一阶）差分，简称为函数 $y(t)$ 的（一阶）差分。

在 MATLAB 中求向量或矩阵差分的函数是 diff，该函数的调用格式为：

● $Y = \text{diff}(X)$，计算相邻元素的差分。

（1）若 X 为 n 维向量，则 Y 是一个比向量 X 少一个元素的向量。

$$
Y = [X(2) - X(1) \quad X(3) - X(2) \quad \cdots \quad X(n) - X(n-1)]
$$

（2）若 X 为矩阵（行数为 p），则 Y 是一个比矩阵 X 少一行的矩阵，值为矩阵列的差分。

$$
Y = [X(2,:) - X(1,:); X(3,:) - X(2,:); \cdots; X(p,:) - X(p-1,:)]
$$

● $Y = \text{diff}(X, n)$，求 n 阶差分，即 $\text{diff}(X, 2) = \text{diff}(\text{diff}(X))$。

$Y = \text{diff}(X, n, \text{dim})$，沿指定维数 dim 求 n 阶差分，若 dim=1，则沿列方向差分，若 dim=2，则沿行方向差分。

例 5-13 求向量 (1, 2, 5, 10, 25) 的差分。

在命令行窗口依次输入下面的命令：

```
>> A = [1, 2, 5, 10, 25];
>> diff(A)
ans =
    1    3    5    15
```

2. 数值微分

数值微分（numerical differentiation）是根据函数在一些离散点的函数值，推算它在某点的导数或高阶导数的近似值的方法。通常用差商代替微商，或者用一个能够近似代替该函数的较简单的可微函数（如多项式或样条函数等）的相应导数作为所求导数的近似值。给定一个函数 $y = f(x)$，求其数值微分可以利用差分近似计算。

例 5 − 14　用数值微分的方法求 $y = \sin x$ 的导数。

在 MATLAB 中建立命令文件如下：

```
clear
h = 0.001;
x = 0:h:2 * pi;
y = sin(x);
dydx = diff(y)/h;                              % y 的一阶导函数
dydx2 = diff(dydx)/h;                          % y 的二阶导函数
plot(x, y, x(1: length(dydx)), dydx, 'r − −', x(1: ength(dydx2)), dydx2, 'k');
text(2.4, 0.7, '\ leftarrow f(x) = sin(x)')
text(1.2, 0.4, '\ leftarrow f^ \ prime(x)')
text(0.4, − 0.4, '\ leftarrow f^{ \ prime \ prime}(x)')
```

运行结果如图 5 − 1 所示。

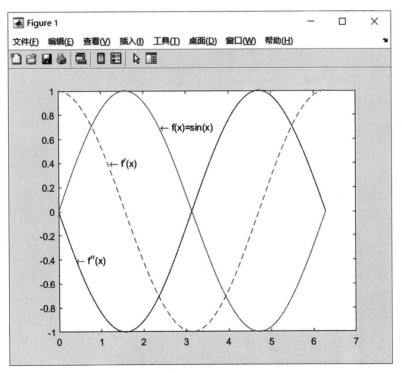

图 5 − 1　正弦函数以及正弦函数的一阶、二阶导数图像

3. 数值梯度

二元函数 $F = F(x, y)$ 的梯度定义为 $\nabla F = \dfrac{\partial F}{\partial x} i + \dfrac{\partial F}{\partial y} j$，而三元函数 $F =$

$F(x, y, z)$ 的梯度定义为 $\nabla F = \dfrac{\partial F}{\partial x} i + \dfrac{\partial F}{\partial y} j + \dfrac{\partial F}{Z} k$。

在 MATLAB 中求数值梯度的函数是 gradient，该函数的调用格式为：

● $[Fx, Fy, Fz, \cdots] = \text{gradient}(F)$，如果 F 是一维的，那么只返回 F 的一维数值梯度 Fx，即 $\dfrac{\partial F}{\partial x}$；如果 F 是二维的，则返回二维数值梯度 Fx 和 Fy，即 $\dfrac{\partial F}{\partial x}$，$\dfrac{\partial F}{\partial y}$，依此类推。

● $[Fx, Fy, Fz, \cdots] = \text{gradient}(F, h1, h2, \cdots)$，hi 指定 n 个方向上相邻点之间的间距，如果不指定，缺省值为 1。

例 5 - 15   求二元函数 $z = x\mathrm{e}^{-x^2 - y^2}$ 的数值梯度。

在命令行窗口依次输入下面的命令：

```
>> v = -2：0.2：2;
>> [x, y] = meshgrid(v);
>> z = x. * exp(-x. ^2 - y. ^2);
>> [px, py] = gradient(z, 0.2, 0.2);
>> quiver(v, v, px, py)    %用箭头表示梯度
```

运行结果如图 5 - 2 所示。

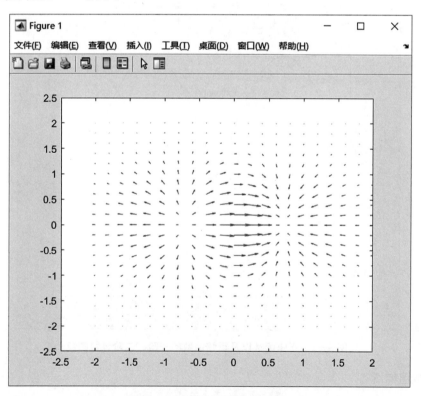

图 5 - 2   例 5 - 15 的运行结果

5.3.2　数值积分

积分是微积分学与数学分析里的一个核心概念，通常分为定积分和不定积分两种。直观地说，一个给定的正实值函数在一个实数区间上的定积分可以理解为，在坐标平面上，由曲线、直线以及坐标轴围成的曲边梯形的面积（一种确定的实数值）。

5.3.2　数值积分

在多数情况下，求某函数的定积分时，被积函数的原函数很难用初等函数表达出来，因此能够借助微积分学的牛顿-莱布尼茨公式计算定积分的机会是不多的。另外，许多实际问题中的被积函数往往是列表函数或其他形式的非连续函数，对这类函数的定积分，也不能用不定积分方法求解。由于以上原因，数值积分的理论与方法一直是计算数学研究的基本课题。

MATLAB 中提供了若干个用于计算数值积分的函数，调用格式如下：

● $q = $ integral(fun, xmin, xmax)，对一元函数 $y = f(x)$，计算 x 从 xmin 到 xmax 的数值积分。

● $q = $ integral2(fun, xmin, xmax, ymin, ymax)，对二元函数 $z = f(x, y)$，计算平面区域 $x\min \leqslant x \leqslant x\max$，$y\min \leqslant y \leqslant y\max$ 上的数值积分。

● $q = $ integral3(fun, xmin, xmax, ymin, ymax, zmin, zmax)，对三元函数 $u = f(x, y, z)$，计算空间区域 $x\min \leqslant x \leqslant x\max$，$y\min \leqslant y \leqslant y\max$，$z\min \leqslant z \leqslant z\max$ 上的数值积分。

● $q = $ quad2d(fun, a, b, c, d)，计算 $z = f(x, y)$ 在平面区域 $a \leqslant x \leqslant b$ 和 $c(x) \leqslant y \leqslant d(x)$ 上的二重积分，其中 c, d 可以是一个数，也可以是一个函数句柄。

● $Q = $ trapz(X, Y)，用梯形法计算 Y 的数值积分，X 为一个分割。

说明： fun 是被积函数，指定为函数句柄。

例 5 - 16　计算 $\int_0^1 \dfrac{\ln(1+x)}{1+x^2} \mathrm{d}x$。

方法一： 用 integral 函数。

在命令行窗口依次输入下面的命令：

```
>> fun = @(x)log(1 + x). /(1 + x.^2);
>> J = integral(fun, 0, 1)
J =
    0.2722
```

方法二： 用 trapz 函数。

在命令行窗口依次输入下面的命令：

```
>> x = 0：0.1：1;
>> y = log(1 + x). /(1 + x.^2);
>> J = trapz(x, y)
J =
    0.2713
```

例 5 - 17 设 D 是由直线 $x=0$，$y=1$ 及 $y=x$ 围成的区域，试计算

$$I = \iint\limits_{D} x^2 e^{-y^2} d\sigma$$

方法一：用 integral2 函数。

在命令行窗口依次输入下面的命令：

```
>>fun = @(x, y) x.^2.*exp(-y.^2);
>> xmin = @(x) x;
>>I = integral2(fun, 0, 1, xmin, 1)
I =
    0.0440
```

方法二：用 quad2d 函数。

在命令行窗口依次输入下面的命令：

```
>> fun = @(x, y) x.^2.*exp(-y.^2);
>> xmin = @(x) x;
>> I = quad2d (fun, 0, 1, xmin, 1)
I =
    0.0440
```

5.4 插值和拟合

5.4.1 插值

插值是在给定的某些数据点之间估计一个函数值的方法。MATLAB 提供了多种插值函数以满足不同要求。本节主要介绍一维插值和二维插值函数。

5.4　插值与拟合

1. 一维插值

已知一元函数 $y=f(x)$ 在 $n+1$ 个点 $x_0 < x_1 < \cdots < x_n$ 的函数值 y_0，y_1，…，y_n，构造函数 $y=\varphi(x)$ 作为 $y=f(x)$ 的近似表达式，使其满足 $\varphi(x_0)=y_0$，$\varphi(x_1)=y_1$，…，$\varphi(x_n)=y_n$，对任意 $\xi(x_0 < \xi < x_n)$ 用 $\varphi(\xi)$ 作为 $f(\xi)$ 的近似值，这种方法称为一维插值法。MATLAB 中的一维插值函数是 interp1，其调用格式为：

● yi = interp1 $(x，y，xi，method)$，输入参数 x 为样本数据点的横坐标向量，y 为纵坐标向量或矩阵，method 为插值方法选项，xi 为插值点的横坐标，yi 是在 xi 指定位置计算出的插值结果。

method 的值常用的有：'nearest' 'next' 'previous' 'linear' 'spline' 'pchip' 'makima'。若省略 method，则默认为 'linear'。

（1）'nearest'，最邻近点插值。插值点的值为最近样本数据点的值。速度快但精确度差，不平滑。

（2）'next'，下一邻近点插值。插值点的值为后面一个样本数据点的值。速度快但精确度差，不平滑。

（3）'previous'，前一邻近点插值。插值点的值为前面一个样本数据点的值。速度快但精确度差，不平滑。

（4）'linear'，线性插值。在两个数据点之间连接直线，根据给定的插值点计算出它们在直线上的值，作为插值结果。速度较快，精度一般，默认形式。

（5）'spline'，三次样条插值。通过数据点拟合出三次样条曲线，根据给定的插值点计算出它们在曲线上的值，将此作为插值结果。速度最慢，但精度高，平滑性最好。

（6）'pchip'，保形分段三次插值，通过三次多项式计算插值结果。速度较慢，精度高，平滑性好。

（7）'makima'，修正 Akima 三次 Hermite 插值。在插入点插入的值基于次数最大为 3 的多项式的分段函数。产生的波动比 'spline' 小，但不像 'pchip' 那样急剧变平。

- yi＝spline(x，y，xi)，三次样条插值，其中输入、输出参数的含义同上。
- yi＝pchip(x，y，xi)，分段三次 Hermite 插值，其中输入、输出参数的含义同上。

例 5-18 已知正弦函数值如表 5-1 所示，试用四种插值方法估算 $x=55°$ 的正弦值。

表 5-1

x	0	$\pi/6$	$\pi/3$	$\pi/2$	$2\pi/3$	$5\pi/6$	π
y	0	1/2	$\sqrt{3}/2$	1	$\sqrt{3}/2$	1/2	0

在 MATLAB 中建立命令文件如下：

```
%文件名为ex5_18
clear
x=[0,pi/6,pi/3,pi/2,2*pi/3,5*pi/6,pi];
y=[0 1/2 sqrt(3)/2 1 sqrt(3)/2 1/2 0];
method={'nearest', 'linear', 'spline', 'pchip'};
xi=55*pi/180;
for i=1:4
    yq(i)=interp1(x, y, xi, method{i});
end
y
siny=sin(xi)
yq
```

运行程序结果如下：

```
>>ex5_18
y =
     0  0.5000  0.8660  1.0000  0.8660  0.5000  0    %样本数据
siny =
```

　　0.8192　　　　　　　　　　　　　　　　　　　　% 用 sin 函数计算的结果

　　yq =

　　　　　0.8660　　0.8050　　0.8190　　0.8260　　% 用四种插值方法计算的结果

由结果可以看出，nearest 方法的误差最大，spline 方法的误差最小。

2. 二维插值

二维插值与一维插值的基本思想相同，它是对两个自变量的函数 $z = f(x, y)$ 进行插值。

MATLAB 中二维插值函数为 interp2，该函数的调用格式为：

● ZI＝interp2 $(X, Y, Z, XI, YI, \text{method})$，在已知 (X, Y, Z)　5.4.1.2　二维插值

三维栅格点的基础上，在点（XI，YI）上用 method 插值方法估计函数值 ZI。

二维插值有五种插值方法：

（1）'nearest'，最邻近点插值。

（2）'linear'，双线性插值，该方法是 interp2 的默认插值方法。

（3）'spline'，三次样条插值。

（4）'cubic'，二重立方插值。

（5）'makima'，修正 Akima 三次 Hermite 插值。

例 5 - 19　测得一铁板表面 4×5 个网格点的温度如表 5 - 2 所示，试用四种插值方法绘制铁板表面温度的分布曲面。

表 5 - 2

85	83	80	84	87
78	82	85	86	88
80	81	88	86	84
85	88	90	87	83

在 MATLAB 中建立命令文件如下：

```
% 文件名为 ex5_19
clear
x = 1: 5;
y = 1: 4;
[X, Y] = meshgrid (x, y);
Z = [85, 83, 80, 84, 87; 78, 82, 85, 86, 88; 80, 81, 88, 86, 84; 85, 88,
90, 87, 83];
xi = 1: 0.1: 5;
yi = 1: 0.1: 4;
[XI, YI] = meshgrid (xi, yi);
Z1 = interp2 (X, Y, Z, XI, YI);
Z2 = interp2 (X, Y, Z, XI, YI, 'nearest');
Z3 = interp2 (X, Y, Z, XI, YI, 'cubic');
```

```
Z4 = interp2 (X, Y, Z, XI, YI, 'spline');
stem3 (X, Y, Z), title ('样本数据')
axis([1 5 1 4 75 90])
view([-24 17])
figure, surf (XI, YI, Z1), title ('linear')
figure, surf (XI, YI, Z2), title ('nearest')
figure, surf (XI, YI, Z3), title ('cubic')
figure, surf (XI, YI, Z4), title ('spline')
```

运行结果如图 5 - 3 所示。

＞＞ex5 _ 19

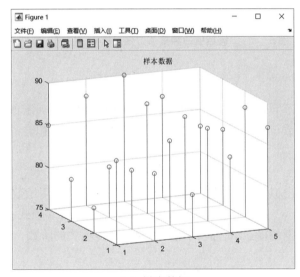

（a）样本数据

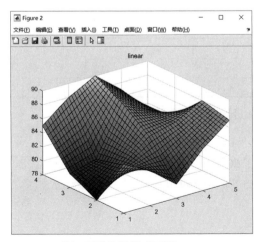

（b）双线性插值表面图

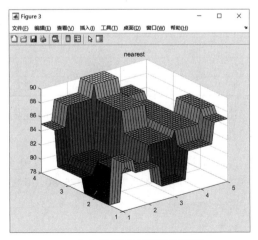

（c）最邻近点插值表面图

图 5 - 3　二维插值四种插值方法

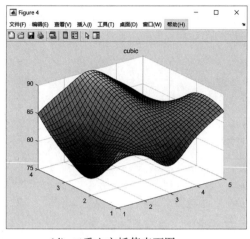
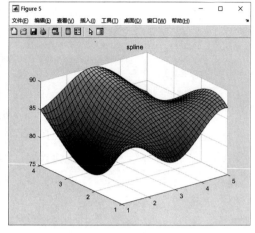

（d）二重立方插值表面图　　　　　　　　（e）三次样条插值表面图

图5-3　二维插值四种插值方法（续）

5.4.2　拟合

拟合与插值方法不同，在构造函数时，不要求构造的函数一定通过样本
点，只要求构造的函数与样本点间的误差的平方和最小。数据拟合的实现方　　5.4.2　拟合
法有两种：

（1）多项式拟合。

用最小二乘法求出拟合多项式的系数，在MATLAB中调用函数 polyfit 实现。

● p＝polyfit(x，y，n)，应用最小二乘法求出 n 阶拟合多项式 $p(x)$，即用 $p(x)$ 逼
近 $f(x)$。x、y 为数据的横、纵坐标向量，n 为拟合多项式的阶数，输出参数 p 为多项式
$p(x)$ 的系数向量。

例5-20　测得铜导线在不同温度 T（℃）时的电阻如表5-3所示，求电阻 R 与温度
T 的近似函数关系。

表5-3

i	0	1	2	3	4	5	6
T(℃)	19.1	25.0	30.1	36.0	40.0	45.1	50.0
R	76.30	77.80	79.25	80.80	82.35	83.90	85.10

由于测得的数据接近一条直线，故我们可以用一条直线逼近函数。

在命令行窗口依次输入下面的命令：

```
>> t = [19.1 25.0 30.1 36.0 40.0 45.1 50.0];
>> r = [76.30 77.80 79.25 80.80 82.35 83.90 85.10];
>> p = polyfit (t, r, 1) %n = 1
p =
    0.2915   70.5723
```

根据拟合函数，我们可以推测铜导线电阻为0时的温度：

```
>> T = roots(p)
T =
  -242.1373                    %大约在零下242度左右
```

（2）矩阵除法拟合。

若多项式函数未得出适合数据的满意模型，则可尝试使用带非多项式项的线性模型。首先通过样本点的判断，构造一包含待定系数的函数表达式 $y=f(x)$，然后将样本点数据代入 $y=f(x)$，构造一线性方程组，最后解线性方程组，求出待定系数。

例 5 - 21 在一次微生物实验中，测得微生物在一定温度下随时间变化的平均增长量数据如表 5 - 4 所示，试求一逼近函数。

表 5 - 4

x	1	2	3	4	5	6	7	8	9
y	1.3	0.5	2.6	5.6	7.2	8.4	8.5	9.1	9.2

分析：根据数据的变化，我们选用函数 $y=a_0+a_1e^{-x}+a_2xe^{-x}$ 作为逼近函数。将表 5 - 4 中的数据代入函数表达式，可得到 9 个关于 a_0、a_1 和 a_2 的三元一次方程，求解这个三元一次方程组，即可得到 a_0、a_1 和 a_2 的值。

在 MATLAB 中建立命令文件如下：

```
%文件名为ex5_21
x = [1, 2, 3, 4, 5, 6, 7, 8, 9]';
y = [1.3, 0.5, 2.6, 5.6, 7.2, 8.4, 8.5, 9.1, 9.2]';
e = [ones(size(x)), exp(-x), x.*exp(-x)];        %方程组的系数矩阵
a = e\y                                          %用左除法解方程组
x2 = [1:0.1:10]';              %在[1，10]区间上进行分割
y2 = [ones(size(x2)), exp(-x2), x2.*exp(-x2)]*a;
                          %用拟合函数计算分割点上的函数值
figure
plot (x2, y2, 'k', x, y, 'r*')    %用红色*表示样本数据点，黑色实线为拟合曲线
```

在命令行窗口运行程序 ex5_21 结果如下：

```
>>ex5_21
a =
    8.8763
   26.2462
  -46.4820
```

由此可以得出拟合函数为：$y=8.8763+26.2462e^{-x}-46.482xe^{-x}$。运行结果如图 5 - 4 所示。

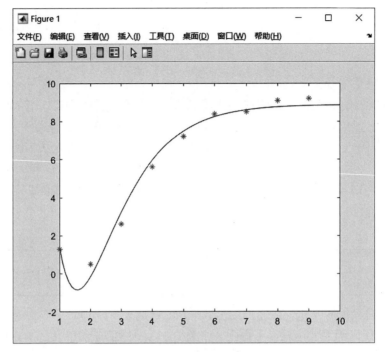

图 5 - 4 样本数据点和拟合曲线

5.5 微分方程求解

微分方程是指描述未知函数的导数与自变量之间关系的方程。微分方程的应用十分广泛，物理中许多涉及变力的运动学、动力学问题，如空气阻力为速度的函数的落体运动等，可以用微分方程求解。自变量的个数只有一个的微分方程，称为常微分方程，自变量的个数为两个或两个以上的微分方程，称为偏微分方程，其中导数实际出现的最高阶数，称为微分方程的阶。

微分方程的解是一个符合方程的函数。只有少数简单的微分方程可以求得解析解。在无法求得解析解时，可以利用数值分析的方法找到其数值解。

5.5.1 常微分方程的初值问题

求形如：

$$\begin{cases} y^{(n)} = F(x, y, y', \cdots, y^{(n-1)}) \\ y(x_0) = y_0, y'(x_0) = y'_0, \cdots, y^{(n-1)}(x_0) = y_0^{(n-1)} \end{cases}$$

的解，称为常微分方程的初值问题。

另外，在求解常微分方程组时，经常出现解的分量数量级差别很大的情形，这给数值求解带来很大困难，这种问题称为刚性（stiff）问题。对于刚性方程组，为了保持解法的稳定，步长的选取是很困难的。

1. 一阶常微分方程的求解

求常微分方程 $\begin{cases} y'=f(x,y) \\ y(x_0)=y_0 \end{cases}$ 的数值解的方法很多，MATLAB 提供了一系列函数：ode45、ode23、ode113、ode15s、ode23s、ode23t、ode23tb、ode15i，调用格式如下：

● $[t,y]=$ ode45(odefun, tspan, y0, options)，采用 4～5 阶龙格-库塔算法求解，属于单步算法，精度中等。适用于非刚性方程，这是最常用的一种方法。

● $[t,y]=$ ode23(odefun, tspan, y0, options)，采用 2～3 阶龙格-库塔算法求解，属于单步算法，精度低。适用于非刚性方程，对于误差容许范围较大或有轻微刚性的问题，其性能比 ode45 函数好。

● $[t,y]=$ ode113(odefun, tspan, y0, options)，采用可变阶的 Adams PECE 算法求解，属于多步算法，精度从低到高。适用于非刚性方程，对于具有严格误差容限的问题或在 ODE 函数需要大量计算的情况下，ode113 可能比 ode45 更加高效。

● $[t,y]=$ ode15s(odefun, tspan, y0, options)，采用可变阶的数值微分公式算法（NDFs），属于多步算法，精度在低到中之间。适用于刚性方程，当 ode45 失败或效率低下且怀疑面临刚性问题时，可尝试 ode15s。此外，该函数用于求解微分代数方程（DAE）。

● $[t,y]=$ ode23s(odefun, tspan, y0, options)，采用经过改进的 2 阶 Rosenbrock 公式。属于单步算法，精度低。适用于刚性方程，在求解允许宽松容差的问题或者解变化很快的问题时，效率可能高于 ode15s。

● $[t,y]=$ ode23t(odefun, tspan, y0, options)，采用自由插值的梯形规则，精度低，适用于中等刚性问题。

● $[t,y]=$ ode23tb(odefun, tspan, y0, options)，采用 TR-BDF2 方法，即龙格-库塔公式的第一步计算采用梯形法则，第二步计算采用 2 阶后向差分公式，精度低，适用于刚性方程。

● $[t,y]=$ ode15i(odefun, tspan, y0, yp0, options)，采用可变阶的后向差分公式算法（BDFs），精度低，适用于隐式微分方程 $f(t,y,y')=0$。

其中，odefun 是一个函数句柄，代表求解的方程（组）$f(x,y)$；tspan 可以是两个元素的向量（t0, tf），也可以是（t0, t1, t2, …, tf）；y0 是与 y 具有相同长度的列向量，用于指定初始值；options 是一个可选参数，用于设定微分方程求解函数的参数。

例 5-22 求一阶常微分方程 $\begin{cases} y'=\dfrac{2}{3}\dfrac{x}{y^2} \\ y(0)=1 \end{cases}$ 在区间 [0, 1] 内的数值解。

在命令行窗口依次输入下面的命令：

```
>> fun = @(x, y)2/3 * x. /y. ^2;
>> [t, y] = ode45(fun, [0, 1], 1);
>> plot(t, y)
```

运行结果如图 5-5 所示。

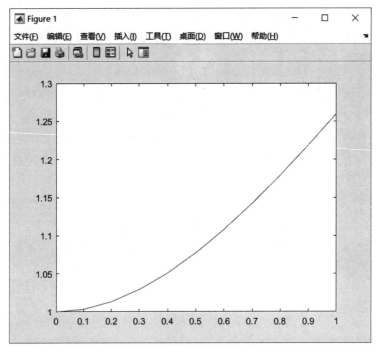

图 5-5　微分方程解函数的图像

2.　常微分方程组的求解

对于 $\begin{pmatrix} y_1' \\ y_2' \\ \vdots \\ y_n' \end{pmatrix} = \begin{pmatrix} f_1(y_1,\ y_2,\ \cdots,\ y_n,\ x) \\ f_2(y_1,\ y_2,\ \cdots,\ y_n,\ x) \\ \vdots \\ f_n(y_1,\ y_2,\ \cdots,\ y_n,\ x) \end{pmatrix}$，要将 $(y_1',\ y_2',\ \cdots,\ y_n')$ 写成 n 个元素的

列向量。

例 5-23　微分方程组 $\begin{cases} u' = -2u + v + 2\sin x \\ v' = 10u - 9v + 9(\cos x - \sin x) \end{cases}$ 的初值条件为 $\begin{cases} u(0) = 2 \\ v(0) = 3 \end{cases}$，求

其在区间 $[0,\ 9]$ 内的数值解。

首先建立函数文件如下：

```
function dy = myfun(t, y)
dy(1, 1) = -2 * y(1) + y(2) + 2 * sin(t);
                                                % dy(1, 1) 表示 u'
dy(2, 1) = 10 * y(1) - 9 * y(2) + 9 * (cos(t) - sin(t));   % dy(2, 1) 表示 v'
```

在命令行窗口输入下面的命令：

```
>> [t, y] = ode45(@myfun, [0, 9], [2, 3]);
>> plot(t, y)
```

运行结果如图 5 - 6 所示。

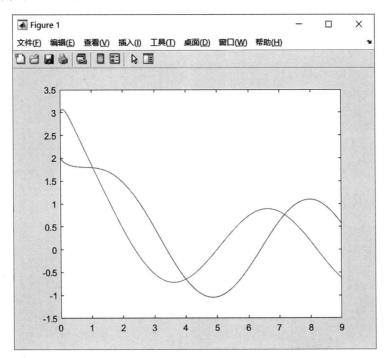

图 5 - 6　微分方程组的解 $u(x)$ 和 $v(x)$ 函数的图像

3. 高阶微分方程的求解

对于 $\begin{cases} f(y, y', y'', \cdots, y^{(n)}, x) = 0 \\ y(0) = y_0, \ y'(0) = y'_0, \cdots, y^{(n)}(0) = y_0^{(n)} \end{cases}$，首先运用数学中的变量替换：$y_1 = y$，$y_2 = y'$，$\cdots$，$y_n = y^{(n-1)}$，把高阶（大于 2 阶）方程改写成一阶微分方程组：

$$\begin{pmatrix} y'_1 \\ y'_2 \\ \vdots \\ y'_n \end{pmatrix} = \begin{pmatrix} f_1(y_1, y_2, \cdots, y_n, x) \\ f_2(y_1, y_2, \cdots, y_n, x) \\ \vdots \\ f_n(y_1, y_2, \cdots, y_n, x) \end{pmatrix}$$

$$\begin{pmatrix} y_1(0) \\ y_2(0) \\ \vdots \\ y_n(0) \end{pmatrix} = \begin{pmatrix} y_0 \\ y'_0 \\ \vdots \\ y_0^{(n-1)} \end{pmatrix}$$

再按微分方程组求解。

例 5 - 24　求下列二阶微分方程的初值问题在区间 $[0, 1]$ 上的数值解。

$$\begin{cases} y'' - y' = x \\ y(0) = 0, y'(0) = 1 \end{cases}$$

首先令 $y_1 = y$，$y_2 = y'$，则二阶微分方程转化为：

$$\begin{cases} y_1' = y_2 \\ y_2' = y_2 + x \end{cases}, \quad \begin{cases} y_1(0) = 0 \\ y_2(0) = 1 \end{cases}$$

建立函数文件如下：

```
function dy = myode(x, y)
dy(1, 1) = y(2);                 % dy(1, 1) 表示 y′
dy(2, 1) = y(2) + x;             % dy(2, 1) 表示 y″
```

在命令行窗口输入下面的命令：

```
>> [x, y] = ode45(@myode, [0, 1], [0, 1]);
>> plot(x, y(:, 1), '-o', x, y(:, 2), '-*')
```

运行结果如图 5-7 所示。

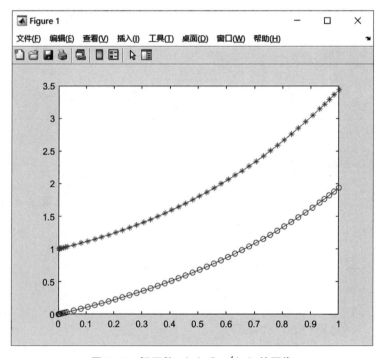

图 5-7　解函数 $y(x)$ 和 $y'(x)$ 的图像

4. 常微分方程求解函数参数的设置

利用 MATLAB 所提供的一系列求解函数解常微分方程时，可以通过 options 控制方程求解的相对误差、绝对误差等参数，它是一个结构体，通过 odeset 函数来设定。

● options＝odeset(Name，Value，…)，用参数名和参数值来设定求解函数的参数。

● options＝odeset(oldopts，Name，Value，…)，用参数名和参数值修改求解函数原来的参数 oldopts。

● options ＝ odeset(oldopts，newopts)，用 newopts 修改求解函数原来的参数。

● odeset，显示求解函数所有的参数名及参数值。

常用的参数名有：RelTol（相对误差），AsbTol（绝对误差），OutputFcn（输出函数）等，更多参数可以通过 odeset 命令了解。

例 5 - 25　求解例 5 - 23 的微分方程组的解，设置输出函数为二维相位平面图。

首先建立函数文件如下：

```
function dy = myfun(t，y)
dy(1，1) = -2*y(1) + y(2) + 2*sin(t)；       % dy 要写成列向量的形式
dy(2，1) = 10*y(1) - 9*y(2) + 9*(cos(t) - sin(t))；
```

在命令行窗口输入下面的命令：

```
>> option = odeset('RelTol', 1e-6, 'OutputFcn', 'odephas2');
>> [t，y] = ode45(@myfun，[0，9]，[2，3]，option);
>> xlabel('u')
>> ylabel('u 的一阶导数')
```

运行结果如图 5 - 8 所示。

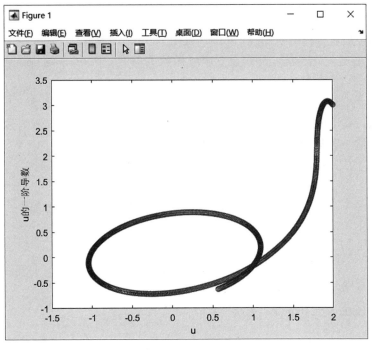

图 5 - 8　二维相位平面图

5.5.2　常微分方程的边值问题

常微分方程的边值问题的形式如下：

$$y' = f(x, y)$$

其中，x 是独立变量，求在边界条件为 $g(y(a)$，$y(b))=0$ 时上述方程的解函数 $y(x)$，a，b 是求解区间的下界和上界。

常微分方程的边值问题与初值问题的不同之处在于：初值问题总是有解的，而边值问题可能有解，也可能无解，可能有唯一解，也可能有无数解。

MATLAB 提供了 bvp4c 和 bvp5c 函数求解常微分方程的边值问题，其调用格式如下：

- sol = bvp4c(odefun，bcfun，solinit)
- sol = bvp4c(odefun，bcfun，solinit，options)
- sol = bvp5c(odefun，bcfun，solinit)
- sol = bvp5c(odefun，bcfun，solinit，options)

说明：（1）在大多数情况下，bvp4c 和 bvp5c 可以互换使用。它们之间的主要区别在于 bvp4c 实现四阶公式，而 bvp5c 实现五阶公式。

（2）odefun 是描述常微分方程组的函数句柄，其格式为 dydx = odefun(x，y)，也可以包含未知参数，dydx = odefun(x，y，parameters)。

（3）bcfun 是描述边界条件的函数句柄，其格式为 res = bcfun(ya，yb)，或包含未知参数，res = bcfun(ya，yb，parameters)。

（4）solinit 是对方程的猜测解，solinit 可由 bcpinit 函数得到。

（5）options 是一结构体，用来设置求解函数的参数，options 结构体可由函数 bcpset 获得。

- solinit = bvpinit(x，yinit，params)，计算常微分方程的猜测解，其中 x 是初始网格的有序节点，在区间 $[a$，$b]$ 上求解方程，x 取 linspace(a，b，10) 就足够了，yinit 是猜测解因变量 y 的取值，params 是未知参数的猜测解。

例 5-26　求二阶常微分方程 $y''+|y|=0$ 满足边界条件 $y(0)=0$，$y(4)=-2$ 的解。

（1）设 $y_1=y$，$y_2=y'$，将二阶常微分方程转化为一阶常微分方程组：

$$\begin{cases} y_1'=y_2 \\ y_2'=-|y_1| \end{cases}$$

编写上述常微分方程组的函数 odefun.m 如下：

```
function dydx = odefun(x，y)
dydx(1，1) = y(2);
dydx(2，1) = - abs(y(1));
```

（2）将边界条件转化为方程组

$$\begin{cases} ya=0 \\ yb+2=0 \end{cases}$$

编写上述边界条件的函数 bcfun.m 如下：

```
function rec = bcfun(ya，yb)
```

```
rec(1, 1) = ya(1);
rec(2, 1) = yb(1) + 2;
```

（3）求解常微分方程满足边界条件的解。

在 MATLAB 中建立命令文件如下：

```
clear, clc
x = linspace(0, 4, 5);                  % x 的取值
yinit = [1; 0];                         % y 的取值
solinit = bvpinit(x, yinit);            % 求猜测解
sol = bvp4c(@odefun, @bcfun, solinit);  % 求数值解
plot(sol.x, sol.y(1,:))
```

运行结果如图 5-9 所示。

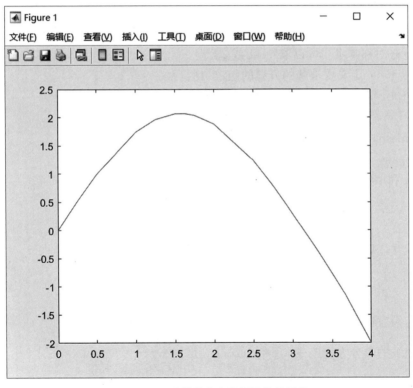

图 5-9　二阶常微分方程解函数的图像

5.5.3　偏微分方程的求解

偏微分方程（PDE）是指含有未知函数及其偏导数的方程，它可用于对波浪、热流、流体扩散和其他空间行为随时间变化的现象建模。

MATLAB 提供了 pdepe 函数进行一维偏微分方程的求解。pdepe 要求解的一维方程大概可分为以下两类：

（1）带时间导数的方程是抛物型方程，例如热方程$\dfrac{\partial u}{\partial t}=\dfrac{\partial^2 u}{\partial x^2}$；

（2）不带时间导数的方程是椭圆型方程，例如拉普拉斯方程$\dfrac{\partial^2 u}{\partial x^2}=0$。

pdepe 要求方程组中至少存在一个抛物型方程。换句话说，方程组中至少有一个方程必须包含时间导数。

一维 PDE 包含函数 $u(x,t)$，该函数依赖于时间 t 和一个空间变量 x。pdepe 可以求解以下形式的一维抛物型和椭圆型 PDE：

$$c\left(x,t,u,\frac{\partial u}{\partial x}\right)\frac{\partial u}{\partial t}=x^{-m}\frac{\partial}{\partial x}\left(x^m f\left(x,t,u,\frac{\partial u}{\partial x}\right)\right)+s\left(x,t,u,\frac{\partial u}{\partial x}\right) \tag{1}$$

要使用 pdepe 求解 PDE，必须定义 c、f 和 s 的方程系数、初始条件、解在边界处的行为以及在其上求解的点网格。函数调用格式如下：

● sol = pdepe(m, pdefun, icfun, bcfun, xmesh, tspan)，使用一个空间变量 x 和时间 t 求解抛物型和椭圆型 PDE。其中：

（1）m 是对称常量，可以取 0，1 或 2。

（2）pdefun，定义要求解的方程的函数句柄。

（3）icfun，定义初始条件的函数句柄。

（4）bcfun，定义边界条件的函数句柄。

（5）xmesh，是 x 的空间值向量 [x0 x1 … xn]。

（6）tspan，是 t 的时间值向量 [t0 t1 … tf]。

xmesh 和 tspan 向量共同构成一个二维网格，pdepe 在该网格上求解。

例 5-27 求偏微分方程
$$\begin{cases} \pi^2\dfrac{\partial u}{\partial t}=\dfrac{\partial^2 u}{\partial x^2},\ 0\leqslant x\leqslant 1,\ t\geqslant 0 \\ u(x,\ 0)=\sin(\pi x) \\ u(0,\ t)=0,\ 当\ x=0\ 时 \\ \pi\mathrm{e}^{-t}+\dfrac{\partial u}{\partial x}(1,\ t)=0,\ 当\ x=1\ 时 \end{cases}$$
的解。

（1）编写方程代码。

将所求解的微分方程按式（1）变成标准形式：$\pi^2\dfrac{\partial u}{\partial t}=x^0\dfrac{\partial}{\partial x}\left(x^0\ \dfrac{\partial u}{\partial x}\right)+0$，由此可得：
$m=0$，$c\left(x,\ t,\ u,\ \dfrac{\partial u}{\partial x}\right)=\pi^2$，$f\left(x,\ t,\ u,\ \dfrac{\partial u}{\partial x}\right)=\dfrac{\partial u}{\partial x}$，$s\left(x,\ t,\ u,\ \dfrac{\partial u}{\partial x}\right)=0$。创建函数如下：

```
function[c, f, s] = pdex1pde(x, t, u, dudx)
c = pi^2;
f = dudx;
s = 0;
end
```

（2）编写初始条件代码。

```
function u0 = pdex1ic(x)
u0 = sin(pi * x);
end
```

（3）编写边界条件代码。

根据边界条件的标准形式：$p(x, t, u)+q(x, t)f\left(x, t, u, \dfrac{\partial u}{\partial x}\right)=0$，改写本问题的边界条件。

1）当 $x=0$ 时，$u(0, t)=0$ 改写为：$u+0 \cdot \dfrac{\partial u}{\partial x}=0$，所以，$p(0, t, u)=u$，$q(0, t)=0$。

2）当 $x=1$ 时，$\pi \mathrm{e}^{-t}+\dfrac{\partial u}{\partial x}(1, t)=0$ 改写为：$\pi \mathrm{e}^{-t}+1 \cdot \dfrac{\partial u}{\partial x}(1, t)=0$，所以，$p(1, t, u)=\pi \mathrm{e}^{-t}$，$q(1, t)=1$。

函数代码如下：

```
function [pl, ql, pr, qr] = pdex1bc(xl, ul, xr, ur, t)
pl = ul;
ql = 0;
pr = pi * exp( - t);
qr = 1;
end
```

（4）选择解网格。

```
>>x = linspace(0, 1, 20);        % 20 个位于空间区间 [0, 1] 中的等距点
>>t = linspace(0, 2, 5);         % 5 个位于时间区间 [0, 2] 中的 t 值
```

注意：解的成本和精确度在很大程度上依赖于向量 x 的长度，而对向量 t 中的值并不敏感。

（5）求解方程。

```
>>m = 0;
>>sol = pdepe(m, @pdex1pde, @pdex1ic, @pdex1bc, x, t);
```

说明：pdepe 以三维数组 sol 形式返回解，其中 $\mathrm{sol}(i, j, k)$ 是在 $t(i)$ 和 $x(j)$ 处计算的解 u_k 的第 k 个分量的逼近值。sol 的大小是 $\mathrm{length}(t) \times \mathrm{length}(x) \times \mathrm{length}(u0)$，可以使用命令 $u=\mathrm{sol}(:,:, k)$ 提取第 k 个解分量。

（6）绘制解函数的图像。

```
>> u = sol(:,:, 1);
>>surf(x, t, u)
>>title('偏微分方程的数值解')
```

```
>>xlabel('距离 x')
>>ylabel('时间 t')
```

运行结果如图 5‑10 所示。

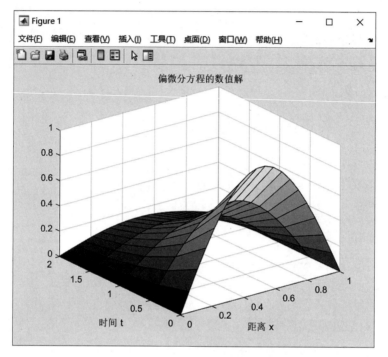

图 5‑10　偏微分方程解函数的图像

另外，对于偏微分方程的解的计算，MATLAB 还提供了一个工具箱 Partial Differential Equation Toolbox，可以计算更为复杂的二维、三维广义问题。

习题五

一、选择题

1. 在 MATLAB 中，创建多项式的方法错误的是（　　）。

　　A. 直接输入法　　　　　　　B. 通过特征多项式

　　C. 根据根向量　　　　　　　D. 根据多项式的值

2. 在 MATLAB 中用行向量表示多项式，则下面正确表示多项式 $5x^6 - 2x^4 + 7x^3 + x^2 - 3$ 的向量是（　　）。

　　A. $[5\ -2\ 7\ 1\ -3]$　　　　　B. $[-3\ 1\ 7\ -2\ 5]$

　　C. $[5\ 0\ -2\ 7\ 1\ 0\ -3]$　　D. $[-3\ 0\ 1\ 7\ -2\ 0\ 5]$

3. 计算多项式值的函数是（　　）。

　　A. polyder　　　B. polyfit　　　　C. polyint　　　　D. polyval

4. 多项式积分命令是（　　）。

A. polyder　　　B. polyint　　　　C. polyfit　　　　D. poly

5. 对于 n 元线性方程组 $Ax=b$，若系数矩阵的秩与增广矩阵的秩相等且等于 n，则下面正确计算方程组解的命令是（　　　）。

A. $x=A \backslash b$　B. $x=A/b$　　　C. $x=A.\backslash b$　　　D. $x=A./b$

6. 对于 n 元线性方程组 $Ax=b$，若系数矩阵的秩与增广矩阵的秩相等且小于 n，则下面正确计算方程组基础解系的命令是（　　　）。

A. $x=A \backslash b$　B. $x=\text{null}(A)$　　C. $x=A/b$　　　　D. $x=\text{null}(A，b)$

7. 给定矩阵 $A=\begin{pmatrix} 2 & 7 & 3 \\ 5 & 4 & 8 \end{pmatrix}$，则求 A 沿水平方向的 1 阶差分命令是（　　　）。

A. $\text{diff}(A)$　　　　　　　　　B. $\text{diff}(A，1，2)$

C. $\text{diff}(A，2，1)$　　　　　　D. $\text{diff}(A，2)$

8. 下列方法不是 interp2 的插值方法的是（　　　）。

A. 'nearest'　　B. 'linear'　　　　C. 'pchip'　　　　D. 'cubic'

9. 在 MATLAB 中与 spline$(x，y，\text{xi})$ 插值效果相同的命令是（　　　）。

A. interp1$(x，y，\text{xi}，\text{'previous'})$　　B. interp1$(x，y，\text{xi}，\text{'linear'})$

C. interp1$(x，y，\text{xi}，\text{'spline'})$　　　D. interp1$(x，y，\text{xi}，\text{'pchip'})$

10. 对于一组给定的数据 $x，y$，用多项式拟合的方法构造一个逼近函数应调用（　　　）函数。

A. poly　　　　B. polyfit　　　　C. polyint　　　　D. polyval

二、填空题

1. 若多项式为 $x^4-7x^2+2x+40$，则其对应的行向量 $p=$ _____。

2. 创建多项式 $p=[3\ 2\ 0\ 1]$，执行 polyval$(p，[1\ 2\ 3])$ 的结果是_____。

3. 若 $A=[1\ 2\ 0；1\ 4\ 5；5\ 2\ 4]$，求矩阵 A 的特征多项式的命令是_____。

4. 若 $k=[1\ -7\ 2\ 40]$ 是多项式的系数行向量，则计算该多项式根的命令是_____。

5. 编写 MATLAB 程序，用三阶多项式来拟合数据，在同一图形窗口中绘制拟合前和拟合后的两条曲线，并对图形坐标轴进行控制。程序如下：

```
x = [1, 2, 3, 4, 5]; y = [5.1, 6.2, 7.0, 8.2, 9.3];
p = _____;            %采用三阶多项式拟合
x2 = 1: 0.1: 5;
y2 = _____;           %拟合后的曲线
plot(x, y, '*', x2, y2);        %绘制曲线
```

三、判断题

1. 用行向量表示一个多项式时，要按照指数降序排列。　　　　　　（　　　）

2. 调用 polyval$(p，x)$ 计算多项式 p 在 x 的值时，x 可以是矩阵，也可以是向量。

（　　　）

3. 对于任意的线性方程组 $Ax=b$，均可用 $x=A \backslash b$ 求解。　　　　（　　　）

4. 当 x 是矩阵时，polyval(p, x) 表示求多项式 p 在 x 中各元素的值。　　（　）

5. 用拟合方法构造的逼近函数一定通过样本点。　　（　）

6. ode45 函数可以求解任意阶的常微分方程。　　（　）

7. 利用 MATLAB 所提供的函数求解微分方程时，可以通过 odeset 函数设置计算的误差。　　（　）

四、写出下述命令的运行结果

1. ```
>> p = [3, -1, 2];
>> x = [2, 4];
>> y = polyval(p, x)
```

2. ```
>> p = [1 2 -3];
>> r = roots(p)
```

3. ```
>> A = [2 7 3; 5 4 8];
>> diff(A)
>> diff(A, 1, 2)
```

**五、操作题：写出解决下述问题的命令**

1. 求多项式 $x^3-7x^2+2x+40=0$ 的根。

2. 求方程 $x^3+2x^2-11x-12=0$ 的解。

3. 已知根向量为 $[3, 6, 1, 1.5]$，求其对应的多项式。

4. 已知多项式的根为 $1+i, 1-i, 0.5$，求多项式。

5. 求 $y=x^3-2x+3$ 在 $[1.2, 5, 7]$ 处的值，$x=[2, 3; 1, 4]$ 时 $y$ 的值。

6. 求矩阵 $A=\begin{bmatrix}1&2&0\\1&4&5\\5&2&4\end{bmatrix}$ 的特征多项式。

7. 求多项式 $2x^4+4x^2-5x$ 在 $1, 2, 3, 4$ 处的值，对于矩阵 $\begin{bmatrix}1&2\\3&4\end{bmatrix}$ 的值，以及在矩阵 $\begin{bmatrix}1&2\\3&4\end{bmatrix}$ 中各点处的值。

8. 求多项式 $3x^3-2x+4$ 的积分，并对结果求微分。

9. 展开多项式 $(3x^2+x+1)(x^2-1)$。

10. 求多项式 $3x^5+x^4-3x^3+2x+1$ 除以 $x^2+1$ 后的商和余数。

11. 求方程组的解：

(1) $\begin{cases}2x_1-x_2+3x_3=0\\2x_1+x_2+x_3=0\\4x_1+x_2+2x_3=0\end{cases}$;　　(2) $\begin{cases}x_1+x_2+2x_3-x_4=0\\2x_1+x_2+x_3-x_4=0\\2x_1+2x_2+x_3+2x_4=0\end{cases}$。

12. 求方程组的解：
```

$$(1) \begin{cases} x_1 + 2x_2 + x_3 - x_4 = 2 \\ x_1 + x_2 + 2x_3 + x_4 = 3 \\ x_1 - x_2 + 4x_3 + 5x_4 = 2 \end{cases} ; \qquad (2) \begin{cases} 2x + 3y + z = 4 \\ x - 2y + 4z = -5 \\ 3x + 8y - 2z = 13 \\ 4x - y + 9z = -6 \end{cases} .$$

13. 设向量组 $\alpha_1 = (1, 1, 3, 1)$，$\alpha_2 = (-1, 1, -1, 3)$，$\alpha_3 = (5, -2, 8, -9)$，$\alpha_4 = (-1, 3, 1, 7)$，求向量组的秩和一个极大无关组。

14. 在一天 24 小时内，从零点开始每隔 2 小时测得的环境温度数据如下表所示，请推测上午 11 点的温度，并做出 24 小时温度曲线图。

时间	0	2	4	6	8	10	12	14	16	18	20	22	24
温度	12	9	9	10	18	24	28	27	25	20	18	15	13

15. 有一组测量数据如下表所示：

x	0.0	0.3	0.8	1.1	1.6	2.2
y	0.82	0.72	0.63	0.60	0.55	0.50

（1）对上述数据进行三次样条插值，并在同一图形窗口中绘制原测量数据（红色"○"）和插值之后的数据点构成的曲线（蓝色实线），为 x 轴加标注"x"，为 y 轴加标注"y"，在（2，16）坐标处输出"spline"。

（2）假设已知该数据具有 $y = c_1 + c_2 e^{-t}$ 的变化趋势，试求出满足此数据的最小二乘解，并打开一新图形窗口，绘制原测量数据（红色"*"）和数据变化趋势曲线（黑色实线）（给出求解命令，不必算出结果）。

16. 用龙格-库塔方法求初值问题：

$$\begin{cases} y' = -50y + 50x^2 + 2x, \ 0 \leqslant x \leqslant 1 \\ y(0) = \dfrac{1}{3} \end{cases} .$$

17. 求二阶常微分方程的数值解：

$$\begin{cases} \dfrac{d^2 u}{dx^2} + 9u = 6e^{3x}, \ 0 \leqslant x \leqslant 1 \\ u(0) = 0, \ u'(0) = 0 \end{cases} .$$

第六章

符号运算

在数值运算中,由于受运算所保留的有效位数的限制,每次运算都会产生一定的舍入误差,重复多次后数值计算就会造成很大的累积误差,而且在实际问题中,也存在一些无法用数值计算描述的问题。在某些方面,有时我们需要问题的精确解。

符号运算是指在解数学表达式或方程时,根据一系列恒等式和数学定理,通过推理和演绎,获得解析结果。这种计算建立在数值表达准确和推理严格解析的基础上,因此所得结果是完全准确的。

MATLAB 的 Symbolic Math Toolbox 提供了符号运算的大量函数,涵盖了矩阵分析、多项式函数、级数、微积分、积分变换、微分方程和代数方程的求解等方面,所以符号运算具有更广泛的应用范围。本章主要介绍如何利用 Symbolic Math Toolbox 进行符号运算。

6.1 创建符号对象

在 MATLAB 中进行符号运算时,首先要创建符号对象(symbolic objects)。符号对象包括符号数(symbolic numbers)、符号变量(symbolic variables)、符号表达式(symbolic expressions)和符号函数(symbolic functions)。

6.1 创建符号对象

6.1.1 符号数

符号数与浮点数最大的区别是数字的精确表示。Symbolic Math Toolbox 提供了 sym 函数来创建符号数。

- sym(num),将浮点数或矩阵 num 转化为符号数。
- sym(num,flag),用 flag 指定的方法将浮点数 num 转化为符号数,其中 flag 表示转化的方法，如表 6-1 所示。

表 6-1　flag 的作用

flag	作用
'r'	采用有理数模式，将通过 p/q、$p*\mathrm{pi}/q$、$\mathrm{sqrt}(p)$、$2^\wedge q$ 和 $10^\wedge q$ 等形式计算的浮点数转化为相应形式的符号数（为系统默认方式）。这种方法有效地补偿了原始计算的四舍五入导致的误差，但也有可能导致浮点数的值不够精确，若找不到较简单的有理数近似值，则作用与'f'是一样的。
'd'	采用十进制小数模式，符号数的位数由 digits 确定，将浮点数转化为有效数字不超过 16 位的符号数，有效数字超过 16 位是不准确的。
'e'	采用误差估计模式转化，其转化结果是在有理数模式的基础上增加一个包含 eps 的项，这一项误差估计是理论上的有理数值与实际上的浮点数值之差。
'f'	采用浮点数到有理数模式，其转化结果是与浮点数值相等的精确有理数。

例 6-1　将实数 $4/3$ 用 4 种方法转化为符号数。

在命令行窗口依次输入下面的命令：

```
>> x = 4/3                              % 浮点数运算
x =
    1.3333
>> c1 = sym(x, 'r')
c1 =
    4/3
>> c2 = sym(x, 'd')
c2 =
    1.3333333333333332593184650249896   % 默认 digits = 32
>> c3 = sym(x, 'e')
c3 =
    4/3 - eps/3
>> c4 = sym(x, 'f')
c4 =
    6004799503160661/4503599627370496
```

例 6-2　将 $345\,686$ 转化为符号数，计算 $\dfrac{1}{345\,686}$，$\sqrt{345\,686}$。

在命令行窗口依次输入下面的命令：

```
>> x = sym(345686)
x =
    345686
>> 1/x
ans =
```

```
    1/345686
>> sqrt(x)
ans =
    345686^(1/2)
```

注1：在符号运算中，尽量避免用 sym 函数转化表达式，否则结果可能不精确。如例6-2中用下面的命令进行转化，结果是不精确的：

```
>> sym(1/345686)
ans =
6830427733361555/2361183241434822606848
```

注2：对于超过15位数字的数，要获得精确表示，需要用单引号括起来。例如：

```
>>x = sym(12345678901234567890)              % 数字不加单引号
x =
    12345678901234567168                      % 转换后的符号数与原数值不相等
>> x = sym('12345678901234567890')           % 数字加单引号
x =
    12345678901234567890                      % 转换后的符号数与原数值相等
```

6.1.2　符号变量

对于表达式 ax^2+bx+c，一般我们称 a，b，c 为系数，x 为变量。但在 MATLAB 的符号运算中，a，b，c，x 统称为符号变量，通过限定性假设（assumptions）可以设置符号变量的数域。Symbolic Math Toolbox 提供了两种定义符号变量的方式：sym 和 syms。

1. 创建复数域上的符号变量

● $x=$sym('x')，创建一个值为 'x' 的符号变量 x，x 必须是一个合法的变量名。

● syms var1 var2 ⋯ varn，创建多个符号变量 var1 var2 ⋯ varn，并清除它们原有的限定性假设。

例6-3　创建复数域上的符号变量 x，y，z。

方法一：用 sym 函数。

在命令行窗口依次输入下面的命令：

```
>> x = sym('x');
>> y = sym('y');
>> z = sym('z');
```

方法二：用 syms 命令。

在命令行窗口依次输入下面的命令：

```
>> syms x y z
```

注：从例 6-3 可以看出，sym 函数一次只能定义一个符号变量，而 syms 命令一次可以定义若干个符号变量。

2. 创建特定数域上的符号变量

- $x = \text{sym('x', set)}$，创建一个在特定数域上的符号变量。
- syms var1 … varN set，创建若干个在特定数域上的符号变量。

其中，set 用于说明变量的数域，其值可取 'real'、'positive'、'integer' 或 'rational' 之一，也可以是它们中的多个组合。

例 6-4 创建特定数域上的符号变量。

方法一：用 sym 函数。

在命令行窗口依次输入下面的命令：

>>x = sym('x', 'real');　　　　　　 %定义实数域上的符号变量 x
>>y = sym('y', 'positive');　　　　　 %定义正实数域上的符号变量 y
>> z = sym('z', ["positive","integer"]);
　　　　　　　　%定义正整数域上的符号变量 z，用方括号包含多个条件
>> t = sym('t', {'positive', 'rational'});
　　　　　　　　%定义正有理数域上的符号变量 t，用花括号包含多个条件
>> assumptions
ans =
　　[in(z, 'integer'), in(t, 'rational'), in(x, 'real'), 0 < t, 0 < y, 1 <= z]

注 1：assumptions 命令可以显示所有符号变量的数域，若要显示某一个符号变量的数域，可用 assumptions(var) 形式。

注 2：in(x, type) 表示 x 是指定类型的逻辑条件。

方法二：用 syms 命令。

在命令行窗口输入下面的命令：

>>syms x y integer
>> syms z t positive rational　　　　 %多个数域用空格分隔
>> assumptions
ans =
　　[in(x, 'integer'), in(y, 'integer'), in(t, 'rational'), in(z, 'rational'), 0 < t, 0 < z]

3. 设置符号变量的限定性假设

对已经定义的符号变量，我们可以通过 assume 命令重新设置其数域，调用格式如下：

- assume(condition)，设置 condition 中的符号变量符合 condition 条件，同时取消以前的限定性假设。condition 中可以使用关系运算符或逻辑运算符。
- assume(expr, set)，设置 expr 属于 set 数域。
- assumeAlso(condition)，设置 condition 中的符号变量符合 condition 条件，不取消以前的限定性假设。

● assumeAlso(expr，set)，在 expr 原有限定性假设的基础上，添加新的 set 数域。

例 6-5   利用 assume 设置符号变量的数域。

在命令行窗口依次输入下面的命令：

```
>> syms x y z u v w                    %定义符号变量
>> assumptions                          %显示符号变量的数域
  ans =
    Empty sym：1-by-0                   %结果表示为复数域
>> assume(x, 'real')                    %设置符号变量 x 为实数
>> assume(y > 0)                        %设置符号变量 y 为正实数
>> assume(in(z, 'integer') & z>2 & z<10)%设置符号变量 z 是 2~10 之间的整数
>> assume(u/2, 'integer')              %设置符号变量 u 是偶数
>> assume(v>0 & v<2*pi)                 %设置符号变量 v 在 0 到 2π 之间
>> assume(w/pi, 'integer')              %设置符号变量 w 是 π 的倍数
>> assumptions
ans =
  [ in(z, 'integer'), in(x, 'real'), in(w/pi, 'integer'), in(u/2, 'integer'), v < 2
*pi, 0 < v, 0 < y, 2 < z, z < 10]
>> assumeAlso(x, 'positive')     %对变量 x 在实数域的基础上再加上正的限制
>> assumptions(x)
ans =
    [ in(x, 'real'), 0 < x]
```

4. 清除符号变量的限定性假设

当我们定义一个符号变量时，符号变量存放在 MATLAB 工作区（MATLAB Workspace），而其限定性假设则存放在符号引擎工作区（symbolic engine workspace）。因此，当我们在 MATLAB 工作区删除符号变量时，并不会清除符号变量的限定性假设，同理，清除符号变量的限定性假设也不会删除工作区中的符号变量。

清除符号变量的限定性假设可以采用下面的方法：

● assume(expr, 'clear')，清除表达式 expr 中所有符号变量的限定性假设。

注：clear all 命令不但清除工作区中的变量，而且清除了所有变量的限定性假设。

例 6-6   了解清除符号变量的限定性假设与删除符号变量的区别。

在命令行窗口依次输入下面的命令：

```
>> x = sym('x', 'rational');
>> y = sym('y', 'positive');
>> assumptions
  ans =
    [ in(x, 'rational'), 0 < y] %从结果可以看出，符号变量 x, y 分别设置了
                                       限定性假设
```

```
>> clear x                        %删除符号变量 x
>> assumptions
   ans =
    [ in(x, 'rational'), 0 < y]    %结果显示 x 的限定性假设没有被清除
>> x = sym('x');                  %重新定义符号变量 x
>> assumptions(x)
   ans =
     in(x, 'rational')            %符号变量 x 的限定性假设还是原来的设置
>> assume(x, 'clear')            %清除符号变量 x 的限定性假设
>> assumptions
   ans =
    0 < y                        %结果显示符号变量 x 的限定性假设已经被清除
>> whos
      Name      Size     Bytes  Class     Attributes
      ans       1x1       8     sym
      x         1x1       8     sym
      y         1x1       8     sym
```

实验观察：如果把上述"x＝sym('x');"换成"syms x;"结果会怎样？

6.1.3　符号表达式

包含符号对象的表达式称为符号表达式，所以要创建符号表达式，首先要创建符号变量，然后将符号变量及其他类型的变量或常量用运算符连接起来。

例 6 – 7　创建符号表达式 $ax^2 + bx + c$。

在命令行窗口依次输入下面的命令：

```
>>syms a b c x
>>f = a*x^2 + b*x + c
  f =
   a*x^2 + b*x + c
```

6.1.4　符号矩阵

创建符号矩阵的方法有三种：

（1）先创建符号变量，再创建符号矩阵，例如：

```
>>syms a b c d
>>A = [a, b; c, d]
A =
    [a, b]
    [c, d]
```

（2）利用 sym 函数创建符号矩阵，函数调用格式如下：

● A＝sym('a'，[n1 ⋯ nM])，创建一个 n1×⋯×nM 阶符号矩阵，自动生成形如 a1 _ 1 _ ⋯ _ 1，⋯，a _ n1 _ n2 _ ⋯ nM 的元素。

● A＝sym('a'，n)，创建一个 $n×n$ 阶符号矩阵。

例如：

```
>> B = sym('a', [2, 3])
B =
     [ a1 _ 1, a1 _ 2, a1 _ 3]
     [ a2 _ 1, a2 _ 2, a2 _ 3]
```

也可以用格式符定义下标的格式，例如：

```
>> C = sym('a % d % d', [2, 3])
C =
     [ a11, a12, a13]
     [ a21, a22, a23]
```

（3）把数值矩阵转化为符号矩阵，例如：

```
>>D = hilb(3)                    %创建一数值矩阵
D =
    1.0000    0.5000    0.3333
    0.5000    0.3333    0.2500
    0.3333    0.2500    0.2000
>>D = sym(D)                     %将 D 转化为符号矩阵
D =
     [   1, 1/2, 1/3]
     [ 1/2, 1/3, 1/4]
     [ 1/3, 1/4, 1/5]
```

6.1.5 符号函数

创建符号函数有两种方法：

（1）先用 sym 或 syms 创建符号变量，再利用表达式创建符号函数。

（2）先用 syms 创建抽象符号函数，再利用表达式建立函数表达式。

例 6 - 8　创建二元符号函数 $f(x，y)＝3x^2＋5y^3$。

方法一：

在命令行窗口依次输入下面的命令：

```
>> syms x y
>> f(x, y) = 3 * x^2 + 5 * y^3
        f(x, y) =
```

$$3 * x^\wedge 2 + 5 * y^\wedge 3$$

方法二：

在命令行窗口依次输入下面的命令：

$\gg$ syms f(x, y)

$\gg$ f(x, y) = 3 * x$^\wedge$2 + 5 * y$^\wedge$3

　　　f(x, y) =

　　　　$3 * x^\wedge 2 + 5 * y^\wedge 3$

讨论： 如何创建一常量函数？如 $f(x)=2$。

6.2 符号表达式的基本操作

6.2.1 符号表达式的运算

符号运算的运算符和基本函数在名称和用法上与数值计算中的运算符和基本函数几乎完全相同。常用的运算有算术运算、关系运算和逻辑运算，请读者参阅 2.5 节和 2.6 节的内容。

例 6-9 符号表达式的算术运算。

在命令行窗口依次输入下面的命令：

$\gg$syms x

$\gg$num = 3 * x$^\wedge$2 + 6 * x − 1;

$\gg$denom = x$^\wedge$2 + x − 3;

$\gg$f = num/denom

　f =

　　　$(3 * x^\wedge 2 + 6 * x − 1)/(x^\wedge 2 + x − 3)$

例 6-10 用符号运算计算 3 阶魔方阵的行列式的值、逆和特征根。

在命令行窗口依次输入下面的命令：

$\gg$ A = sym(magic(3));

$\gg$ DA = det(A)，IA = inv(A)，EA = eig(A)

　DA =

　　　−360

　IA =

　　　$[\ \ 53/360, \ −13/90, \ \ \ 23/360]$

　　　$[−11/180, \ \ \ \ 1/45, \ \ \ 19/180]$

　　　$[\ \ −7/360, \ \ \ 17/90, \ −37/360]$

　EA =

$$15$$
$$-2 * 6^\wedge(1/2)$$
$$2 * 6^\wedge(1/2)$$

例 6 - 11 　绘制多项式函数 $f(x)=x^3-6x^2+11x-6$ 的图像。

在命令行窗口依次输入下面的命令：

$>>$ syms x
$>>$ f(x) = x^3 - 6 * x^2 + 11 * x - 6;
$>>$ fplot(f)

运行结果如图 6 - 1 所示。

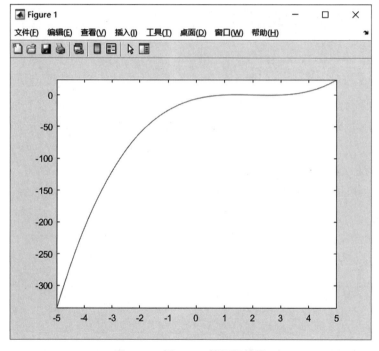

图 6 - 1 　例 6 - 11 的运行结果

6.2.2 　默认符号变量

在符号运算中，如果未指明自变量，则 MATLAB 会用默认符号变量作为自变量。默认符号变量按下面的原则选择：

（1）在符号表达式中首先选择 x 作为默认符号变量；如果表达式中没有 x，则选择在字母顺序中最接近 x 的字符变量作为默认符号变量；如果有两个与 x 距离相同的符号变量，则优先选择 x 后面的字母作为默认符号变量。

（2）在符号函数中，默认符号变量是第 1 个输入参数。

我们可以用 symvar 函数找出表达式或函数中所有符号变量，也可以用来确认默认符号变量，具体格式如下：

- symvar(s)，以字母顺序显示符号表达式 s 中的所有符号变量。
- symvar(s, n)，以最接近 x 的字母顺序显示 n 个符号变量。

例 6 - 12 创建符号表达式，然后确认符号变量。

在命令行窗口依次输入下面的命令：

```
>> syms a b c x
>> f = a * x^2 + b * x + c
    f =
        a * x^2 + b * x + c
>> symvar(f)                    %显示 f 中所有符号变量
    ans =
        [a, b, c, x]
>> symvar(f, 1)                 %显示 f 中默认符号变量
    ans =
        x
```

实验观察：创建有两个自变量的符号函数 $f(y, x)$，用 symvar 函数观察自变量的顺序，了解符号函数中默认符号变量的确定规则。

6.2.3 符号运算的变精度计算

符号运算虽然精确，但它以降低计算速度和增加内存需求为代价。为了兼顾计算精度和速度，MATLAB 针对符号运算提供了一个"变精度"方法，可以按照指定的有效位数计算表达式的值。Symbolic Math Toolbox 提供了 digits 和 vpa 函数实现上述功能。

1. 设置精度

- digits，显示当前环境下符号数字的"十进制浮点"表示的有效数字位数。
- digits(n)，设定符号数字"十进制浮点"表示的有效数字位数为 n，默认值为 32 位。

2. 变精度计算

- vpa(x)，按照 digits 指定的精度，计算 x 中的每个元素。
- vpa(x, n)，按不少于 n 位有效数字计算 x 中的每个元素。

注 1：vpa(x, n) 中的 n 不改变 digits 参数。

注 2：x 可以是符号对象，也可以是数值对象，计算结果是符号对象。

例 6 - 13 应用 digits 和 vpa 函数进行符号运算。

在命令行窗口依次输入下面的命令：

```
>> a = sym(4);              %创建符号对象
>> x = a/3                  %精确的符号运算
    x =
    4/3
```

```
>>digits                              % 显示默认的有效位数
    Digits = 32
>>y = vpa(a/3)                        % 用默认的精度计算
    y =
       1.333333333333333333333333333333333
>>z = vpa(x, 10)                      % 按指定的精度计算
    z =
       1.333333333
>> digits(60)                         % 设置精度为 60 位有效数字
>> vpa(pi)
    ans =
       3.14159265358979323846264338327950288419716939937510582097494
```

6.2.4 符号类型的转换

前面我们已经介绍了 MATLAB 中的数据类型及其相互转换，同样，符号类型的数据也可以转换成其他数据类型。

（1）符号型数据与数值型数据的相互转换。将数值型数据转换为符号型数据可调用 sym 函数，反之，将符号型数据转换为数值型数据可调用 double 或 single 函数。

例 6 - 14 建立符号矩阵，并转换为数值矩阵。

在命令行窗口依次输入下面的命令：

```
>> a = sym(2);
>> b = sym(5);
>> s = [a/3, sqrt(b); sin(a), 1]
  s =
     [   2/3, 5^(1/2) ]
     [ sin(2),       1]
>> double(s)
  ans =
      0.6667    2.2361
      0.9093    1.0000
```

（2）符号型数据与单元数组的相互转换。Symbolic Math Toolbox 提供了两个函数 sym2cell 和 cell2sym，具体格式如下：

- $C = \mathrm{sym2cell}(S)$，将符号数组 S 转换为单元数组 C。
- $S = \mathrm{cell2sym}(C)$，将单元数组 C 转换为符号数组 S。
- $S = \mathrm{cell2sym}(C, \mathrm{flag})$，flag 的作用见表 6 - 1。

例 6 - 15 将符号矩阵转换为单元数组。

```
>> syms x y z
```

```
>> S=[x 1 2; y 3 4; z 5 6]
S =
    [x, 1, 2]
    [y, 3, 4]
    [z, 5, 6]
>> C = sym2cell(S)
C =
  3×3cell 数组
    {1×1 sym}       {1×1 sym}       {1×1 sym}
    {1×1 sym}       {1×1 sym}       {1×1 sym}
    {1×1 sym}       {1×1 sym}       {1×1 sym}
```

6.2.5 符号代换

符号代换是指将符号表达式中的符号对象用另一符号对象代换，通过符号代换将表达式的输出形式简化。实现代换的函数是 subs，调用格式如下：

- subs(s, old, new)，该函数返回用 new 替换符号表达式 s 中的 old 后 s 的值。
- subs(s, new)，该函数返回用 new 替换符号表达式 s 中默认的符号变量后 s 的值。
- subs(s)，该函数返回用 MATLAB 工作区中变量的值替换符号表达式 s 中的所有同名符号变量后 s 的值。

例 6 - 16 符号代换的验证性实例。

在命令行窗口依次输入下面的命令：

```
>> syms x y a
>> s = x^2 + y^2/a;
>> subs(s, a, 3)              %用 3 替换 s 中的 a
ans =
    x^2 + y^2/3
>> s
s =
    x^2 + y^2/a               %从结果可以看出，代换并没有改变 s 的值
>> subs(s, a+1)              %用 a+1 替换默认的符号变量 x
ans =
    (a + 1)^2 + y^2/a
>> a = 4;              %给变量 a 赋值实数 4，这时 a 变成 double 型变量
>> s = subs(s);       %用工作区中的变量 a 替换 s 中的符号变量 a，并赋值给 s
>> s
s =
    x^2 + y^2/4
```

例 6 - 17 利用代换计算符号表达式或函数的值。

在命令行窗口依次输入下面的命令：

```
>> syms f(x) y
>>subs(2 * x^2 - 3 * x + 1, 1/3)
  ans =
      2/9
>>subs(x * y, {x, y}, {[0 1; -1 0], [1 -1; -2 1]})
  ans =
      [ 0, -1]
      [ 2,  0]
>> f(x) = 3 * x^3 - 4 * x;
>> newf = subs(f, 2)
  newf(x) =
      16
    >> f2 = f(2)
  f2 =
      16
```

注：一般不建议用 subs 计算函数的值，因为其结果 newf 也是一个符号函数。

实验观察：下述命令的运行结果是什么？从结果中你观察到什么规则？

```
>>syms a b c
>>M =[a b c; b c a; c a c]
>>M1 = subs(M, M(1, 2), a + 1)
>>M2 = subs(M, b, [1 0; 0 1])
```

6.2.6 反函数

一般地，设函数 $y = f(x)$ $(x \in A)$ 的值域是 C，若存在一个函数 $g(y)$，在每一点处 $g(y)$ 都等于 x，这样的函数 $x = g(y)(y \in C)$ 称为函数 $y = f(x)(x \in A)$ 的反函数。Symbolic Math Toolbox 提供了 finverse 函数求反函数，调用格式如下：

● $g = \text{finverse}(f)$，求出函数 f 的反函数 g，满足 $g(f(x)) = x$。其中 f 是符号表达式或函数。若 f 包含多个符号变量，则以默认符号变量作为自变量。

● $g = \text{finverse}(f, \text{var})$，以符号变量 var 作为 f 的自变量，求出 f 的反函数 g。此格式用于求包含多个符号变量的 f 的反函数。

例 6 - 18 求 $y = x^2$ 的反函数。

在命令行窗口依次输入下面的命令：

```
>>syms x
>>f(x) = x^2;
```

```
>>g = finverse(f)
g(x) =
    x^(1/2)
```

例 6 - 19 求 $f(u, v) = ue^{v}$ 的关于 u 和 v 的反函数。

在命令行窗口依次输入下面的命令：

```
>> syms f(u, v)
>> f(u, v) = u * exp(v);
>> g = finverse(f)                  % 对默认符号变量 u 求反函数
g(u, v) =
    u * exp( - v)
>> h = finverse(f, v)               % 对指定的符号变量 v 求反函数
h(u, v) =
    log(v/u)
```

6.2.7 复合函数

设 $y = f(u)$ 的定义域为 A，$u = g(x)$ 的值域为 B，若 $A \supseteq B$，则 y 关于 x 的函数 $y = f(g(x))$ 叫作函数 f 与 g 的复合函数。Symbolic Math Toolbox 提供了 compose 函数用于求复合函数，调用格式如下：

● compose(f, g)，返回复合函数 $f(g(y))$，其中 $f = f(x)$，$g = g(y)$，x 和 y 分别是 f 和 g 的自变量。

● compose(f, g, z)，返回复合函数 $f(g(z))$，其中 $f = f(x)$，$g = g(y)$，x 和 y 分别是 f 和 g 的自变量。

● compose(f, g, x, z)，返回复合函数 $f(g(z))$，指定 x 是 f 的自变量。

● compose(f, g, x, y, z)，返回复合函数 $f(g(z))$，指定 x 是 f 的自变量，y 是 g 的自变量。

例 6 - 20 若有函数 $f = \dfrac{1}{1+x^2}$，$g = \sin y$，$h = x^t$，$p = e^{\frac{y}{u}}$，求它们的复合函数。

在命令行窗口依次输入下面的命令：

```
>> syms x y z t u;
>> f = 1/(1 + x^2); g = sin(y); h = x^t; p = exp(-y/u);
>> compose(f, g)
ans =
    1/(sin(y)^2 + 1)
>> compose(f, g, t)
ans =
    1/(sin(t)^2 + 1)
>> compose(h, p, x, z)
```

```
ans =
    exp( - z/u)^t
>> compose(h, p, x, u, z)
ans =
    exp( - y/z)^t
```

6.2.8 公式运算与化简

MATLAB 中提供了一些对符号表达式进行运算的函数，例如：因式分解、多项式展开、合并同类项、通分、化简等。

1. 因式分解

把一个多项式在某个范围（例如在有理数范围内分解，即所有项均为有理数）内化为几个整式的积的形式，这种变形称为因式分解，也称为分解因式。在 MATLAB 中用 factor 函数进行因式分解，调用格式如下：

● $F = \text{factor}(x)$，向量 F 是 x 的最简因子，如果 x 是一个整数，则返回的是 x 的质因数。

● $F = \text{factor}(x, \text{vars})$，包含 vars 中变量的因式分解，其中不包含 vars 的项放在 $F(1)$ 中，其他项包含一个或多个 vars 中的变量。

例 6 - 21 分别将 435 978，345 394 923 423 423 452 和 -23 542 分解为若干个质因子。

在命令行窗口依次输入下面的命令：

```
>>F1 = factor(435978)
F1 =
    2    3    3    53   457
>> F2 = factor(sym('345394923423423452'))
F2 =
    [ 2, 2, 37, 311, 26729, 280744421]
>> F3 = factor(sym('- 23542'))
F3 =
    [ - 1, 2, 79, 149]
```

注： 对大于 9.00×10^{15} 的整数和负整数，要先用 sym 函数转化为符号数再分解。

例 6 - 22 分解因式 $x^2 - 4xy - 2y + x + 4y^2$。

在命令行窗口依次输入下面的命令：

```
>> syms x y
>> factor(x^2 - 4 * x * y - 2 * y + x + 4 * y^2)
    ans =
       [ x - 2 * y, x - 2 * y + 1]
```

例 6 - 23 将 $x^2 y^3$ 分解为若干个包含 x 的因子。

在命令行窗口依次输入下面的命令：

```
>> syms x y
>> F = factor(x^2 * y^3, x)
  F =
        [y^3, x, x]           %第1项是不包含 x 的
```

例 6 - 24 编程求出全部两位数的素数。

分析： 可以用 factor 函数实现，素数分解因数还是它本身。

(1) 在 MATLAB 中建立命令文件如下：

```
%文件名为 ex6_24
sushu = [];
for i = 10：99
    x = factor(i);
    if x = = i
      sushu = [sushu i];
    end
end
sushu
```

(2) 在命令行窗口中运行 M 文件，运行结果如下：

```
>>ex6_24
sushu =
Columns 1 through 16
11  13  17  19  23  29  31  37  41  43  47  53  59  61  67  71
Columns 17 through 21
73 79  83  89  97
```

2. 多项式展开

多项式展开是把一个代数式用多项式的形式表示，Symbolic Math Toolbox 提供了 expand 函数用于多项式展开，调用格式如下：

● expand(S)，将符号表达式 S 展开成多项式形式，有时也可以展开成三角函数、指数函数或对数函数形式。

例 6 - 25 将 $(x+y)^5$，$\cos(x+y)$，$e^{(x-y)^2}$ 展开成多项式的和。

在命令行窗口依次输入下面的命令：

```
>> syms x y
>> expand((x + y)^5)
  ans =
        x^5 + 5 * x^4 * y + 10 * x^3 * y^2 + 10 * x^2 * y^3 + 5 * x * y^4 + y^5
>> expand(cos(x + y))
```

$$\text{ans} =$$
$$\cos(x) * \cos(y) - \sin(x) * \sin(y)$$
$$\gg \text{expand}(\exp((x - y)^\wedge 2))$$
$$\text{ans} =$$
$$\exp(x^\wedge 2) * \exp(y^\wedge 2) * \exp(-2 * x * y)$$

3. 合并同类项

所含字母相同并且相同字母的指数也相同的项称为同类项。合并同类项是把多项式中的同类项合并成一项。合并后，所得项的系数是合并前各同类项的系数的和且字母部分不变。Symbolic Math Toolbox 中的 collect 函数可以实现同类项的合并，调用格式如下：

- collect(S)，将符号表达式 S 中默认符号变量的相同次幂的项合并。
- collect(S, var)，将符号表达式 S 中自变量 var 相同次幂的项合并。

例 6-26 合并多项式 $x^2y + xy - x^2 - 2x$ 的同类项。

在命令行窗口依次输入下面的命令：

$$\gg \text{syms x y};$$
$$\gg R1 = \text{collect}(x^\wedge 2 * y + x * y - x^\wedge 2 - 2 * x)$$
$$\text{ans} =$$
$$(y - 1) * x^\wedge 2 + (y - 2) * x$$
$$\gg R2 = \text{collect}(x^\wedge 2 * y + x * y - x^\wedge 2 - 2 * x, y)$$
$$R2 =$$
$$(x^\wedge 2 + x) * y - x^\wedge 2 - 2 * x$$

4. 通分

根据分数（式）的基本性质，把几个异分母分数（式）化成与原来分数（式）相等的同分母的分数（式）的过程，称为通分。Symbolic Math Toolbox 提供了一个 numden 函数可以实现通分的要求，调用格式如下：

- $[N, D]$=numden(A)，该函数首先将 A 转化为分子和分母互素的多项式，然后分别将分子和分母赋值给 N 和 D。

例 6-27 将 $\dfrac{y}{x} + \dfrac{x}{y}$ 通分。

在命令行窗口依次输入下面的命令：

$$\gg \text{syms x y}$$
$$\gg [N\ D] = \text{numden}(y/x + x/y)$$
$$N =$$
$$x^\wedge 2 + y^\wedge 2 \qquad\qquad\qquad\qquad \%\text{分子}$$
$$D =$$
$$x * y \qquad\qquad\qquad\qquad\qquad \%\text{分母}$$

5. 化简

在数学等理工科中把复杂式子化为简单式子的过程称为化简。实际上，数学上没有化简的确切定义，也没有对最简式子的定义，约分、合并同类项、多项式展开等公式运算都属于化简。Symbolic Math Toolbox 中的 simplify 函数可以进行化简运算，调用格式如下：

- simplify(S)，对符号表达式进行代数化简，返回一个最简式子。

例 6-28 化简 $\sin^2(x)+\cos^2(x)$ 和 $\dfrac{x^2+5x+6}{x+2}$。

在命令行窗口依次输入下面的命令：

```
>>syms x
>> f = sin(x)^2 + cos(x)^2;
>> simplify(f)
    ans =
        1
>>simplify((x^2 + 5*x + 6)/(x + 2))
    ans =
        x + 3
```

6.3 符号微积分

6.3.1 极限

极限是微积分的基础，MATLAB 中求极限的函数是 limit，调用格式如下：

6.3 符号微积分

- limit(expr)，计算当默认符号变量趋于 0 时，符号表达式 expr 的极限。
- limit(expr, a)，计算当默认符号变量趋于 a 时，符号表达式 expr 的极限。
- limit(expr, x, a)，计算当自变量 x 趋于 a 时，符号表达式 expr 的极限。
- limit(expr, x, a, 'right')，计算当自变量 x 从右侧趋于 a 时，符号表达式 expr 的极限。
- limit(expr, x, a, 'left')，计算当自变量 x 从左侧趋于 a 时，符号表达式 expr 的极限。

例 6-29 求两个重要极限 $\lim\limits_{x\to 0}\dfrac{\sin x}{x}$ 和 $\lim\limits_{x\to\infty}\left(1-\dfrac{1}{x}\right)^x$。

在命令行窗口依次输入下面的命令：

```
>>syms x
>>limit(sin(x)/x, x, 0)
ans =
    1
>> limit((1-1/x)^x, x, inf)
```

```
ans =
    exp( -1)
```

例 6 - 30 验证 $\dfrac{x}{|x|}$ 在 $x=0$ 处的极限不存在。

在命令行窗口依次输入下面的命令：

```
>> syms x
>>L = limit(x/abs(x), x, 0, 'left')        % 求左极限
    L =
       -1
>> R = limit(x/abs(x), x, 0, 'right')       % 求右极限
    R =
       1
```

因为 L≠R，故根据极限的性质，可判定 $\dfrac{x}{|x|}$ 在 $x=0$ 处的极限不存在。

例 6 - 31 用定义法求函数 $f(x)=\sin(x)$ 的导函数。
在命令行窗口依次输入下面的命令：

```
>>syms t x;
>>limit((sin(x + t) - sin(x))/t, t, 0)
  ans =
    cos(x)
```

6.3.2 导数

导数（derivative）是微积分中重要的基础概念。当函数 $y=f(x)$ 的自变量 x 在一点 x_0 上产生一个增量 Δx 时，如果函数输出值的增量 Δy 与自变量的增量 Δx 的比值在 Δx 趋于 0 时的极限 a 存在，则 a 即为 x_0 处的导数。MATLAB 的 Symbolic Math Toolbox 提供了 diff 函数用于求符号表达式的导数，调用格式如下：

- $\text{diff}(F)$，计算 F 关于默认符号变量的一阶导数。
- $\text{diff}(F, \text{var})$，计算 F 关于自变量 var 的一阶导数。
- $\text{diff}(F, n)$，计算 F 关于默认符号变量的 n 阶导数。
- $\text{diff}(F, \text{var}, n)$，计算 F 关于自变量 var 的 n 阶导数。
- $\text{diff}(F, \text{var1}, \cdots, \text{varN})$，计算 F 关于自变量 var1, var2, $\cdots$, varN 的一阶偏导数。

例 6 - 32 求下列函数的一阶导函数。

(1) $y=\sin(x^2)$;　　　　(2) $y=x\sqrt{1-x^2}$;　　　　(3) $y=\lg(x^2+x+1)$。
在命令行窗口依次输入下面的命令：

```
>> syms x
>> f(x) = sin(x^2);
>> df1 = diff(f)
```

$$df1(x) =$$
$$2 * x * \cos(x^\wedge 2)$$
$$>> df2 = diff(x * sqrt(1 - x^\wedge 2))$$
$$df2 =$$
$$(1 - x^\wedge 2)^\wedge(1/2) - x^\wedge 2/(1 - x^\wedge 2)^\wedge(1/2)$$
$$>> df3 = diff(log10 (x^\wedge 2 + x + 1))$$
$$df3 =$$
$$(2 * x + 1)/(\log(10)*(x^\wedge 2 + x + 1))$$

例 6 - 33　设 $y = \mathrm{e}^x \cos x$，求 $y^{(5)}$。

在命令行窗口依次输入下面的命令：

$$>> syms\ x$$
$$>> f(x) = \exp(x) * \cos(x);$$
$$>> d5 = diff(f,\ x,\ 5)$$
$$d5(x) =$$
$$4 * \exp(x) * \sin(x) - 4 * \exp(x) * \cos(x)$$

例 6 - 34　设参变量函数 $\begin{cases} x = t\sin t \\ y = t(1 - \cos(t)) \end{cases}$，求 $\dfrac{\mathrm{d}y}{\mathrm{d}x}$。

在命令行窗口依次输入下面的命令：

$$>> syms\ t$$
$$>> dx\_dt = diff(t * \sin(t));$$
$$>> dy\_dt = diff(t * (1 - \cos(t)));$$
$$>> dy\_dx = dy\_dt/dx\_dt$$
$$dy\_dx =$$
$$(t * \sin(t) - \cos(t) + 1)/(\sin(t) + t * \cos(t))$$

例 6 - 35　求 $z = \mathrm{e}^{x+2y}$ 的一阶偏导数和所有二阶偏导数。

在命令行窗口依次输入下面的命令：

$$>> syms\ z(x,\ y)$$
$$>> z(x,\ y) = \exp(x + 2 * y);$$
$$>> dzdx = diff(z)$$
$$dzdx(x,\ y) =$$
$$\exp(x + 2 * y)$$
$$>> dzdy = diff(z,\ y)$$
$$dzdy(x,\ y) =$$
$$2 * \exp(x + 2 * y)$$
$$>> dzdx2 = diff(z,\ x,\ 2)$$
$$dzdx2(x,\ y) =$$

```
        exp(x + 2 * y)
>> dzdy2 = diff(z, y, 2)
dzdy2(x, y) =
        4 * exp(x + 2 * y)
>> dzdxy = diff(z, x, y)
dzdxy(x, y) =
        2 * exp(x + 2 * y)
>> dzdyx = diff(z, y, x)
dzdyx(x, y) =
        2 * exp(x + 2 * y)
```

例 6-36 设 $F(x, y) = y - x - \dfrac{1}{2}\sin y$，求 $\dfrac{\mathrm{d}y}{\mathrm{d}x}$。

根据隐函数可微性定理，方程 $F(x, y) = 0$ 所确定的隐函数 $y = f(x)$ 的导函数 $f'(x) = -\dfrac{F_x(x, y)}{F_y(x, y)}$。

在命令行窗口依次输入下面的命令：

```
>> syms F(x, y)
>> F(x, y) = y - x - sin(y)/2;
>> dFdx = diff(F, x)
dFdx(x, y) =
        -1
>> dFdy = diff(F, y)
dFdy(x, y) =
        1 - cos(y)/2
>> dydx = - dFdx/dFdy
dydx(x, y) =
        -1/(cos(y)/2 - 1)
```

实验观察：在下面的命令中，哪一个是计算 $x * y$ 关于 x 的二阶导数？

```
>> syms x y
>> diff(x * y, 2)
>> diff(diff(x * y))
```

想一想：如何计算常数 10 的一阶导数？

6.3.3 积分

6.3.3 积分

我们在 5.3.2 节已经介绍了数值积分的计算方法，如果要精确计算定积分或不定积分，Symbolic Math Toolbox 提供了一个符号积分函数 int，既可以求定积分，也可以求不定积分，调用格式如下：

● int(expr，var)，计算以 var 为积分变量，被积函数 expr 的不定积分。若 var 省略，则以默认符号变量为积分变量。

● int(expr，var，a，b)，计算积分变量 var 从 a 到 b 时被积函数 expr 的定积分。若 var 省略，则以默认符号变量为积分变量。

注意：与求导相比，积分要复杂得多，因为函数的积分有时可能不存在，即使存在，也可能限于很多条件，无法顺利得出。当不能找到积分时，它将给出警告提示并返回该函数的原表达式。

例 6 - 37 求下列不定积分。

(1) $\int \sin ax \, \mathrm{d}x$；   (2) $\int \dfrac{-2x}{(1+x^2)^2} \mathrm{d}x$。

在命令行窗口依次输入下面的命令：

```
>> syms a x
>> int(sin(a * x)，x)
ans =
    - cos(a * x)/a
>> int( - 2 * x/(1 + x ^ 2) ^ 2)
ans =
    1/(x ^ 2 + 1)
```

例 6 - 38 设 $f(x) = \cos\left(x - \dfrac{\pi}{6}\right) \sin\left(x + \dfrac{\pi}{6}\right)$，求 $s = \int_0^{2\pi} f(x)\mathrm{d}x$。

在命令行窗口依次输入下面的命令：

```
>>syms x;
>>f = cos(x - pi/6) * sin(x + pi/6);
>>s = int(f，x，0，2 * pi)          % 求符号定积分，执行结果为符号表达式
s =
    (pi * 3 ^ (1/2))/2
```

例 6 - 39 计算二重积分 $\int_0^1 \mathrm{d}x \int_{x^2}^{\sqrt{x}} (x^2 + y)\mathrm{d}y$。

在命令行窗口依次输入下面的命令：

```
>> syms x y
>> f = int(int(x ^ 2 + y，y，x ^ 2，sqrt(x))，x，0，1)
f =
33/140
```

例 6 - 40 求 $\iint\limits_{x^2+y^2 \leqslant 1} \sin(\pi(x^2 + y^2))\mathrm{d}x\mathrm{d}y$。

在命令行窗口依次输入下面的命令：

```
>>syms x y
>> int(int(sin(pi * (x^2 + y^2)), y, - sqrt(1 - x^2), sqrt (1 - x^2)),
x, -1, 1)
```
Warning：Explicit integral could not be found.
ans =
int((2^(1/2) * fresnels(2^(1/2) * (1 - x^2)^(1/2)) * cos(pi * x^2))/2 -
(2^(1/2) * fresnels(-2^(1/2) * (1 - x^2)^(1/2)) * cos(pi * x^2))/2 + (2^(1/
2) * fresnelc(2^(1/2) * (1 - x^2)^(1/2)) * sin(pi * x^2))/2 - (2^(1/2) *
fresnelc(-2^(1/2) * (1 - x^2)^(1/2)) * sin(pi * x^2))/2, x, -1, 1)

由运行结果可以看出，结果中仍带有 int，表明 MATLAB 没有求出这一积分的值，
因此对于这种积分首先要采用极坐标化为二次积分 $\int_0^{2\pi} d\alpha \int_0^1 r\sin(\pi r^2)dr$，然后调用 int 函
数，命令如下：

```
>>syms a r
>>int(int(r * sin(pi * r^2), r, 0, 1), a, 0, 2 * pi)
ans =
    2
```

例 6 - 41　求曲线积分 $\int_L xy\,ds$，其中 L 为曲线 $x^2 + y^2 = 1$ 在第一象限内的一段。

根据曲线积分公式，令 $x = r\cos\theta$，$y = r\sin\theta$，则

$$原积分 = \int_0^{\frac{\pi}{2}} r\cos\theta * r\sin\theta\sqrt{r^2\sin^2\theta + r^2\cos^2\theta}\,d\theta = \int_0^{\frac{\pi}{2}} r^3\cos\theta\sin\theta\,d\theta, \ r = 1。$$

在命令行窗口依次输入下面的命令：

```
>>syms t;
>>int(cos(t) * sin(t), 0, pi/2)
ans =
    1/2
```

例 6 - 42　计算定积分 $\int_0^{10} \dfrac{\cos x}{\sqrt{1 + x^2}}\,dx$。

如果在用 int 函数求定积分时不存在精确解，则可用 vpa 函数求其近似解。
在命令行窗口依次输入下面的命令：

```
>> syms x
>>F = int(cos(x)/sqrt(1 + x^2), x, 0, 10)
F =
    int(cos(x)/(x^2 + 1)^(1/2), x, 0, 10)          % 没有精确解
>> vpa(F)                                          % 求其近似解
```

```
ans =
    0. 375706282990797234784493405557162
```

6.3.4 级数求和

级数求和是级数理论的基本问题之一，也是较难解决的问题。级数求和运算函数是 symsum，调用格式如下：

- $F = \mathrm{symsum}(f, k, a, b)$，计算符号表达式 f 对于变量 k 从 a 到 b 的和。省略 k，表示对默认符号变量求和，若 f 为常量，则默认符号变量为 x。
- $F = \mathrm{symsum}(f, k)$，计算符号表达式 f 对于变量 k 从 0 到 $k-1$ 的和。

例 6 - 43 计算 $\displaystyle\sum_{k=0}^{10} k^2$，$\displaystyle\sum_{k=0}^{\infty} \frac{x^k}{k!}$，$\displaystyle\sum k$ 的级数和。

在命令行窗口依次输入下面的命令：

```
>>syms x k
>> s1 = symsum(k^2, k, 0, 10)
    s1 =
        385
>> s2 = symsum(x^k/factorial(k), k, 0, Inf)
    s2 =
        exp(x)
>> s3 = symsum(k, k)
    s3 =
        k^2/2 - k/2
```

注：factorial 是求阶乘的函数。

实验观察：如何利用 MATLAB 验证下面的调和级数是发散的？

$$\sum_{n=1}^{\infty} \frac{1}{n}$$

6.3.5 泰勒级数

如果 $f(x)$ 在点 $x = x_0$ 具有任意阶导数，则 $f(x)$ 可表示为泰勒级数的形式，即

$$f(x) = f(x_0) + \frac{f'(x_0)}{1!}(x-x_0) + \frac{f''(x_0)}{2!}(x-x_0)^2 + \cdots$$

若取泰勒级数的前 n 项，则称 $T_n(x)$ 为函数 $f(x)$ 在 x_0 处的泰勒多项式：

$$T_n(x) = f(x_0) + \frac{f'(x_0)}{1!}(x-x_0) + \frac{f''(x_0)}{2!}(x-x_0)^2 + \cdots + \frac{f^{(n)}(x_0)}{n!}(x-x_0)^n$$

Symbolic Math Toolbox 中求 $f(x)$ 的泰勒级数的函数为 taylor，调用格式如下：

- taylor(f, var)，返回符号表达式 f 的 5 阶麦克劳林多项式。

- taylor(f，var，a)，返回符号表达式 f 在 var$=a$ 处的最大 $n-1$ 阶泰勒多项式。
- taylor(…，Name，Value)，在上述两种格式中增加一对或若干对输入参数 Name 和 Value，设置泰勒公式的阶数等。

常用的 Name 和 Value 的取值及作用见表 6-2。

表 6-2　taylor 函数中参数 Name 与 Value 的取值和作用

Name	Value	作用
'Order'	正整数 n	默认值是 6，设置泰勒级数展开的截断阶数为 n，泰勒多项式为 $n-1$ 阶。
'OrderMode'	'absolute' | 'relative'	默认值是'absolute'，用于说明展开多项式的阶数的设定方式。'absolute'表示在展开多项式时采用截断阶数，'relative'表示在展开多项式时，若首项指数为 m，则泰勒多项式的阶数范围在 $n-1$ 到 $m+n-1$ 之间。因此，采用'relative'可能比'absolute'更精确。
'ExpansionPoint'	数字、变量或表达式	默认值是 0，设置表达式的展开点 x_0，该参数也可以通过第二个格式中的参数 a 来设置。

例 6-44　已知 $f(x)=\sin(x)$。

（1）分别求 5 阶、4 阶麦克劳林多项式。

（2）求 $x=1$ 点处的 4 阶泰勒展开式。

在命令行窗口依次输入下面的命令：

```
>> syms x
>> taylor(sin(x))              % 5 阶麦克劳林多项式
ans =
    x^5/120 - x^3/6 + x
>> taylor(sin(x), x, 'Order', 5)    % 4 阶麦克劳林多项式
ans =
    - x^3/6 + x
>> taylor(sin(x), x, 'Order', 5, 'OrderMode', 'relative')
                               % 用相对阶数求 4 阶麦克劳林多项式
ans =
    x^5/120 - x^3/6 + x
>> taylor(sin(x), x, 1, 'order', 5)    % x=1 处的 4 阶泰勒多项式
ans =
    sin(1) - (sin(1) * (x - 1)^2)/2 + (sin(1) * (x - 1)^4)/24 + cos(1) *
(x - 1) - (cos(1) * (x - 1)^3)/6
```

实验观察：在 MATLAB 命令行窗口输入：

```
>> taylortool
```

你有何收获？

6.4 解方程

6.4.1 代数方程的求解

代数方程指未涉及微积分运算的方程，包括整式方程、分式方程、无理方程。在 5.1 节，介绍了用 roots 函数求一元 n 次方程的数值解；在 5.2 节，介绍了用左除运算求线性方程组的数值解。这些方法同样可以求符号方程的精确解。

例 6－45 求方程 $x^3-0.5x^2-7.5x+9=0$ 的解。

本例在例 5－6 中用数值计算方法求解，下面用符号计算方法的求解，请比较两种方法的结果的不同。

在命令行窗口依次输入下面的命令：

```
>> p = sym([1 - 0.5 - 7.5 9]);              %定义符号向量
>> r = roots(p)
r =
  - 3
  3/2
  2
```

例 6－46 求解方程组 $\begin{cases} 2x_1+2x_2-x_3=6 \\ x_1-2x_2+4x_3=3 \\ 5x_1+6x_2+x_3=28 \end{cases}$ 。

本例在例 5－11 中用数值计算方法求解，结果是带小数的数。下面用符号计算方法求解，请比较两种方法的结果的不同。

在命令行窗口依次输入下面的命令：

```
>>A = sym([2 2 -1; 1 -2 4; 5 6 1]);          %定义符号矩阵
>>b = sym([6; 3; 28]);
>>r1 = rank(A)                               %计算系数矩阵的秩
r1 =
    3
>>r2 = rank([A b])                           %计算增广矩阵的秩
r2 =
    3
>> x = A \ b
x =
   2/5
```

39/10

13/5

Symbolic Math Toolbox 提供了 solve 函数用于求解符号代数方程和方程组，调用格式如下：

- $S = \text{solve}(\text{eqn}, \text{var})$，求方程 eqn 关于指定变量 var 的解，若省略了 var，则所求的是由 symvar 所确定的变量的解。
- $S = \text{solve}(\text{eqn}, \text{var}, \text{Name}, \text{Value})$，通过 Name 和 Value 设置求解方程 eqn 时的一个或多个输入参数。Name 和 Value 的取值和作用见表 6-3。

表 6-3　solve 函数中参数 Name 与 Value 的取值和作用

Name	Value	作用
'ReturnConditions'	false（默认值）或 true	用于说明方程的解中是否包含参数和条件，若 Value 为 true，则求出带参数和条件的完全解，否则只求出特解。
'IgnoreAnalyticCon-straints'	false（默认值）或 true	设置 solve 函数在求解时的化简规则，若 Value 为 false，则用严格的化简规则进行化简；否则用纯代数的规则化简方程的解，但结果可能不适用于所有可能的变量值，需要进行验证。
'IgnoreProperties'	false（默认值）| true	设置 solve 函数返回的解是否受变量限定性假设的限制。若 Value 的值为 false，则返回的解不受限制，为全解；否则只返回变量限定性假设范围内的解。
'MaxDegree'	2（默认值）| 小于 5 的正整数	在求高阶多项式方程的解时，其解有可能是 RootOf 形式（隐式解）。若要求返回的解是显式解，则用该项参数设置多项式相对应的最高阶数。
'PrincipalValue'	false（默认值）| true	设置 solve 函数返回一个解还是多个解。若 Value 的值为 false，则返回多个解，否则只返回一个解。
'Real'	false（默认值）| true	设置 solve 函数返回所有解还是只返回实数解。若 Value 的值为 false，则返回所有解，否则只返回实数解。

注 1：若 eqn 是不含等号的符号表达式，则相当于是 eqn==0 的方程。

注 2：solve 函数也可以求解不等式。

注 3：如果 solve 无法求出精确解，则它会给出一个数值解。对于这类方程，可以调用 vpasolve 函数，具体格式参见 MATLAB 的帮助信息。

例 6-47　用 solve 函数求解例 6-45 中的方程。

在命令行窗口依次输入下面的命令：

```
>>syms x
>> s = solve(x^3 - 0.5 * x^2 - 7.5 * x + 9)
s =
```

```
                    -3
                    3/2
                    2
```

例 6 - 48　求方程 $x^3 - 8x^2 + 37x - 50 = 0$ 的实数解。

在命令行窗口依次输入下面的命令：

```
>>syms x
>> solve(x^3 - 8 * x^2 + 37 * x - 50 == 0, x, 'real', true)
ans =
     2
```

例 6 - 49　求方程 $\sin(x) = 1$ 的解。

在命令行窗口依次输入下面的命令：

```
>> syms x
>> solx1 = solve(sin(x) = = 1, x)        % 求出方程的特解
solx1 =
     pi/2
>> solx2 = solve(sin(x) = = 1, x, 'returnconditions', true)
                                    % 求出方程的所有解
solx2 =
  包含以下字段的 struct：
           x: [1 × 1 sym]
  parameters: [1 × 1 sym]
  conditions: [1 × 1 sym]
>> solx2. x                        % 所有解
ans =
     pi/2 + 2 * pi * k
>> solx2. parameters               % 解中的参数
ans =
     k
>> solx2. conditions               % 解中参数 k 的范围
ans =
     in (k, 'integer')
```

在求解多项式方程时，有时 solve 会返回带有 root 形式的解，这时我们可以通过 MaxDegree 参数尝试获得精确解。

例 6 - 50　求方程 $x^3 + 3x + 1 = 0$ 的解。

在命令行窗口依次输入下面的命令：

```
>> syms x
```

```
>> S = solve(x^3 + 3 * x + 1 = = 0, x)
 S =
     root(z^3 + 3 * z + 1, z, 1)
     root(z^3 + 3 * z + 1, z, 2)          % 求出的解是 root 形式
     root(z^3 + 3 * z + 1, z, 3)
>>S = solve(x^3 + 3 * x + 1 = = 0, x, 'MaxDegree', 3)
 S =
                    (5^(1/2)/2 - 1/2)^(1/3) - 1/(5^(1/2)/2 - 1/2)^(1/3)
1/(2 * (5^(1/2)/2 - 1/2)^(1/3)) - (3^(1/2) * (1/(5^(1/2)/2 - 1/2)^(1/3) + 5^(1/
2)/2 - 1/2)^(1/3)) * 1i)/2 - (5^(1/2)/2 - 1/2)^(1/3)/2
(3^(1/2) * (1/(5^(1/2)/2 - 1/2)^(1/3) + (5^(1/2)/2 - 1/2)^(1/3)) * 1i)/
2 + 1/(2 * (5^(1/2)/2 - 1/2)^(1/3)) - (5^(1/2)/2 - 1/2)^(1/3)/2
```

例 6-51　用 solve 函数求解例 6-46 中的方程组。

在命令行窗口依次输入下面的命令：

```
>> syms x1 x2 x3
>> x = solve([2 * x1 + 2 * x2 - x3 = = 6, x1 - 2 * x2 + 4 * x3 = = 3, 5 * x1 + 6 * x2 +
x3 = = 28], [x1 x2 x3])
x =
  包含以下字段的 struct：
    x1: [1x1 sym]
    x2: [1x1 sym]
    x3: [1x1 sym]
>>x1 = x. x1
x1 =
    2/5
>>x2 = x. x2
x2 =
    39/10
>>x3 = x. x3
    x3 =
    13/5
```

或者用下面的格式：

```
>> [x1 x2 x3] = solve([2 * x1 + 2 * x2 - x3 = = 6, x1 - 2 * x2 + 4 * x3 = = 3, 5 *
x1 + 6 * x2 + x3 = = 28], [x1 x2 x3])
x1 =
    2/5
x2 =
```

　　39/10

x3 =

　　13/5

例 6 - 52　λ 取何值时，齐次线性方程组 $\begin{cases} (1-\lambda)x - 2y + 4z = 0 \\ 2x + (3-\lambda)y + z = 0 \\ x + y + (1-\lambda)z = 0 \end{cases}$ 有非零解？

　　若方程组有非零解，则根据高等代数所学知识可知，其系数行列式的值必须等于 0。因此，我们只要求出使系数行列式等于 0 的 λ 值即可。

　　在命令行窗口依次输入下面的命令：

```
>> syms lamda;
>> A = [1 - lamda  - 2 4; 2 3 - lamda 1; 1 1 1 - lamda];
>> solve(det(A), lamda)
ans =
    0
    2
    3
```

　　由此可知，当 λ 取 0，2 或 3 时齐次线性方程组有非零解。

例 6 - 53　求解非线性方程组 $\begin{cases} x^2 + 2x + 1 = 0 \\ x + 3z = 4 \\ yz = -1 \end{cases}$。

　　在命令行窗口依次输入下面的命令：

```
>> syms x y z
>> [x y z] = solve([x^2 + 2 * x + 1 = = 0, x + 3 * z = = 4, y * z = = - 1], [x, y, z])
x =
   - 1
y =
   - 3/5
z =
   5/3
```

例 6 - 54　解不等式 $2x^2 + x - 1 > 0$。

　　在命令行窗口依次输入下面的命令：

```
>> syms x
>> S = solve(2 * x^2 + x - 1 > 0, x , 'ReturnConditions', true)
S =
   包含以下字段的 struct:
```

$$x: \begin{bmatrix} 2 \times 1 \ \text{sym} \end{bmatrix}$$
$$\text{parameters}: \begin{bmatrix} 1 \times 1 \ \text{sym} \end{bmatrix}$$
$$\text{conditions}: \begin{bmatrix} 2 \times 1 \ \text{sym} \end{bmatrix}$$

\>> S. conditions

ans =

　　$1/2 < \text{x}$

　　$\text{x} < -1$

6.4.2　微分方程的求解

6.4.2　微分方程的求解

微分方程的求解是高等数学的基础内容，5.5 节介绍了求微分方程数值解的方法，下面介绍利用 Symbolic Math Toolbox 中的 dsolve 函数求微分方程的精确解。求微分方程的解是非常复杂的，有时 dsolve 可能找不到一个显式解作为方程的解，甚至可能无解，这时我们只能求其数值解了。

常微分方程的求解函数是 dsolve，调用格式如下：

● $S =$ dsolve(eqn)，求常微分方程 eqn 的通解。

● $S =$ dsolve(eqn，cond)，求常微分方程 eqn 的初值问题或边值问题。

● $S =$ dsolve(eqn，cond，Name，Value)，通过一个或多个参数对 Name 和 Value 来设置求解的特殊要求。

注 1：eqn 是一个符号方程，这种形式必须先定义符号函数和符号变量，方程中的导数用 diff 函数表示，如 diff(y) 表示 y'，diff(y，2) 表示 y''，依此类推，等号用"=="（两个等号）表示。

注 2：Name 的取值有两个：'IgnoreAnalyticConstraints' 和 'MaxDegree'，其作用见表 6-3。

例 6-55　求常微分方程 $y'=2xy$ 的通解，并求满足初值条件 $x=0$，$y=1$ 的特解。

在命令行窗口依次输入下面的命令：

\>> syms y(x)　　　　　　　　　　　　　% 先定义符号函数 $y(x)$

\>> dsolve(diff(y) = = 2 * x * y)　　　　% 求通解

ans =

　　C1 * exp(x$^\wedge$2)

其中 C1 是常数，是由计算机自动产生的。

\>> dsolve(diff(y) = = 2 * x * y，y(0) = = 1)　　% 求特解

ans =

　　exp(x$^\wedge$2)

例 6-56　求二阶微分方程 $y''+5y'+4y=0$ 的通解和在初值条件 $y(0)=2$，$y'(0)=1$ 下的特解。

在命令行窗口依次输入下面的命令：

```
>> syms y(x)
>> dsolve(diff(y, 2) + 5 * diff(y) + 4 * y = = 0)      %求方程的通解
ans =
    C2 * exp( - x) + C3 * exp( - 4 * x)
>> dy = diff(y);
>> dsolve(diff(y, 2) + 5 * diff(y) + 4 * y = = 0, y(0) = = 2, dy(0) = = 1)
                                          %求方程的特解
ans =
    3 * exp( - x) - exp( - 4 * x)
```

注：当初值条件包含 $y'(a)=b$ 时，要定义一符号函数 dy=diff(y)，用 dy(a)=b 代替 $y'(a)=b$，同理，定义 d2y=diff(y, 2)，…，依此类推。

例 6 - 57　求微分方程 $xy''-3y'=x^2$ 在边值条件 $y(1)=0$，$y(5)=0$ 下的特解，并绘制解的函数图像。

在 MATLAB 中建立命令文件如下：

```
%文件名为 ex6_57
syms y(x)
y = dsolve(x * diff(y, 2) - 3 * diff(y) == x^2, y(1) = = 0, y(5) = = 0)
                                          %求特解
fplot(y, [0, 6])                          %绘制解函数图像
hold on
y1 = subs(y, x, 1);
y5 = subs(y, x, 5);
plot([1, 5], [y1, y5], '. r', 'markersize', 20)   %绘制边值条件
hold off
text(1, 0.5, 'y(1) = 0');
text(5.1, 0.5, 'y(5) = 0');
```

在命令行窗口输入下面的命令：

```
>> ex6_57
y =
    (31 * x^4)/468 - x^3/3 + 125/468
```

运行结果如图 6 - 2 所示。

例 6 - 58　求微分方程组 $\begin{cases} \dfrac{dx}{dt}+\dfrac{dy}{dt}+2x+y=0 \\ \dfrac{dy}{dt}+5x+3y=0 \end{cases}$ 的通解。

在命令行窗口依次输入下面的命令：

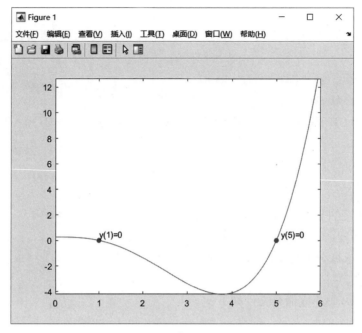

图 6 - 2　微分方程解的函数图像

$\gg$ syms x(t) y(t)

$\gg$ [x y] = dsolve(diff(x) + diff(y) + 2 * x + y == 0, diff(y) + 5 * x + 3 * y == 0)

x =

　　C1 * (cos(t)/5 + (3 * sin(t))/5) − C2 * ((3 * cos(t))/5 − sin(t)/5)

y =

　　C2 * cos(t) − C1 * sin(t)

注：解微分方程组时，如果所给的输出个数与方程个数相同，则方程组的解按字母表顺序输出；如果只给一个输出，则输出的是一个包含解的结构类型的数据。本例也可以在命令行窗口输入下面的命令来完成：

$\gg$ syms x(t) y(t)

$\gg$ s = dsolve(diff(x) + diff(y) + 2 * x + y == 0, diff(y) + 5 * x + 3 * y == 0)

s =

包含以下字段的 struct：

　　y: [1x1 sym]

　　x: [1x1 sym]

$\gg$ s. x

ans =

　　C1 * (cos(t)/5 + (3 * sin(t))/5) − C2 * ((3 * cos(t))/5 − sin(t)/5)

$\gg$ s. y

ans =

$$C2 * \cos(t) - C1 * \sin(t)$$

6.5 积分变换

　　积分变换是指通过参变量积分将一个已知函数 f(原函数) 变为另一个函数 F(像函数)。已给 $f(x)$，如果 $F(s) = \int_a^b K(s, x)f(x)\mathrm{d}x$ 存在(a、b 可为无穷)，则称 $F(s)$ 为 $f(x)$ 以 $K(s, x)$ 为核的积分变换。

　　积分变换在物理学、数论、组合数学、信号处理、概率论、统计学、密码学、声学、光学、数字图像处理等领域都有着广泛的应用。在解微分方程时，如果不容易从原方程求出解 f，则对方程进行变换；如果能从变换后的方程求出解 F，则对 F 进行逆变换，即可求得原方程的解 f。不同的变换核决定了变换的不同名称，最重要的积分变换有傅立叶变换、拉普拉斯变换等。

6.5.1 傅立叶变换及其反变换

　　函数 $f(t)$ 与它的傅立叶变换 $F(\omega)$ 之间存在如下关系：

$$F(\omega) = \int_{-\infty}^{+\infty} f(t)\mathrm{e}^{-i\omega t}\mathrm{d}t$$

$$f(t) = \frac{1}{2\pi}\int_{-\infty}^{+\infty} F(\omega)\mathrm{e}^{i\omega t}\mathrm{d}\omega$$

　　在 MATLAB 中傅立叶变换及其逆变换的函数为 fourier 和 ifourier。ifourier 函数的用法与 fourier 函数相同。

　　● fourier(f)，求自变量为 x 的函数 f 的 fourier 变换——关于自变量 w 的函数 F。若 f 不含自变量 x，则自变量为 symvar 所决定的默认变量。

　　● fourier(f, transVar)，求自变量为 x 的函数 f 的傅立叶变换，其中 F 是符号变量 transVar 的函数。

　　● fourier(f, var, transVar)，求自变量为 var 的函数 f 的傅立叶变换，其中 F 是符号变量 transVar 的函数。

　　例 6-59　求 $f(x) = \mathrm{e}^{-x^2}$ 的傅立叶变换及逆变换。
　　在命令行窗口依次输入下面的命令：

```
>> syms x
>> f = exp(-x^2);
>> F = fourier(f)              % 求函数 f(x)=e^{-x²} 的傅立叶变换
F =
    pi^(1/2) * exp(-w^2/4)
>> ff = ifourier(F)            % 求 F(w) 的逆变换
```

```
ff =
    exp( - x^2)
```

例 6 - 60　求 $f(x) = x^3$ 的傅立叶变换及逆变换。

```
>> syms x y
>> f = x^3；
>> F = fourier(f，y)
F =
    - pi * dirac(3，y) * 2i
>> ff = ifourier(F)
ff =
    x^3
```

注：dirac 表示狄拉克 δ 函数，又称脉冲函数。该函数在除了零以外的点处的取值都等于零，而其在整个定义域上的积分等于 1。

6.5.2　拉普拉斯变换及其逆变换

拉普拉斯变换和逆变换的定义为

$$F(s) = \int_0^\infty f(t) e^{-st} \, dt$$

$$f(t) = \frac{1}{2\pi i} \int_{c-i\infty}^{c+i\infty} F(s) e^{st} \, ds$$

在 MATLAB 中计算拉普拉斯变换及其逆变换的函数是 laplace 和 ilaplace，两个函数除函数名不同外，参数和格式均一样。调用格式如下：

● laplace(f)，求自变量为 t 的函数 f 的拉普拉斯变换——关于自变量 s 的函数 F。若 f 不含自变量 t，则自变量为 symvar 所决定的默认变量。

● laplace(f，transVar)，求自变量为 t 的函数 f 的拉普拉斯变换，其中 F 是符号变量 transVar 的函数。

● laplace(f，var，transVar)，求自变量为 var 的函数 f 的拉普拉斯变换，其中 F 是符号变量 transVar 的函数。

例 6 - 61　求 $\sin(at)$ 和阶跃函数的拉普拉斯变换。

在命令行窗口依次输入下面的命令：

```
>>syms a tx
>>F1 = laplace(sin(a * t))            % 求 sin(at) 的拉普拉斯变换
F1 =
    a/(a^2 + s^2)
>> F2 = laplace(heaviside(t)，x)       % 求阶跃函数的拉普拉斯变换
F2 =
    1/x
```

注：heaviside 是单位阶跃函数，该函数的定义如下：

$$h(t) = \begin{cases} 1, & t > 0 \\ \dfrac{1}{2}, & t = 0 \\ 0, & t < 0 \end{cases}$$

6.5.3　Z 变换及其逆变换

Z 变换及其逆变换的定义为：

$$F(z) = \sum_{n=0}^{\infty} f(n) z^{-n}$$
$$f(n) = Z^{-1}\{F(z)\}$$

计算 Z 变换及其逆变换的符号函数是 ztrans 和 iztrans，调用格式如下：

● ztrans(f)，求自变量为 n 的函数 f 的 Z 变换——关于自变量 z 的函数 F。若 f 不含自变量 z，则自变量为 symvar 所决定的默认变量。

● ztrans(f, transVar)，求自变量为 n 的函数 f 的 Z 变换，其中 F 是符号变量 transVar 的函数。

● ztrans(f, var, transVar)，求自变量为 var 的函数 f 的 Z 变换，其中 F 是符号变量 transVar 的函数。

逆变换 iztrans 的格式与 ztrans 完全相同。

例 6 - 62　求 a^n 的 Z 变换。

在命令行窗口依次输入下面的命令：

```
>> syms a n
>> f = a^n;
>> Fz = ztrans(f)
Fz =
    -z/(a - z)
```

例 6 - 63　利用 Z 变换求解差分方程 $p(n+2) = p(n+1) + p(n)$，$p(0) = 1$，$p(1) = 1$。

分析：斐波那契数列（Fibonacci sequence），又称黄金分割数列，因数学家斐波那契以兔子繁殖为例子而引入，故又称为"兔子数列"，指的是这样一个数列：1，1，2，3，5，8，13，21，…。斐波纳契数列的递推公式是：$p(0) = 1$，$p(1) = 1$，$p(n+2) = p(n+1) + p(n)$（$n \geqslant 0$，$n \in N^*$）。

在命令行窗口依次输入下面的命令：

```
>>syms p(n) z Pz
>>eq = p(n + 2) - p(n + 1) - p(n);
>>Zeq = ztrans(eq, n, z)
```

%首先求差分方程的 Z 变换，将差分方程转化为线性方程

Zeq =

$z * p(0) - z * ztrans(p(n),n,z) - z * p(1) + z^2 * ztrans(p(n),n,z) - z^2 * p(0) - ztrans(p(n),n,z)$

`>>Zeq = subs(Zeq,{ztrans(p(n),n,z),p(0),p(1)},{Pz,1,1})`

%然后用 Pz 替换 ztrans$(p(n),n,z)$及初始条件 $p(0)=1, p(1)=1$

Zeq =

$Pz * z^2 - Pz * z - Pz - z^2$

`>>eq = collect(Zeq,Pz)`   %合并同类项

eq =

$(z^2 - z - 1) * Pz - z^2$

`>>P = solve(eq,Pz)`   %求方程 eq 关于 Pz 的解

P =

$-z^2/(-z^2 + z + 1)$

`>>p = iztrans(P,z,n);`   %用逆变换恢复 $p(n)$

`>>m = 1:14;`

`>>y = real(double(subs(p,n,m)))`   %求出 $p(n), n=1,2,\cdots,12$

y =

1 至 7 列

  1   2   3   5   8   13   21

8 至 12 列

  34   55   89   144   233   377   610

习题六

一、选择题

1. 下面符号对象的定义错误的是（　　）。

   A. x＝sym(0.5，'real')   B. x＝sym(0.5，'r')

   C. x＝sym(0.5，'f')   D. x＝sym('x')

2. 执行下面命令后，s＝（　　）。

`>>x＝sym(0.5)；y＝sym(0.75)；s＝x+y`

   A. 1.25   B. 1.3   C. 5/4   D. 2

3. 执行 "syms a real;" 语句后，a 的数据类型是（　　）。

   A. double   B. char   C. sym   D. cell

4. 在 MATLAB 中，能正确的把 x、y 定义成符号变量的指令是（　　）。

   A. sym x y   B. sym x，y   C. syms x，y   D. syms x y

5. 若"x＝0.1;"，则 sym(x) 等于（　　）。
  A.　1/10
  B.　eps/40 ＋ 1/10
  C.　0.1000
  D.　3602879701896397/36028797018963968

6. 若在 MATLAB 中已有语句"a＝sym(5)；b＝3；x＝sym('b')"，则以下叙述正确的是（　　）。
  A.　a 和 x 都是符号常量
  B.　a 和 x 都是符号变量
  C.　a 是符号常量，x 是符号变量
  D.　x 是符号常量，a 是符号变量

7. 把 123 456 789 123 456 789 转化为符号数的正确命令是（　　）。
  A.　sym(123456789123456789)
  B.　sym('123456789123456789')
  C.　syms 123456789123456789
  D.　syms '123456789123456789'

8. 把 12.345 转换为最接近的有理数表示的符号数的命令是（　　）。
  A.　sym(12.345，'r')
  B.　sym(12.345，'d')
  C.　sym(12.345，'e')
  D.　sym(12.345，'f')

9. 在 MATLAB 中，定义 x 为有理数域上的符号变量的命令是（　　）。
  A.　x＝sym('x', 'real')
  B.　x＝sym('x', 'positive')
  C.　x＝sym('x', 'integer')
  D.　x＝sym('x', 'rational')

10. 若 S 是一个符号表达式，则对 S 进行因式分解的命令是（　　）。
  A.　compose(S)
  B.　factor(S)
  C.　collect(S)
  D.　expand(S)

11. 若 S 是一个符号表达式，则对 S 进行通分的函数名是（　　）。
  A.　collect　　B.　expand　　C.　numden　　D.　simplify

12. 若使用 taylor(f，x，4，'Order'，7) 对 f 进行泰勒展开，则展开式的最高阶数是（　　）。
  A.　4　　B.　5　　C.　6　　D.　7

13. 下面的命令表示（　　）。
```
>>syms a x y
>>f = (sin(a * x) + y^2 * cos(x))
>>dfdx = diff(f)
```
  A.　对 a 求一阶微分
  B.　对 y 求一阶微分
  C.　对 x 求二阶微分
  D.　对 x 求一阶微分

14. 计算 $\lim\limits_{x\to+\infty}\dfrac{\sqrt{x^2+1}-3x}{x+\sin x}$ 的命令错误的是（　　）。
  A.　syms x;limit((sqrt(x^2+1)−3 * x)/(x+sin(x)))
  B.　syms x;limit((sqrt(x^2+1)−3 * x)/(x+sin(x)),inf)
  C.　syms x;limit((sqrt(x^2+1)−3 * x)/(x+sin(x)),Inf)
  D.　syms x;limit((sqrt(x^2+1)−3 * x)/(x+sin(x)),x,inf)

15. 设 $y=e^x\cos x$，求 y 的 4 阶导数的命令错误的是（　　）。
  A.　syms f(x);f(x)＝exp(x) * cos(x);diff(f,4)

  B. syms f(x);f(x)＝exp(x) * cos(x);diff(f,x,4)

  C. syms f(x);f(x)＝exp(x) * cos(x);diff(f,4,x)

  D. syms f(x);f(x)＝exp(x) * cos(x);diff(f,x)

16. 求函数 $f(x)=\mathrm{e}^{-\frac{x^2}{2}}$ 的 6 阶麦克劳林多项式的命令是（ ）。

  A. syms x;f＝exp(－x$^\wedge$2/2);taylor(f,x,0,6)

  B. syms x;f＝exp(－x$^\wedge$2/2);taylor(f,x,7)

  C. syms x;f＝exp(－x$^\wedge$2/2);taylor(f,x,0,'order',7)

  D. syms x;f＝exp(－x$^\wedge$2/2);taylor(f,x,0,'order',6)

二、填空题

1. 设置符号数字的有效数字为 20 位的命令是＿＿＿＿＿＿。

2. 设定符号数字"十进制浮点"表示的有效数字为 8 位的命令是＿＿＿＿＿＿。

3. 符号表达式 $3x^2+y+a$ 中默认的自由变量是＿＿＿＿＿＿。

4. 执行命令"x＝sym(0.5);y＝sym(0.75);s＝x＋y"后，$s＝$＿＿＿＿＿＿。

5. 执行命令"syms f(x);f(x)＝3 * x$^\wedge$2＋4 * x－5;y＝subs(f,2)"后，$y(x)＝$＿＿＿＿＿＿。

6. 执行命令"x＝sym(3);y＝sym(5);s＝x＜y"后，$s＝$＿＿＿＿＿＿。

三、判断题

1. sym 和 syms 都可以一次定义若干个符号变量。

2. 用 clear all 删除变量时，会同时清除符号变量的限定性假设。

3. 在符号运算中，求函数的积分和定积分都是调用 int 函数。

4. diff 函数在数值计算中求差分，在符号运算中求导数。

5. solve 函数可以求解代数方程或方程组，也可以求解不等式。

6. dsolve 函数可以求解常微分方程的初值问题，也可以求解边值问题。

四、上机操作题

1. 求下列矩阵的逆：

(1) $A=\begin{bmatrix} 2 & 2 & 3 \\ 1 & -1 & 0 \\ -1 & 2 & 1 \end{bmatrix}$；

(2) $A=\begin{bmatrix} 3 & 3 & -4 & -3 \\ 0 & 6 & 1 & 1 \\ 5 & 4 & 2 & 1 \\ 2 & 3 & 3 & 2 \end{bmatrix}$。

2. 因式分解 $x^4-5x^3+5x^2+5x-6$。

3. 合并 $(x+1)^3+(x-1)^2+5x-6$ 的同类项。

4. 求 $(x+1)^6$ 的展开式。

5. 求 $f(x,y)=\dfrac{1}{x^3-1}+\dfrac{1}{x^2+y+1}+\dfrac{1}{x+y+1}+8$ 的分子和分母。

6. 求极限：

(1) $\lim\limits_{x\to\infty}\dfrac{\sin x}{x}$；

(2) $\lim\limits_{x\to 0}\dfrac{\sqrt{1+x}-\sqrt{1-x}}{\sqrt[3]{1+x}-\sqrt[3]{1-x}}$；

(3) $\lim\limits_{x\to 0+}x^{x}$；

(4) $\lim\limits_{x\to\frac{\pi}{2}}\dfrac{\ln\sin x}{(\pi-2x)^{2}}$；

(5) $\lim\limits_{x\to\infty}\left(\dfrac{5x^{2}}{1-x^{2}+2^{\frac{1}{x}}}\right)$。

7. 设数列 $x_n=\dfrac{1}{1^3}+\dfrac{1}{2^3}+\cdots+\dfrac{1}{n^3}$，计算数列前 30 项的和。

8. 求下列函数的导数：

(1) $f(t)=\dfrac{1-\sqrt{t}}{1+\sqrt{t}}$，求 $f'(4)$；

(2) $y=\mathrm{e}^{x}\cos x$，求 $y^{(4)}$。

9. 求参数方程 $\begin{cases}x=\mathrm{e}^{t}\cos t\\ y=\mathrm{e}^{t}\sin t\end{cases}$ 确定的函数的导数。

10. 求由方程 $2x^{2}-2xy+y^{2}+x+2y+1=0$ 确定的隐函数的导数。

11. 求下列函数的偏导数：

(1) $z=a\sin(xy)$，求 $\dfrac{\partial z}{\partial y}$；

(2) $u=\mathrm{e}^{x+y+z^{2}}$，求 $\dfrac{\partial u}{\partial z}$。

12. 求下列不定积分：

(1) $\displaystyle\int\dfrac{\sin 2x\,\mathrm{d}x}{\sqrt{1+\sin^{2}x}}$；

(2) $\displaystyle\int\dfrac{\mathrm{d}x}{\sqrt{x^{2}+5}}$。

13. 求下列定积分：

(1) $\displaystyle\int_{0}^{\pi}\sqrt{\sin^{3}x-\sin^{5}x}\,\mathrm{d}x$；

(2) $\displaystyle\int_{0}^{1}\mathrm{e}^{\frac{x^{2}}{2}}\,\mathrm{d}x$；

(3) $\displaystyle\int_{-\pi}^{2\pi}\mathrm{e}^{2x}\sin^{2}2x\,\mathrm{d}x$。

14. 求下列代数方程的精确解：

(1) $x\cdot 2^{x}-1=0$；　　　(2) $x=3\sin x+1$。

15. 求下列线性方程组的精确解：

(1) $\begin{cases} x_1 - x_2 + x_3 - x_4 = 1 \\ x_1 - x_2 - x_3 + x_4 = 1 \\ x_1 - x_2 - 2x_3 + 2x_4 = -\dfrac{1}{2} \end{cases}$；

(2) $\begin{cases} x_1 - x_2 + 4x_3 - 2x_4 = 0 \\ x_1 - x_2 - x_3 + 2x_4 = 0 \\ 3x_1 + x_2 + 7x_3 - 2x_4 = 0 \\ x_1 - 3x_2 - 12x_3 + 6x_4 = 0 \end{cases}$。

16. 设 $f(x) = x^2 - 3x + 4$，由积分中值定理，存在 $\xi \in (2, 6)$，使 $f(\xi) = \dfrac{1}{6-2} \int_2^6 f(x) \mathrm{d}x$，求 ξ 的近似值。

17. 求函数 $f(x) = \mathrm{e}^{-\frac{x^2}{2}}$ 在 $x_0 = 1$ 处的 6 阶麦克劳林多项式，并用此多项式计算 $f(5)$ 的近似值。

18. 求下列微分方程的通解：

(1) $y'' + 3y' + \mathrm{e}^x = 0$；　　　(2) $y^n - \mathrm{e}^{2y} y' = 0$。

19. 求微分方程的给定初值问题的解：

(1) $\begin{cases} x^2 + 2xy - y^2 + (y^2 + 2xy - x^2) \dfrac{\mathrm{d}y}{\mathrm{d}x} = 0 \\ y \mid_{x=1} = 1 \end{cases}$；

(2) $\begin{cases} (x^2 - 1) \dfrac{\mathrm{d}y}{\mathrm{d}x} + 2xy - \cos x = 0 \\ y \mid_{x=0} = 1 \end{cases}$；

(3) $\begin{cases} \dfrac{\mathrm{d}^2 y}{\mathrm{d}x^2} = \cos(2x) - y \\ y(0) = 1, \ y'(0) = 0 \end{cases}$。

20. 求微分方程 $\begin{cases} \dfrac{\mathrm{d}^2 y}{\mathrm{d}x^2} = y, \ x \in [0, 2] \\ y(0) = 1, \ y'(0) = -1 \end{cases}$ 的解。

21. λ 为何值时，$\begin{cases} (2-\lambda)x + 2y - 2z = 1 \\ 2x + (5-\lambda)y - 4z = 2 \\ -2x - 4y + (5-\lambda)z = -\lambda - 1 \end{cases}$　　　有无穷多个解？并求解。

第七章

概率统计

统计学是数学的重要分支之一，在生产和实践中的应用也十分广泛，如气象预报、地震预报及产品的抽样检测。MATLAB 中提供了 Statistics and Machine Learning Toolbox 工具箱，用于解决统计方面的问题。

7.1 随机变量及其概率分布

设随机实验的样本空间 $S=\{e\}$，$X=X(e)$ 是定义在样本空间 S 上的实值单值函数，称 $X=X(e)$ 为随机变量。若 X 仅取数轴上的有限个点，则称此随机变量为离散型随机变量；若 X 的取值充满数轴上的一个区间 $(a，b)$，则称此随机变量为连续型随机变量。

设 X 是一个随机变量，对任意实数 x，事件"$X\leqslant x$"的概率是 x 的函数，记为：

$$F(x)=P(X\leqslant x)$$

这个函数称为 X 的累积概率分布函数，简称分布函数。

7.1.1 数学期望

数学期望（又称为均值）是概率统计中的重要概念，离散型随机变量 X 的数学期望的定义是：

$$E(X)=\sum_k x_k p_k$$

在 MATLAB 中可以用 sum 函数计算数学期望。

例 7-1 新生儿出生时，医生要根据各种指标进行评分，新生儿的得分 X 是一个随机变量，设随机变量 X 的分布律如表 7-1 所示。

表 7-1　新生儿指标

X	0	1	2	3	4	5	6	7	8	9	10
p_k	0.02	0.002	0.005	0.05	0.03	0.06	0.019	0.29	0.314	0.12	0.09

试求 X 的数学期望 $E(X)$。

在命令行窗口依次输入下面的命令：

```
>>x = 0:10;
>>p = [0.02 0.002 0.005 0.05 0.03 0.06 0.019 0.29 0.314 0.12 0.09];
>> EX = sum(x. * p)
EX =
    7.2180
```

对于给定的一组样本值 $x = [x_1, x_2, \cdots, x_n]$，样本均值可定义为：

$$E(x) = \frac{1}{n} \sum_{i=1}^{n} x_i$$

在 MATLAB 中用 mean 函数计算，其调用格式如下：

● mean(A)，计算 A 的平均值，如果 A 是向量，则返回向量元素的平均值，如果 A 是矩阵，则返回矩阵各列元素的平均值构成的向量。

● mean(A，dim)，沿给定的维数方向求平均值，dim＝1 表示沿列方向，dim＝2 表示沿行方向。

例 7-2　从参加数学考试的学生中抽取 30 名学生的成绩，分数如下：

92，85，66，98，52，72，70，89，90，60，75，73，83，86，88，

64，84，83，59，56，75，98，68，80，62，88，63，76，85，95，

计算其样本均值。

在命令行窗口依次输入下面的命令：

```
>>X = [92, 85, 66, 98, 52, 72, 70, 89, 90, 60, 75, 73, 83, 86, 88, 64, 84, 83, 59, 56, 75, 98, 68, 80, 62, 88, 63, 76, 85, 95]
>>mean(X)            %计算每一列的平均值
  ans =
     77.1667
```

7.1.2　方差与标准差

设 X 是一个随机变量，若数学期望 $E[[X-E(X)]^2]$ 存在，则 $E[[X-E(X)]^2]$ 称为 X 的方差，记为 $D(X)$ 或 $\mathrm{Var}(X)$。方差的平方根称为标准差或均方差，方差刻画了随机变量对它的均值的偏离程度。

MATLAB 提供了两个函数 var 和 std 分别求方差和标准差。

1. 方差

● $V = \mathrm{var}(X)$，计算 X 的方差。若 X 为向量，则 V 是一个标量；若 X 为矩阵，则

计算矩阵每一列的方差，V 是一个向量。

- $V = \text{var}(X,w)$，通过参数 w 设置加权方式，若 $w=0$（默认），则置前因子为 $\dfrac{1}{n-1}$；若 $w=1$，则置前因子为 $\dfrac{1}{n}$；w 还可以是一个包含非负数的向量，且长度与 X 相同。

2. 标准差

- $S=\text{std}(X)$，计算 X 的标准差。如果 X 为向量，则 S 是一个标量；如果 X 为矩阵，则计算矩阵每一列的标准差，V 是一个向量。置前因子为 $\dfrac{1}{n-1}$，即 $\text{std} = \sqrt{\dfrac{1}{n-1}\sum\limits_{i=1}^{n}(X_i-\overline{X})^2}$。

- $S=\text{std}(X,w)$，通过参数 w 设置加权方式，若 $w=0$（默认），则置前因子为 $\dfrac{1}{n-1}$；若 $w=1$，则置前因子为 $\dfrac{1}{n}$；w 还可以是一个包含非负数的向量，且长度与 X 相同。

例 7-3　计算例 7-2 中样本数据的方差和标准差。

在命令行窗口依次输入下面的命令：

```
>>X = [92, 85, 66, 98, 52, 72, 70, 89, 90, 60, 75, 73, 83, 86, 88, 64,
84, 83, 59, 56, 75, 98, 68, 80, 62, 88, 63, 76, 85, 95];
>> DX1 = var(X)
DX1 =
  168.7644
>>DX2 = var(X, 1)
DX2 =
    163.1389
>> sigma1 = std(X)
sigma1 =
    12.9909
>>sigma2 = std(X, 1)
sigma2 =
    12.7726
```

7.1.3　协方差与相关系数

随机变量 X 和 Y 的协方差定义为 $E[(X-E(X))(Y-E(Y))]$，记为 $\text{Cov}(X,Y)$。而

$$\rho_{XY}=\frac{\text{Cov}(X,Y)}{\sqrt{D(X)}\,\sqrt{D(Y)}}$$

称为随机变量 X 与 Y 的相关系数。协方差和相关系数可以用来描述随机变量 X 和 Y 是否相关。在 MATLAB 中用 cov 和 corrcoef 函数计算协方差和相关系数，调用格式如下：

1. 协方差

- $C=\mathrm{cov}(X)$，求随机变量 X 的协方差。若 X 是向量，则 C 就是 X 的方差；若 X 是矩阵，其每一列表示一个随机变量，则 C 是协方差矩阵。

- $C=\mathrm{cov}(A，B)$，求随机变量 A 和 B 的协方差。若 A 和 B 是等长的向量，则 C 是 2×2 块的协方差矩阵，即 $C=\begin{pmatrix}\mathrm{cov}(A，A)&\mathrm{cov}(A，B)\\\mathrm{cov}(B，A)&\mathrm{cov}(B，B)\end{pmatrix}$；若 A 和 B 是矩阵，则 A 和 B 均看作是向量，等价于 $\mathrm{cov}(A(:)，B(:))$。

2. 相关系数

- $R=\mathrm{corrcoef}(A)$，返回 A 的相关系数，其中 A 的每一列为一个随机变量。

- $R=\mathrm{corrcoef}(A，B)$，返回随机变量 A 和 B 的相关系数矩阵 $R=\begin{pmatrix}\rho_{AA}&\rho_{AB}\\\rho_{BA}&\rho_{BB}\end{pmatrix}$。

例 7 - 4 求表 7 - 2 中两个样本数据的协方差和相关系数。

表 7 - 2　样本数据

X	0	-1	1	3	0
Y	1	2	2	6	5

在命令行窗口依次输入下面的命令：

```
>> X = [0 -1 1 3 0]; Y = [1 2 2 6 5];
>> C = cov(X, Y)
C =
    2.3000    2.1000
    2.1000    4.7000
>> R = corrcoef(X, Y)
R =
    1.0000    0.6387
    0.6387    1.0000
```

7.1.4　常用离散分布

1. 二项分布

在 n 重伯努利试验中，重复进行了 n 次相互独立的试验，且每次试验只有两个结果：A（成功）和 $\bar{A}$（失败）。其中 A 发生的概率为 p，则发生 A 结果 x 次的概率为：

$$P(X=x)=\mathrm{C}_n^x p^x(1-p)^{n-x}，x=0，1，\cdots，n$$

发生 A 结果次数不大于 x 次的概率为：

$$F(x)=P(X\leqslant x)=\sum_{k=0}^{x}\mathrm{C}_n^k p^k(1-p)^{n-k}，x=0，1，\cdots，n$$

在 MATLAB 中，与二项分布有关的函数有：binopdf、binocdf、binostat。

● $y =$ binopdf(x, n, p)，计算成功概率为 p、独立试验次数为 n、发生 x 次成功的二项分布的概率值。

● $p =$ binocdf(x, n, p)，计算成功概率为 p、独立试验次数为 n、发生不超过 x 次成功的二项分布的累积概率值。

● $[M, V] =$ binostat(n, p)，计算二项分布 $b(n, p)$ 的数学期望 M 和方差 V。

其中，x、n、p 可以是标量、向量、矩阵或多维数组，但大小必须相同，且 n 必须是正整数，$x \in [0, n]$，$p \in [0, 1]$。

例 7-5 甲、乙两棋手约定进行 10 盘比赛，赢的盘数较多者获胜。设在每盘中甲赢的概率为 0.6，乙赢的概率为 0.4，在各盘比赛相互独立的假设下，甲胜、乙胜和不分胜负的概率各是多少？

分析：把每下一盘棋看作一次伯努利试验，甲赢看作成功，则成功概率为 0.6。若记 X 为 10 盘棋赛中甲赢的盘数，则 $X \sim b(10, 0.6)$。

在命令行窗口依次输入下面的命令：

```
>> p1 = binocdf(4, 10, 0.6)          % 计算 P(X ≤ 4)
p1 =
    0.1662
>> p2 = binocdf(5, 10, 0.6)          % 计算 P(X ≤ 5)
p2 =
    0.3669
>> p3 = binopdf(5, 10, 0.6)          % 计算 P(X = 5)
p3 =
    0.2007
>> p4 = 1 - p2                        % 计算 P(X ≥ 6)
ans =
    0.6331
```

由此可得下面结论：甲胜的概率为 0.633 1，乙胜的概率为 0.166 2，甲乙不分胜负的概率为 0.200 7。

2. 泊松分布

泊松分布是二项分布的近似，在二项分布 $b(n, p)$ 中，若 n 大，p 小，当乘积 np 大小适中时，令 $\lambda = np$，则

$$P(X = x) = \frac{\lambda^x}{x!} e^{-\lambda}, \ x = 0, 1, \cdots$$

在 MATLAB 中，与泊松分布有关的函数有：poisspdf、poisscdf、poissstat。

● $y =$ poisspdf(x, lambda)，计算参数为 lambda、发生 x 次成功的泊松分布的概率值。

● $p =$ poisscdf(x, lambda)，计算参数为 lambda、发生不超过 x 次成功的泊松分布

的累积概率值。

- $[M, V]$=poisstat(lambda)，计算泊松分布 $P(\lambda)$ 的数学期望 M 和方差 V。

其中，x，lambda 可以是标量、向量、矩阵或多维数组，但大小必须相同，且 lambda 必须是正数。

例 7 - 6 为保证设备的正常运转，工厂需要配备若干名维修工人。若每台设备发生故障的概率都是 0.01，且是相互独立的。

（1）若用 1 名维修工负责维修 20 台设备，则设备发生故障而不能及时维修的概率是多少？

（2）若用 3 名维修工负责维修 80 台设备，则设备发生故障而不能及时维修的概率是多少？

（3）若有 300 台设备，需要配多少名维修工，才能使得不到及时维修的概率不超过 0.01？

分析： 若有 n 台设备，则 n 台设备中同时发生故障的台数 X 服从二项分布 $b(n, 0.01)$。由于 $p=0.01$ 很小，所以可以把 X 近似看作服从泊松分布。

（1）计算 20 台设备中同时有 2 台和 2 台以上发生故障的概率。

在命令行窗口依次输入下面的命令：

```
>> lambda1 = 20 * 0.01
lambda1 =
    0.2000
>> p1 = 1 - poisscdf(1, lambda1)          % 计算 P(X ≥ 2)
p1 =
    0.0175
```

（2）计算 80 台设备中同时有 4 台和 4 台以上发生故障的概率。

在命令行窗口依次输入下面的命令：

```
>> lambda2 = 80 * 0.01
lambda2 =
    0.8000
>> p2 = 1 - poisscdf(3, lambda2)          % 计算 P(X ≥ 4)
p2 =
    0.0091
```

（3）在 MATLAB 中建立命令文件如下：

```
% 文件名为 ex7_6
n = 300;
lambda = n * 0.01;
for i = 0: n
    p = poisscdf(i, lambda);
```

```
if 1 - p< = 0. 01
    fprintf('需要配 % d 名维修工 \ n', i);
    break;
end
end
```

在命令行窗口输入下面的命令：

>>ex7_6
需要配 8 名维修工

3. 超几何分布

超几何分布是统计学中的一种离散概率分布。它描述了从有限个物品中抽出 N 个物品，成功抽出指定种类的物品的次数（不归还）。

设有 M 个产品组成的总体，其中含有 K 个不合格品。若从中随机不放回地抽取 N 个，则其中含有不合格品的个数 X 是一个离散随机变量，服从超几何分布，记为 $X \sim h(N, M, K)$ 且

$$P(X = x) = \frac{C_K^x C_{M-K}^{N-x}}{C_M^N}, \ x = 0, 1, \cdots, r$$

其中 $r = \min(N, K)$。

在 MATLAB 中，与超几何分布有关的函数有：hygepdf、hygecdf、hygestat。

- $y = $hygepdf$(x, M, K, N)$，计算超几何分布 $h(N, M, K)$ 在 x 处的概率值。
- $p = $hygecdf$(x, M, K, N)$，计算超几何分布 $h(N, M, K)$ 在 x 处的累积概率值。
- $[MN, V] = $hygestat$(M, K, N)$，计算超几何分布 $h(N, M, K)$ 在 x 处的数学期望 MN 和标准差 V。

其中，x, M, K, N 可以是标量、向量、矩阵，但大小必须相同。

例 7-7　某工厂生产的 20 个产品中有 5 个不合格品，若从中随机抽取 8 个产品，试求其中不合格品数 X 的概率分布。

分析：按题意有 $M = 20$，$K = 5$，$N = 8$。

在命令行窗口依次输入下面的命令：

```
>> x = 0：5;
>> p = hygepdf(x, 20, 5, 8)
p =
    0.0511    0.2554    0.3973    0.2384    0.0542    0.0036
```

由此可得 X 的分布列（见表 7-3）。

表 7-3　X 的分布列

X	0	1	2	3	4	5
P	0.051 1	0.255 4	0.397 3	0.238 4	0.054 2	0.003 6

7.1.5　常用连续分布

1.　正态分布

概率密度为

$$f(x)=\frac{1}{\sqrt{2\pi}\sigma}\mathrm{e}^{-\frac{(x-\mu)^2}{2\sigma^2}},\ -\infty<x<\infty$$

的分布称为正态分布，记为 $N(\mu,\sigma^2)$。其分布函数为

$$F(x)=\frac{1}{\sqrt{2\pi}\sigma}\int_{-\infty}^{x}\mathrm{e}^{-\frac{(x-\mu)^2}{2\sigma^2}}\mathrm{d}x,\ -\infty<x<\infty$$

在 MATLAB 中，与正态分布有关的函数有：normpdf、normcdf、normstat。

● $y=$ normpdf$(x,\ \mathrm{mu},\ \mathrm{sigma})$，计算正态分布 $N(\mathrm{mu},\mathrm{sigma}^2)$ 在 x 处的概率密度值。

● $p=$ normcdf$(x,\ \mathrm{mu},\ \mathrm{sigma})$，计算正态分布 $N(\mathrm{mu},\mathrm{sigma}^2)$ 在 x 处的累积概率值。

● $[M,\ V]=$ normstat$(\mathrm{mu},\ \mathrm{sigma})$，计算正态分布 $N(\mathrm{mu},\mathrm{sigma}^2)$ 在 x 处的数学期望 M 和方差 V。

其中，x，mu，sigma 可以是标量、向量、矩阵或多维数组，但大小必须相同，且 sigma 必须是正数。

例 7 - 8　某工厂工人每周的超时津贴服从正态分布，其均值为 51.3 元，标准差为 9.6 元，试计算每周超时津贴超过 60 元的工人在全厂中所占比例。

在命令行窗口依次输入下面的命令：

```
>> p1 = normcdf(60, 51.3, 9.6)          % 计算 P(X≤60)
p1 =
    0.8176
>> p = 1 - p1                           % 计算 P(X>60)
p =
    0.1824
```

所以，每周获得 60 元以上超时津贴的工人占全厂工人的 18.24%。

2.　均匀分布

若连续型随机变量 X 具有概率密度

$$f(x)=\begin{cases}\dfrac{1}{b-a},&a\leqslant x\leqslant b\\0,&\text{其他}\end{cases}$$

则称 X 在区间 $[a,\ b]$ 上服从均匀分布，记作：$X\sim U[a,\ b]$。

其分布函数为：

$$F(x) = \int_{-\infty}^{x} f(x)\,\mathrm{d}x = \begin{cases} 0, & x < a \\ \dfrac{x-a}{b-a}, & a \leqslant x < b \\ 1, & x \geqslant b \end{cases}$$

在 MATLAB 中，与均匀分布有关的函数有：unifpdf、unifcdf、unifstat。

● $y = $unifpdf$(x, a, b)$，计算均匀分布 $U[a, b]$ 在 x 处的概率密度值。

● $p = $unifcdf$(x, a, b)$，计算均匀分布 $U[a, b]$ 在 x 处的累积概率值。

● $[M, V] = $unifstat$(a, b)$，计算均匀分布 $U[a, b]$ 在 x 处的数学期望 M 和方差 V。

其中，x, a, b 可以是标量、向量、矩阵或多维数组，但大小必须相同，且 b 必须大于 a。

例 7 - 9　设电阻值 R 是一个随机变量，均匀分布在 900 Ω ～ 1 100 Ω。求 R 落在 950 Ω ～ 1 050 Ω 的概率。

在命令行窗口输入下面的命令：

```
>> p = unifcdf(1050, 900, 1100) - unifcdf(950, 900, 1100) % 计算 P(950 < X ≤ 1050)
p =
    0.5000
```

3. 指数分布

若连续随机变量 X 的概率密度为

$$f(x) = \begin{cases} \dfrac{1}{\mu}\mathrm{e}^{-\frac{x}{\mu}}, & x > 0 \\ 0, & \text{其他} \end{cases}$$

其中 $\mu > 0$ 为常数，则称 X 服从参数为 μ 的指数分布。

其分布函数为

$$F(x) = \begin{cases} 1 - \mathrm{e}^{-\frac{x}{\mu}}, & x > 0 \\ 0, & \text{其他} \end{cases}$$

在 MATLAB 中，与指数分布有关的函数有：exppdf、expcdf、expstat。

● $y = $exppdf$(x, \mathrm{mu})$，计算参数为 mu 的指数分布在 x 处的概率密度值。

● $p = $expcdf$(x, \mathrm{mu})$，计算参数为 mu 的指数分布在 x 处的累积概率值。

● $[M, V] = $expstat$(\mathrm{mu})$，计算参数为 mu 的指数分布在 x 处的数学期望 M 和方差 V。

其中，x, mu 可以是标量、向量、矩阵或多维数组，但大小必须相同，且 mu 必须是正数。

例 7 - 10　某型号的计算机无故障工作的时间 X（单位：小时）服从参数为 1 000 的

指数分布，求它无故障工作 $500 \sim 1\,500$ 小时的概率。它的运转时间少于 $1\,000$ 小时的概率是多少?

在命令行窗口依次输入下面的命令：

$>>$p1 = expcdf(1500，1000) − expcdf (500，1000)　　% 计算 $P(500 \leqslant X \leqslant 1\,500)$

p1 =

   0.3834

$>>$ p2 = expcdf(1000，1000)　　% 计算 $P(X \leqslant 1\,000)$

p2 =

   0.6321

4. 伽玛分布

概率密度为

$$f(x) = \begin{cases} \dfrac{\lambda^{\alpha}}{\Gamma(\alpha)} x^{\alpha-1} \mathrm{e}^{-\lambda x}, & x > 0 \\ 0, & x \leqslant 0 \end{cases}$$

的概率分布称为伽玛分布，记为 $\mathrm{Ga}(\alpha，\lambda)$。

在 MATLAB 中，与伽玛分布有关的函数有：gampdf、gamcdf、gamstat。

● $y = \mathrm{gampdf}(x，a，b)$，计算参数为 a，b 的伽玛分布在 x 处的概率密度值。

● $p = \mathrm{gamcdf}(x，a，b)$，计算参数为 a，b 的伽玛分布在 x 处的累积概率值。

● $[M，V] = \mathrm{gamstat}(a，b)$，计算参数为 a，b 的伽玛分布在 x 处的数学期望 M 和方差 V。

其中，$a = \alpha$，$b = \dfrac{1}{\lambda}$。x，a，b 可以是标量、向量、矩阵或多维数组，但大小必须相同，且 x，a，b 必须是正数。

例 7 − 11　设随机变量 X 服从伽玛分布 $\mathrm{Ga}(2，0.5)$，试求 $P(X < 4)$。

在命令行窗口依次输入下面的命令：

$>>$ p = gamcdf(4，2，1/0.5)

p =

   0.5940

7.1.6　概率密度与概率分布函数

概率分布函数是表示随机变量在区间 $(-\infty，x]$ 上的概率。对于离散型随机变量用分布列来描述概率分布，而对于连续型随机变量用概率密度函数来描述概率分布。MATLAB 针对每一种分布都提供了相应的函数，在上一节，我们介绍了一些常用的概率分布，对于其他分布本书不再一一介绍，读者可以查阅 MATLAB 的 help 了解更多分布的相关函数。

MATLAB 中还提供了两个通用函数 pdf 和 cdf 用于计算概率密度和分布函数。具体调用格式如下：

● $y = \mathrm{pdf}(name, x, a, b, c, d)$，计算离散型随机变量在 x 处的概率值或连续型随机变量在 x 处的概率密度值。

● $y = \mathrm{cdf}(name, x, a, b, c, d)$，计算随机变量在 x 处的累积概率值。

其中，name 表示概率分布的名称（见表 7-4），x 是随机变量的取值，a，b，c，d 是参数，参数的个数根据 name 的值决定。

表 7-4 常见分布名称表

name 的取值	说明
'Beta'	β 分布
'Binomial'	二项分布
'Chisquare'	卡方分布
'Exponential'	指数分布
'F'	F 分布
'Gamma'	伽玛分布
'Geometric'	几何分布
'Hypergeometric'	超几何分布
'Lognormal'	对数正态分布
'Negative Binomial'	负二项式分布
'Noncentral F'	非中心 F 分布
'Noncentral t'	非中心 t 分布
'Noncentral Chi-square'	非中心卡方分布
'Normal'	正态分布
'Poisson'	泊松分布
'Rayleigh'	瑞利分布
'T'	t 分布
'Uniform'	均匀分布
'Discrete Uniform'	离散均匀分布
'Weibull'	Weibull 分布

例 7-12 利用 pdf 和 cdf 函数求解例 7-5。

在命令行窗口依次输入下面的命令：

```
>> p1 = cdf('Binomial', 4, 10, 0.6)          % 计算 P(X≤4)
p1 =
    0.1662
>> p2 = cdf('Binomial', 5, 10, 0.6)          % 计算 P(X≤5)
p2 =
    0.3669
>> p3 = pdf('Binomial', 5, 10, 0.6)          % 计算 P(X=5)
p3 =
    0.2007
>> p4 = 1 - p2                               % 计算 P(X≥6)
```

```
ans =
0.6331
```

另外，MATLAB 还提供了一个概率分布函数的交互界面，使用户可以直观地了解各种概率分布的密度函数或分布函数。在命令行窗口输入 disttool 命令，就可以启动该程序了，如图 7 - 1 所示。

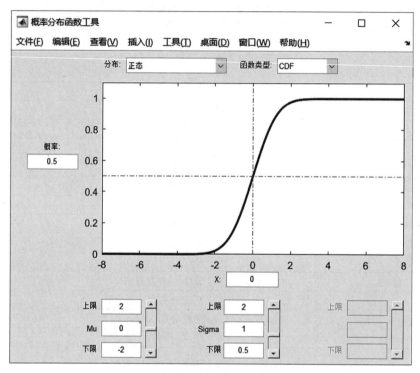

图 7 - 1　概率分布交互界面

（1）在交互界面的上方"分布"栏中选择所要观察的分布名称，然后在"函数类型"栏中选择要观察的函数名称：CDF（概率分布函数）或 PDF（概率密度函数）。

（2）在交互界面的下方，可以输入一到三组参数，每组参数的具体内容与选择的分布名称有关。

（3）在交互界面的下方还可以输入随机变量 X 的值，或通过鼠标拖拽图形中红色垂直虚线。

在交互界面的中间部分，显示的是所选分布的 CDF 或 PDF 的图像，在图像的左侧显示的是在 $X=x$ 处的累积概率值或概率密度值。随着参数的改变，函数的图像也会随之改变。

7.1.7　逆累积分布函数

MATLAB 中的逆累积分布函数是在已知 $F(x)=P\{X\leqslant x\}$ 的条件下，反求 x。

1. 计算逆累积分布函数的专用函数

常用的逆累积分布函数如表 7 - 5 所示。

表 7 - 5　常用的逆累积分布函数表

函数名	语法格式	功　　能
betainv	$X = \text{betainv}(P, A, B)$	β 分布的逆累积分布的临界值
binoinv	$X = \text{binoinv}(Y, N, P)$	二项分布的逆累积分布的临界值
chi2inv	$X = \text{chi2inv}(P, V)$	卡方分布的逆累积分布的临界值
expinv	$X = \text{expinv}(P, \text{mu})$	指数分布的逆累积分布的临界值
finv	$X = \text{finv}(P, V1, V2)$	F 分布的逆累积分布的临界值
gaminv	$X = \text{gaminv}(P, A, B)$	γ 分布的逆累积分布的临界值
geoinv	$X = \text{geoinv}(Y, P)$	几何分布的逆累积分布的临界值
hygeinv	$X = \text{hygeinv}(P, M, K, N)$	超几何分布的逆累积分布的临界值
logninv	$X = \text{logninv}(P, \text{mu}, \text{sigma})$	对数正态分布的逆累积分布的临界值
nbininv	$X = \text{nbininv}(Y, R, P)$	负二项式分布的逆累积分布的临界值
ncfinv	$X = \text{ncfinv}(P, NU1, NU2, DELTA)$	非中心 F 分布的逆累积分布的临界值
nctinv	$X = \text{nctinv}(P, NU, DELTA)$	非中心 t 分布的逆累积分布的临界值
ncx2inv	$X = \text{ncx2inv}(P, V, DELTA)$	非中心卡方分布的逆累积分布的临界值
poissinv	$X = \text{poissinv}(P, \text{lambda})$	泊松分布的逆累积分布的临界值
raylinv	$X = \text{raylinv}(P, B)$	瑞利分布的逆累积分布的临界值
tinv	$X = \text{tinv}(P, \text{nu})$	t 分布的逆累积分布的临界值

例 7 - 13　公共汽车车门的高度是按成年男子与车门顶碰头的概率不超过 1% 设计的。设男子身高 X（单位：cm）服从正态分布 $N(175, 36)$，求车门的最低高度。

分析：设 h 为车门高度，X 为身高，求满足条件 $P\{X>h\} \leqslant 0.01$ 的 h，即 $P\{X \leqslant h\} \geqslant 0.99$。

在命令行窗口依次输入下面的命令：

```
>>h = norminv(0.99, 175, 6)
h =
    188.9581
```

2. 计算逆累积分布函数值的通用函数

● $x = \text{icdf}(\text{name}, y, a, b, c, d)$，计算名为 name 的概率分布的概率值为 y 时所对应的响应值。

其中，name 是概率分布的名称（见表 7 - 5），y 是概率值，a，b，c，d 是参数，参数的个数根据 name 的值决定。

例 7 - 14　在标准正态分布表中，若已知 $\Phi(x) = 0.975$，求 x。

在命令行窗口依次输入下面的命令：

```
>> x = icdf('norm', 0.975, 0, 1)
x =
    1.9600
```

7.1.8　随机数的生成

以随机数的产生为基础的蒙特卡罗方法已成为现代科研的重要手段之一，广泛应用于计算方法、控制、管理科学、物理化学中的高分子结构等研究领域，因此我们有必要了解MATLAB中随机数的生成问题。

首先需要说明的是，计算机不会生成数学意义上的随机数，而只能产生"伪随机数"，即由计算机按照一定的算法产生的随机数序列，这些随机数似乎是随机的和独立的，并且通过了随机性和独立性的各种统计检验。

在 MATLAB 中，任何分布的随机数都是在所谓的全局随机流（global stream）基础上生成的，每次启动 MATLAB，随机数生成器都会复位到相同的状态，也就是说，每次重启 MATLAB 后生成的全局随机流是相同的，也可以通过相关命令改变全局随机流。

3.1.3 节介绍了 rand、randn 和 randi 三个生成随机数的函数。实际上，这三个函数所生成的随机数都是从全局随机流中产生的。请读者用下面的命令生成 10 个随机数：

```
>> x = rand(2, 5)
x =
    0.8147    0.1270    0.6324    0.2785    0.9575
    0.9058    0.9134    0.0975    0.5469    0.9649
```

退出 MATLAB 后重启，然后执行上面的命令，观察运行结果，你会发现每次重启MATLAB 后运行结果是一样的。在数学实验中，有时我们重启 MATLAB 后需要生成不同的随机数，有时也需要不重启 MATLAB 而生成相同的随机数，下面介绍如何控制随机数的生成。

1.　全局随机流的控制

通过设置不同的种子，可以产生不同的随机流序列。MATLAB 提供了 rng 命令来控制全局随机流的产生。调用格式如下：

- rng(seed)，以非负整数 seed 作为随机流产生的种子。
- rng('shuffle')，以当前时间作为随机流产生的种子。
- rng(seed, generator)，以非负整数 seed 作为种子，用 generator 作为生成器，产生随机流序列。
- rng('shuffle', generator)，以当前时间作为种子，用 generator 作为随机数生成器，产生随机流序列。
- rng('default')，恢复 MATLAB 启动时的随机数生成器的设置。
- scurr = rng，保存当前随机数生成器的设置。

其中，generator 是一个字符串，用于说明随机数生成器的类型，见表 7-6。

表 7-6　全局随机流的生成器

generator	生成器名称
'twister'	梅森旋转算法生成器
'simdTwister'	面向单指令多数据的快速梅森旋转算法生成器

续表

generator	生成器名称
'combRecursive'	结合多次递归生成器
'multFibonacci'	乘性滞后的斐波那契生成器
'philox'	执行 10 轮的 Philox 4×32 生成器
'threefry'	执行 20 轮的 Threefry 4×64 生成器

例 7 - 15　生成两组相同的服从均匀分布的随机数。

在命令行窗口依次输入下面的命令：

```
>> s = rng              % 保存当前随机数生成器的设置
s =
```

包含以下字段的 struct：

Type：'twister'

Seed：0

State：[625x1 uint32]

```
>> x = rand(4, 5)       % 生成 20 个随机数
x =
    0.8147    0.6324    0.9575    0.9572    0.4218
    0.9058    0.0975    0.9649    0.4854    0.9157
    0.1270    0.2785    0.1576    0.8003    0.7922
    0.9134    0.5469    0.9706    0.1419    0.9595
>> rng(s)               % 恢复随机数生成器的设置
>> y = rand(4, 5)       % 生成 20 个和 x 相同的随机数
y =
    0.8147    0.6324    0.9575    0.9572    0.4218
    0.9058    0.0975    0.9649    0.4854    0.9157
    0.1270    0.2785    0.1576    0.8003    0.7922
    0.9134    0.5469    0.9706    0.1419    0.9595
```

2. 生成服从概率分布的随机数

在 MATLAB 中，除了 rand、randn 和 randi 三个生成随机数的函数外，还有服从某种概率分布的随机数的生成函数。见表 7 - 7。

表 7 - 7　服从概率分布的随机数的生成函数

函数名	语法格式	功能
betarnd	$R = betarnd(A, B, m, n, \cdots)$	生成服从参数为 A，B 的 β 分布的随机数
binornd	$R = binornd(N, P, m, n, \cdots)$	生成服从参数为 N，P 的二项分布的随机数
chi2rnd	$R = chi2rnd(V, m, n, \cdots)$	生成自由度为 V 的卡方分布的随机数
exprnd	$R = exprnd(mu, m, n, \cdots)$	生成参数为 mu 的指数分布的随机数
gamrnd	$R = gamrnd(A, B, m, n, \cdots)$	生成参数为 A，B 的 γ 分布的随机数

续表

函数名	语法格式	功能
geornd	$R = \text{geornd}(P, m, n, \cdots)$	生成参数为 P 的几何分布的随机数
hygernd	$R = \text{hygernd}(M, K, N, m, n, \cdots)$	生成参数为 M, K, N 的超几何分布的随机数
lognrnd	$R = \text{lognrnd}(\text{mu}, \text{sigma}, m, n, \cdots)$	生成参数为 mu, sigma 的对数正态分布的随机数
nbinrnd	$R = \text{nbinrnd}(R, P, m, n, \cdots)$	生成参数为 R, P 的负二项式分布的随机数
ncfrnd	$R = \text{ncfrnd}(\text{NU1}, \text{NU2}, \text{DELTA}, n, \cdots)$	生成参数为 NU1, NU2, DELTA 的非中心 F 分布的随机数
nctrnd	$R = \text{nctrnd}(V, \text{DELTA}, m, n, \cdots)$	生成参数为 V, DELTA 的非中心 t 分布的随机数
ncx2rnd	$R = \text{ncx2rnd}(V, \text{DELTA}, m, n, \cdots)$	生成参数为 V, DELTA 的非中心卡方分布的随机数
normrnd	$R = \text{normrnd}(\text{mu}, \text{sigma}, m, n, \cdots)$	生成参数为 mu, sigma 的正态分布的随机数
frnd	$R = \text{frnd}(V1, V2, m, n, \cdots)$	生成第一自由度为 $V1$，第二自由度为 $V2$ 的 F 分布的随机数
poissrnd	$R = \text{poissrnd}(\text{lambda}, m, n, \cdots)$	生成参数为 lambda 的泊松分布的随机数
raylrnd	$R = \text{raylrnd}(B, m, n)$	生成参数为 B 的瑞利分布的随机数
trnd	$R = \text{trnd}(\text{nu}, m, n, \cdots)$	生成自由度为 nu 的 t 分布的随机数
unidrnd	$R = \text{unidrnd}(N, m, n, \cdots)$	生成均匀分布（离散）的随机数
unifrnd	$R = \text{unifrnd}(A, B, m, n, \cdots)$	生成 $[A, B]$ 上均匀分布（连续）的随机数

例 7-16 生成 20 个服从 $N(1, 0.6)$ 正态分布的随机数。

在命令行窗口输入下面的命令：

```
>> x = normrnd(1, 0.6, 4, 5)
x =
    0.7188    1.4209    0.0538    0.1998    1.0137
    0.8365   -0.2311    1.3048    1.6765    0.8428
    1.6591    0.7877    1.1692    1.2101   -0.0501
    0.8333    0.5058    1.0201    0.8206    0.8286
```

例 7-17 生成服从二项分布的随机数。

在命令行窗口依次输入下面的命令：

```
>>n = 10:10:60;
>> r1 = binornd(n, 1./n)
r1 =
    1    0    0    2    0    0
>>r2 = binornd(n, 1./n, [1 6])
r2 =
    2    1    1    0    0    0
>>r3 = binornd(n, 1./n, 1, 6)
r3 =
    1    1    0    2    1    0
```

3. 生成随机数的通用函数

● $Y = \text{random}(\text{name}, a, b, c, d, m, n, \cdots)$，生成服从分布名称为 name 的随机数。

其中 a, b, c, d 是分布的参数，参数的个数根据 name 的值决定。name 的取值见表 7-4。

例 7-18 产生 10 个（2 行 5 列）均值为 0、标准差为 1 的正态分布的随机数。

在命令行窗口输入下面的命令：

```
>> r = random('norm', 0, 1, 2, 5)
r =
    -1.0799    -1.5210    -0.5933     0.9421    -0.3731
     0.1992    -0.7236     0.4013     0.3005     0.8155
```

7.1.9 数据比较

1. 排序

● $B = \text{sort}(A)$，若 A 为向量，则返回 A 由小到大排序后的向量。若 A 为矩阵，则返回 A 的各列由小到大排序后的矩阵。

● $[B, I] = \text{sort}(A)$，B 为排序的结果，I 中的元素表示 B 中对应元素在 A 中的位置。

● $B = \text{sort}(A, \text{dim})$，沿着给定的维数 dim 进行排序，dim＝1 表示沿列方向排序，dim＝2 表示沿行方向排序，依此类推。

● $B = \text{sort}(\cdots, \text{direction})$，通过 direction 设置排序的方向是升序还是降序。direction 可以取'ascend' 或 'descend'.

例 7-19 对 $A = \begin{pmatrix} 3 & 7 & 5 \\ 6 & 8 & 3 \\ 0 & 4 & 2 \end{pmatrix}$ 排序。

在命令行窗口依次输入下面的命令：

```
>> A = [3 7 5; 6 8 3; 0 4 2]
A =
    3    7    5
    6    8    3
    0    4    2
>> sort(A)              % 对 A 的每一列由小到大排序
ans =
    0    4    2
    3    7    3
    6    8    5
>> sort(A, 2)          % 对 A 的每一行由小到大排序
```

```
ans =
     3     5     7
     3     6     8
     0     2     4
>> sort(A, 'descend')          % 对 A 的每一列由大到小排序
ans =
     6     8     5
     3     7     3
     0     4     2
```

2. 行排序

行排序是指将矩阵中的一行看作一条记录，每列看作一个数据域，调用格式如下：

- $Y = \text{sortrows}(A)$，对 A 按第一列由小到大进行行排序。
- $Y = \text{sortrows}(A, \text{col})$，对 A 按指定的列 col 由小到大进行行排序。
- $[Y, I] = \text{sortrows}(A, \text{col})$，$Y$ 为排序的结果，I 表示 Y 中第 col 列元素在 A 中的位置。

例 7 - 20　现有 5 名学生 3 门课的成绩如表 7 - 8 所示，请按总分由小到大排序。

表 7 - 8　学生成绩表

姓名	数学	物理	英语	总分
李娜	98	87	80	265
张璐璐	89	90	88	267
杜倩	70	75	81	226
刘欣	90	88	79	257
王佳	72	80	87	239

在命令行窗口依次输入下面的命令：

```
>> A = [98 87 80 265; 89 90 88 267; 70 75 81 226; 90 88 79 257; 72 80 87 239]
A =
    98    87    80   265
    89    90    88   267
    70    75    81   226
    90    88    79   257
    72    80    87   239
>> sortrows(A, 4)
ans =
    70    75    81   226
    72    80    87   239
    90    88    79   257
    98    87    80   265
```

89   90   88   267

3. 最大值、最小值和中位数

在样本数据中求最大值、最小值和中位数也是统计中常用的操作，调用格式如下：

● $M=\max(A)$，若 A 是向量，则 M 是 A 的最大值；若 A 是矩阵，则 M 是包含 A 每列最大值的一个向量。

● $M=\min(A)$，若 A 是向量，则 M 是 A 的最小值；若 A 是矩阵，则 M 是包含 A 每列最小值的一个向量。

● $M=\text{median}(A)$，若 A 是向量，则 M 是 A 的中位数；若 A 是矩阵，则 M 是包含 A 每列中位数的一个向量。

例 7 - 21 产生一个 5 行 4 列的随机矩阵，求出每列的最大值、最小值和中位数。

在命令行窗口依次输入下面的命令：

```
>> A = randi(10, 5, 4)
A =
     9     1     5     5
     7     3     1     4
     4     2    10    10
     6     2    10     4
     5     3     5     2
>> xmax = max(A)
xmax =
     9     3    10    10
>> xmin = min(A)
xmin =
     4     1     1     2
>> xmed = median(A)
xmed =
     6     2     5     4
```

7.2 参数估计

参数估计（parameter estimation）是根据从总体中抽取的样本，估计总体分布中包含的未知参数的方法。这些未知参数不仅包括与分布有关的参数，还包括均值、方差和事件概率等。

7.2.1 正态分布的参数估计

● [muhat, sigmahat]=normfit(data)，根据 data 中给定的正态分布的数据，计算正

态分布均值的估计值 muhat 和标准差的估计值 sigmahat。

● ［muhat，sigmahat，muci，sigmaci］＝normfit(data)，根据 data 中给定的正态分布的数据，计算置信度为 95% 的参数估计和置信区间。其中 muci 的第 1 行是均值的置信下限，第 2 行是均值的置信上限；sigmaci 的第 1 行是标准差的置信下限，第 2 行是标准差的置信上限。

● ［muhat，sigmahat，muci，sigmaci］＝normfit(data，alpha)，返回置信度为 1－alpha 的参数估计和置信区间。

例 7 - 22 有两组（每组 100 个元素）正态随机数据，其均值为 10，均方差为 2，求 95% 的置信区间和参数估计值。

在命令行窗口依次输入下面的命令：

```
>> r = normrnd(10, 2, 100, 2);
>> [mu, sigma, muci, sigmaci] = normfit(r)
mu =
    9.9089    9.8090
sigma =
    1.8554    2.0975
muci =
    9.5407    9.3928
   10.2771   10.2252
sigmaci =
    1.6291    1.8417
    2.1554    2.4367
```

7.2.2 常用分布的参数估计函数

常用分布的参数估计函数如表 7-9 所示。

表 7 - 9 常用分布的参数估计函数

函数名	语法格式	功能
binofit	phat = binofit(x, n) ［phat, pci］＝binofit(x, n) ［phat, pci］－binofit(x, n, alpha)	二项分布参数的最大似然估计 置信度为 95% 的参数估计和置信区间 置信度为 1－alpha 的参数估计和置信区间
expfit	muhat＝expfit(data) ［muhat, muci］＝expfit(data) ［muhat, muci］＝expfit(data, alpha)	指数分布参数的最大似然估计 置信度为 95% 的参数估计和置信区间 置信度为 1－alpha 的参数估计和置信区间
gamfit	phat＝gamfit(data) ［phat, pci］＝gamfit(data) ［phat, pci］＝gamfit(data, alpha)	伽玛分布参数的最大似然估计 置信度为 95% 的参数估计和置信区间 置信度为 1－alpha 的参数估计和置信区间

续表

函数名	语法格式	功能
poissfit	lambdshat＝poissfit(data) [lambdahat，lambdaci]＝poissfit(data) [lambdahat，lambdaci]＝poissfit(data，alpha)	泊松分布参数的最大似然估计 置信度为 95％的参数估计和置信区间 置信度为 1－alpha 的参数估计和置信区间
unifit	[ahat，bhat]＝unifit(data) [ahat，bhat，ACI，BCI]＝unifit(data) [ahat，bhat，ACI，BCI]＝unifit(data，alpha)	均匀分布参数的最大似然估计 置信度为 95％的参数估计和置信区间 置信度为 1－alpha 的参数估计和置信区间

7.2.3　最大似然估计

● phat ＝ mle(data，'distribution'，dist)，返回由 dist 所指定的分布的极大似然参数估计。

● phat＝mle(data，'pdf'，pdf，'start'，start)，返回由 pdf 所定义的概率密度函数的极大似然参数估计，start 是参数的初值。

● phat＝mle(data，'pdf'，pdf，'start'，start，'cdf'，cdf)，返回由 pdf 所定义的概率密度函数和 cdf 所定义的累积概率函数的极大似然参数估计。

例 7-23　已知以下数据为指数分布，求它的置信度为 0.95 的参数的估计值。数据为 1，6，7，23，26，21，12，3，1，0。

在命令行窗口依次输入下面的命令：

```
>> data＝[1 6 7 23 26 21 12 3 1 0];
>> phat＝mle(data，'distribution'，'exp')
phat ＝
10
```

7.3　假设检验

7.3.1　正态总体参数的假设检验

Z 检验（Z Test）是一般用于大样本（即样本容量大于 30）平均值差异性检验的方法。它是用标准正态分布的理论来推断差异发生的概率，从而比较两个平均数的差异是否显著，也被称作 U 检验。当已知标准差，验证一组数的均值是否与某一期望值相等时，用 Z 检验，调用格式如下：

● $h＝$ztest(x，m，sigma)，x 为正态总体的样本，m 为均值 μ_0，sigma 为标准差，显著性水平为 0.05（默认值）。

● $h＝$ztest(x，m，sigma，Name，Value)，当 Name 为'Alpha'时，可以指定显著性水平，默认值为 0.05。

- $[h,p,\text{ci},\text{zval}]=\text{ztest}(x,m,\text{sigma},\text{alpha},\text{tail})$，$p$ 为观察值的概率，当 sigma 为小概率时对原假设提出质疑，ci 为真正均值 μ 的 $1-$alpha 的置信区间，zval 为统计量的值。

说明： 若 $h=0$，则表示在显著性水平 alpha 下，不能拒绝原假设；

若 $h=1$，则表示在显著性水平 alpha 下，可以拒绝原假设。

原假设：H_0：$\mu=\mu_0=m$，

若 tail$=0$，则表示备择假设：H_0：$\mu\neq\mu_0=m$（默认，双边检验）；

若 tail$=1$，则表示备择假设：H_0：$\mu>\mu_0=m$（单边检验）；

若 tail$=-1$，则表示备择假设：H_0：$\mu<\mu_0=m$（单边检验）。

例 7-24 某车间用一台包装机包装葡萄糖，包得的袋装糖重是一个随机变量，它服从正态分布。当机器正常时，其均值为 0.5 公斤，标准差为 0.015 公斤。某日开工后检验包装机是否正常，随机抽取所包装的糖 9 袋，称得净重（单位：公斤）为：

0.497， 0.506， 0.518， 0.524， 0.498， 0.511， 0.52， 0.515， 0.512

问包装机工作是否正常？

分析： 总体 μ 和 σ 已知，该问题是当 σ^2 为已知时，在水平 $\alpha=0.05$ 下，根据样本值判断 $\mu=0.5$ 还是 $\mu\neq0.5$。为此提出假设：

原假设：H_0：$\mu=\mu_0=0.5$

备择假设：H_0：$\mu\neq0.5$

在命令行窗口依次输入下面的命令：

```
>>X=[0.497，0.506，0.518，0.524，0.498，0.511，0.52，0.515，0.512];
>>[h,p,ci,zval]=ztest(X,0.5,0.015,0.05,0)
h =
    1
p =
    0.0248
ci =
    0.5014    0.5210
zval =
    2.2444
```

因为 $h-1$，故说明在水平 $\alpha=0.05$ 下可拒绝原假设，即认为包装机工作不正常。

7.3.2 其他假设检验函数

其他假设检验函数如表 7-10 所示。

表 7-10 其他假设检验函数表

函数名	语法格式	功　能
ttest	$[h,p,\text{ci},\text{stats}]=\text{ttest}(x,y,\text{Name},\text{Value})$	单正态总体的均值 μ 的假设检验
ttest2	$[h,p,\text{ci},\text{stats}]=\text{ttest2}(x,y,\text{Name},\text{Value})$	双正态总体样本均值的假设检验

续表

函数名	语法格式	功　能
ranksum	$[p，h，stats]=ranksum(x，y，Name，Value)$	两个总体一致性的检验
signtest	$[p，h，stats]=signtest(x，y，Name，Value)$	两个总体中位数等的假设检验
jbtest	$[h，p，jbstat，critval]=jbtest(x，alpha，mctol)$	正态分布的拟合优度检验

7.4　方差分析

方差分析（Analysis of Variance，简称 ANOVA），又称"变异数分析"，其实质是一种检验若干个具有相同方差的正态总体的均值是否相等的统计方法。

7.4.1　单因素方差分析

单因素方差分析是比较两组或多组数据的均值，返回原假设"均值相等"的概率，调用格式如下：

● $p=$anova1(y)，y 的各列为彼此独立的样本观察值，其元素个数相同，p 为各列均值相等的概率值，若 p 值接近于 0，则原假设受到怀疑，说明至少有一列的均值与其余列的均值有明显不同。

● $p=$anova1$(y，group)$，y 和 group 为向量且 group 要与 y 对应。

● $p=$anova1$(y，group，displayopt)$，displayopt$=$on/off 表示显示与隐藏方差分析表图和箱线图。

● $[p，table]=$anova1$(\cdots)$，table 为方差分析表。

● $[p，table，stats]=$anova1$(\cdots)$，stats 为分析结果的结构体数据。

说明：anova1 函数产生两个图：标准的方差分析表图和箱线图。

方差分析表中有 6 列：第 1 列（来源）显示 y 中数据可变性的来源；第 2 列（SS）显示每一列的平方和；第 3 列（df）显示与每一种可变性来源有关的自由度；第 4 列（MS）显示 SS/df 的比值；第 5 列（F）显示 F 统计量的值，它是 MS 的比率；第 6 列显示从 F 累积分布中得到的概率，当 F 增加时，p 值减少。

例 7-25　设有 3 台机器，用来生产规格相同的铝合金薄板。取样测量薄板的厚度，精确至千分之一厘米，得结果如下：

机器 1：0.236　0.238　0.248　0.245　0.243

机器 2：0.257　0.253　0.255　0.254　0.261

机器 3：0.258　0.264　0.259　0.267　0.262

各台机器所生产的薄板的厚度有无显著差异？

在命令行窗口依次输入下面的命令：

$>>$ X $=$ [0.236 0.238 0.248 0.245 0.243；0.257 0.253 0.255 0.254 0.261；$\cdots$

0.258 0.264 0.259 0.267 0.262]；

$>>$ P $=$ anova1(X')

P =

　1.3431e - 05

运行结果还有两个图，即图 7 - 2 和图 7 - 3。

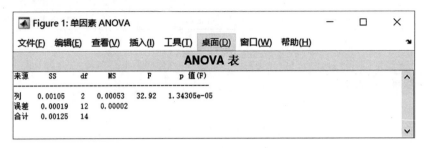

图 7 - 2　单因素方差分析表

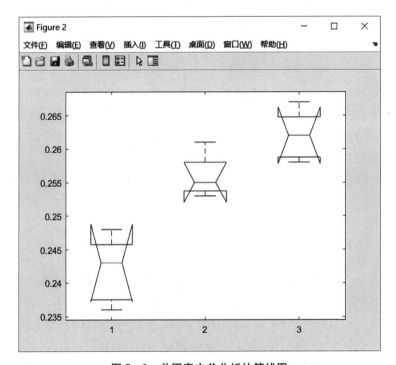

图 7 - 3　单因素方差分析的箱线图

由运行结果可以看出：因为 $F_{0.05}(2, 12) = 3.89 < 32.92$，所以拒绝 H_0，即各台机器生产的薄板的厚度有显著差异。

7.4.2　双因素方差分析

在实际应用中，一个试验结果往往受多个因素的影响。不仅这些因素影响试验结果，而且这些因素不同水平的搭配也会影响试验结果，在 MATLAB 中调用 anova2 函数进行计算，格式如下：

● p＝anova2(y, reps)，通过平衡的双因素试验的方差分析来比较 y 中两个或多个列（行）的均值。

- p＝anova2(y，reps，displayopt)，displayopt＝on/off 表示显示与隐藏方差分析表图。
- ［p，tbl］＝anova2(…)，tbl 为方差分析表。
- ［p，tbl，stats］＝anova2(…)，stats 为分析结果的结构体数据。

说明：样本数据 y 是一个矩阵，不同列的数据表示一种因素，不同行的数据表示另一种因素。如果行列对有多于一个的观察点，则变量 reps 指出每一单元观察点的数目，每一单元包含 reps 行，如

$$\begin{array}{cc} B=1 & B=2 \end{array}$$
$$\begin{bmatrix} y111 & y121 \\ y112 & y122 \\ y211 & y221 \\ y212 & y222 \\ y311 & y321 \\ y312 & y322 \end{bmatrix} \begin{array}{l} \Big\} A=1 \\ \Big\} A=2 \\ \Big\} A=3 \end{array}$$

表示行因素 A 有 3 个水平，列因素 B 有 2 个水平，reps＝2。

例 7-26 一火箭使用了 4 种燃料、3 种推进器作射程试验，每种燃料与每种推进器的组合各发射火箭 2 次，得到结果如表 7-11 所示。

表 7-11

推进器 燃料	B1	B2	B3
A1	58.2 52.6	56.2 41.2	65.3 60.8
A2	49.1 42.8	54.1 50.5	51.6 48.4
A3	60.1 58.3	70.9 73.2	39.2 40.7
A4	75.8 71.5	58.2 51.0	48.7 41.4

考察推进器和燃料这两个因素对射程是否有显著的影响。

在命令行窗口依次输入下面的命令：

```
>> X = [58.2 56.2 65.3；52.6 41.2 60.8；49.1 54.1 51.6；42.8 50.5 48.4；…
60.1 70.9 39.2；58.3 73.2 40.7；75.8 58.2 48.7；71.5 51.0 41.4]；
>> P = anova2(X，2)
P =
    0.0035    0.0260    0.0001
```

方差分析表如图 7-4 所示。

由运行结果可知，各试验均值相等的概率都为小概率，故可拒绝均值相等的假设，即

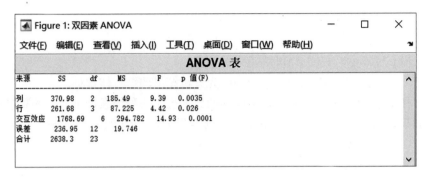

图 7-4　双因素方差分析表

认为不同燃料（因素 A）、不同推进器（因素 B）下的射程有显著差异。

习题七

上机操作题

1. 已知 $A=[5,4,7;6,1,8;2,9,3]$，进行如下操作：

(1) 写出求 A 各列元素的平均值和中位数的指令，并给出结果。

(2) 写出求 A 的最大元素和最小元素及它们的位置的指令。

(3) 写出求 A 的每行元素之和以及全部元素之和的指令。

(4) 写出分别对 A 的每列元素按升序、每行元素按降序排列的指令，并给出结果。

2. 山东省部分地市社会商品零售总额数据（单位：亿元）如下表所示。

城市	济南	青岛	烟台	潍坊	淄博	济宁	临沂	东营	泰安	德州
零售总额	3 410.3	3 713.7	2 679.45	2 277.5	1 949.7	1 910.98	2 235	728.05	1 331.6	1 257

试求均值、方差和标准差。

3. 求正态分布 $N(3,5^2)$ 的均值与方差。

4. 画出正态分布 $N(0,1)$ 和 $N(0,2^2)$ 的概率密度函数图像。

5. 计算标准正态分布的概率 $P(-1<X<1)$。

6. 若 $X \sim N(0,1)$，试求满足 $P(X<x)=0.975$ 时的 x。

7. 在一级品率为 0.2 的新产品中，随机抽取 10 个产品，求其中有 2 个一级品的概率。

8. MATLAB 中的数据文件 gas.mat 提供了美国 1993 年 1-2 月份的汽油平均价格（单位：美分）。

(1) 假设 1 月份油价 price1 的标准差是 1 加仑四分币（$\sigma=4$），试检验 1 月油价的均值是否等于 115。

(2) 检验 2 月油价 price2 的均值是否等于 115。

9. 在数学期末考试中，某班 60 名学生的成绩如下：

75 93 83 91 84 40 82 77 87 95 85 94 76 89 88 86 82 95 81 79 95 78 74 67 69 68 84 85 80 65 70

93 85 84 93 81 79 72 70 87 73 90 75 89 71 66 86 72 81 95 79 78 77 61 55 52 63 76 85 99

试：

(1) 检验分布的正态性；

(2) 若检验符合正态分布，估计正态分布的参数并检验参数。

10. 保险公司售出某种车险保单 5 000 份，已知此项车险每单交保费 100 元，当被保险人一年内发生车祸死亡时，受益人可以获得 5 万元的赔偿，若此类被保险人一年内死亡的概率是 0.001，试求此项车险：

(1) 保险公司亏损的概率；

(2) 保险公司获利不少于 20 万元的概率；

(3) 保险公司获利不少于 30 万元的概率。

11. 某工厂生产的灯泡寿命服从参数为 λ（$\lambda = 1\,000$）的指数分布。3 个这样的灯泡使用 1 000 小时后都没有损坏的概率是多少？

12. 假设某工厂生产的设备使用寿命服从正态分布，平均使用寿命为 10 年，标准差为 2 年，求使用寿命不低于 8 年的设备占所有设备的比例。

第八章

数学实验

实验一 中国古代数学家张邱建在他的《算经》中提出了著名的"百鸡问题"：鸡翁一，值钱伍；鸡母一，值钱三；鸡雏三，值钱一。凡百钱买鸡百只，问翁、母、雏各几何？

数学模型：设鸡翁、鸡母、鸡雏的个数分别为 x，y，z，共 100 钱要买百只鸡，由题意可得到下面的不定方程组：

$$\begin{cases} x+y+z=100 \\ 5x+3y+\dfrac{z}{3}=100 \end{cases}$$

所以此问题可归结为求这个不定方程组的整数解。

算法设计：由于该模型有 3 个未知数，但只有两个方程，因此在确定方程中未知数变化范围的前提下，我们可通过对未知数可变范围的穷举，验证上述不定方程组是否成立，从而得到相应的解。

由题意可知，若 100 钱全买鸡翁最多买 20 只，显然 x 的取值范围在 0 和 20 之间；同理，y 的取值范围在 0 和 33 之间，z 的取值范围在 3 和 99 之间。根据上述分析，请写出相应的程序。

实验二 在数学分析中，虽然利用牛顿-莱布尼茨公式可以精确地计算定积分的值，但它仅适用于被积函数的原函数能用初等函数表示出来的情况，如果求不出原函数或原函数很难求，则有必要考虑采用近似计算的方法求定积分。

数学模型：近似计算定积分的方法有很多，下面主要介绍三种方法：

（1）矩形法：根据定积分的定义，每个积分和都可以看作是定积分的近似值，即

$$\int_a^b f(x)\mathrm{d}x = \sum_{i=1}^n f(\xi_i)\Delta x_i$$

在几何意义上，这是用小矩形面积代替小曲边梯形面积，所以我们把这个近似计算方法称为矩形法。

（2）梯形法：n 等分区间 $[a, b]$

$$x_0 = a < x_1 < \cdots < x_n = b, \Delta x = x_i - x_{i-1} = \frac{b-a}{n}$$

其对应的函数值为：$y_0, y_1, \cdots, y_n$，其中 $y_i = f(x_i)$。

将曲线上的每一段弧从点 (x_{i-1}, y_{i-1}) 到点 (x_i, y_i) 用连接两点的线段来代替，使得每个区间 $[x_{i-1}, x_i]$ 上曲边梯形的面积用梯形面积

$$\frac{y_{i-1} + y_i}{2} \times \Delta x$$

来代替。由此各小梯形面积之和就是定积分的近似值

$$\int_a^b f(x) \mathrm{d}x \approx \sum_{i=1}^n \frac{y_{i-1} + y_i}{2} \times \Delta x = \frac{b-a}{2} \left(\frac{y_0}{2} + y_1 + \cdots + y_{n-1} + \frac{y_n}{2} \right)$$

（3）抛物线法：将积分区间 $[a, b]$ 进行 $2n$ 等分

$$x_0 = a < x_1 < \cdots < x_{2n} = b, \Delta x = x_i - x_{i-1} = \frac{b-a}{2n}$$

其对应的函数值为：$y_0, y_1, \cdots, y_{2n}$，其中 $y_i = f(x_i)$。

将区间 $[x_0, x_2]$ 上的曲线段用过三个点 $(x_0, y_0), (x_1, y_1), (x_2, y_2)$ 的抛物线

$$y = \alpha x^2 + \beta x + \gamma = p_1(x)$$

近似代替，则

$$\int_{x_0}^{x_2} p_1 \mathrm{d}x = \int_{x_0}^{x_2} (\alpha x^2 + \beta x + \gamma) \mathrm{d}x = \frac{\alpha}{3}(x_2^3 - x_0^3) + \frac{\beta}{2}(x_2^2 - x_0^2) + \gamma(x_2 - x_0)$$

将 $x_1 = \frac{x_0 + x_2}{2}$ 代入上式，整理得

$$\int_{x_0}^{x_2} p_1(x) \mathrm{d}x = \frac{b-a}{6n}(y_0 + 4y_1 + y_2)$$

同理，有

$$\int_{x_2}^{x_4} p_2(x) \mathrm{d}x = \frac{b-a}{6n}(y_2 + 4y_3 + y_4)$$

$$\cdots\cdots$$

$$\int_{x_{2n-2}}^{x_{2n}} p_n(x) \mathrm{d}x = \frac{b-a}{6n}(y_{2n-2} + 4y_{2n-1} + y_{2n})$$

将上面 n 个积分相加

$$\int_a^b f(x)\,\mathrm{d}x \approx \sum_{i=1}^n \frac{b-a}{6n}(y_{2i-2}+4y_{2i-1}+y_{2i})$$

即

$$\int_a^b f(x)\,\mathrm{d}x \approx \frac{b-a}{6n}\big[y_0 + y_{2n} + 4(y_1+y_3+\cdots+y_{2n-1}) + 2(y_2+y_4+\cdots+y_{2n-2})\big]$$

称为辛普森（Simpson）公式。

请用上述三种方法编写程序计算 $\int_0^1 \dfrac{\mathrm{d}x}{1+x^2}$。

实验三　利用蒙特卡罗投点法计算 π

在边长为 a 的正方形内随机投点，该点落在此正方形的内切圆中的概率应为内切圆与正方形的面积的比值，即 $\pi \times \left(\dfrac{a}{2}\right)^2 : a^2 = \dfrac{\pi}{4}$。

实验四　用蒙特卡罗方法计算定积分

设 $0 \leqslant f(x) \leqslant 1$，求 $f(x)$ 在区间 $[0,1]$ 上的积分值。如计算：

$$\int_0^1 \mathrm{e}^{-x^2/2}/\sqrt{2\pi}\,\mathrm{d}x$$

实验五　编写一函数，绘制惠特尼伞形曲面 $\begin{cases} x=uv \\ y=u \\ z=v^2 \end{cases}$，$u,v \in [-1,1]$，调整 u,v 的范围，观察曲面形状的变化。

实验六　某工厂进行节能降耗技术改造后，生产某产品产量 x（吨）与相应的生产能耗 y（吨标准煤）的数据如表 8-1 所示，试求 y 关于 x 的回归方程。若已知该厂技术改造前 100 吨产品的生产能耗为 90 吨标准煤，预测生产 100 吨产品的生产能耗比技术改造前降低了多少吨标准煤？

表 8-1

x	3	4	5	6	7	8
y	2.4	3	4	4.5	5.1	6

实验七　现有一个木工、一个电工和一个油漆工，三人同意共同装修他们各自的房子。在装修前，他们达成如下协议：每人总共工作 10 天（包括给自己家干活在内）；每人的日工资根据市场价，在 60～80 元之间；每人的日工资数应使得每人的总收入与总支出相等。表 8-2 是他们协商后制定出的工作天数的安排表，试计算出他们每人应得的工资。

表 8-2

	木工	电工	油漆工
在木工家的工作天数	2	1	6
在电工家的工作天数	4	5	1
在油漆工家的工作天数	4	4	3

实验八　导弹追击敌舰问题

某军一导弹基地发现距基地正西方向 100km 处有一艘敌舰以 90km/h 的速度向北行驶，该基地立即发射导弹追击敌舰，导弹速度为 450km/h，导弹的初始速度和敌舰行驶速度成 90°且自动导航系统在任一时刻都能对准敌舰。

（1）建立导弹的运动轨迹微分模型。

（2）画出导弹的运动轨迹图形。

（3）用解析方法求解，导弹在何时何处能击中敌舰？

（4）用数值方法求解，导弹在何时何处能击中敌舰？

实验九　钓鱼问题

某度假村新建了一个鱼塘，该鱼塘的平均深度为 6 米，鱼塘的平面图如图 8-1 所示，度假村的经理打算在钓鱼季来临之前将鱼放入鱼塘，按每 3 立方米有一条鱼的比例投放。如果一张钓鱼证可以钓鱼 20 条，而且要求在钓鱼季结束时所剩的鱼是开始时的 25%，试问最多可以卖出多少钓鱼证？

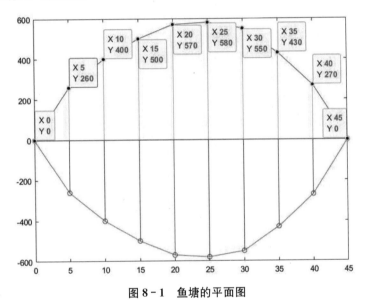

图 8-1　鱼塘的平面图

分析：不妨假设整个鱼塘是以鱼塘水面面积为底、高为 6 米的柱体，要计算出鱼塘的体积，首先要计算出水面面积。根据给出的边界数据拟合出边界曲线，再用数值积分求出水面面积的近似值，然后计算出鱼塘的体积，最后根据题目要求就可以计算出卖出多少钓鱼证了。

实验十　小浪底调沙问题

2004 年 6—7 月黄河进行了第三次调水调沙试验，特别是首次由小浪底、三门峡和万家寨三大水库联合调度，采用接力式防洪预泄放水，形成人造洪峰进行调沙试验获得成功。整个试验期为 20 多天，小浪底从 6 月 19 日预泄放水开始，直到 7 月 13 日恢复正常供水为止。小浪底水利工程按设计拦沙量为 75.5 亿立方米，在这之前，小浪底共积泥沙达 14.15 亿吨。这次调水调沙试验的一个重要目的就是由小浪底上游的三门峡和万家寨水库泄洪，在小浪底形成人造洪峰，冲刷小浪底库区沉积的泥沙。在小浪底水库开闸泄洪以后，从6月27日开始三门峡水库和万家寨水库陆续开闸放水，人造洪峰于6月29日先后到达小浪底，7月3日达到最大流量2700立方米/秒，使小浪底水库的排沙量也不断增加。表8-3是小浪底观测站从6月29日到7月10日检测到的试验数据。

表 8 - 3　试验观测数据

单位：水流量为立方米/秒，含沙量为公斤/立方米

日期	6月29日		6月30日		7月1日		7月2日		7月3日		7月4日	
时间	8：00	20：00	8：00	20：00	8：00	20：00	8：00	20：00	8：00	20：00	8：00	20：00
水流量	1 800	1 900	2 100	2 200	2 300	2 400	2 500	2 600	2 650	2 700	2 700	2 650
含沙量	32	60	75	85	90	98	100	102	108	112	115	116
日期	7月5日		7月6日		7月7日		7月8日		7月9日		7月10日	
时间	8：00	20：00	8：00	20：00	8：00	20：00	8：00	20：00	8：00	20：00	8：00	20：00
水流量	2 600	2 500	2 300	2 200	2 000	1 850	1 820	1 800	1 750	1 500	1 000	900
含沙量	118	120	118	105	80	60	50	30	26	20	8	5

现在，根据试验数据建立数学模型来研究下面的问题：

1. 给出估算任意时刻的排沙量及总排沙量的方法；
2. 确定排沙量与水流量的变化关系。

实验十一　投篮角度问题

篮球运动员在中距离投篮训练时被告之：为提高投篮的命中率，应以45°角投球。请建立数学模型说明其中的原理。如果情况为远距离投篮，模型还能使用吗？

模型的假设：

（1）忽略空气的阻力。

（2）只考虑不接触篮板的情况，即不考虑擦板球。

（3）防守队员的防守不影响投篮的命中率。

（4）运动员投球的水平距离小于10米。

（5）投篮的运动曲线和篮圈中心在同一平面内。

实验十二　饮酒驾车问题

据报道，2003年全国道路交通事故死亡人数为10.437 2万，其中因饮酒驾车造成的占有相当大的比例。

针对这种严重的道路交通情况，国家质量监督检验检疫总局于2004年5月31日发布了新的《车辆驾驶人员血液、呼气酒精含量阈值与检验》国家标准。新标准规定，车辆驾驶人员血液中的酒精含量大于或等于20毫克/百毫升、小于80毫克/百毫升为饮酒驾车（原标准是小于100毫克/百毫升），血液中的酒精含量大于或等于80毫克/百毫升为醉酒驾车（原标准是大于或等于100毫克/百毫升）。

大李在中午12点喝了一瓶啤酒，下午6点检查时符合新的驾车标准，紧接着他在吃晚饭时又喝了一瓶啤酒，为了保险起见，他待到凌晨2点才驾车回家，再一次遭遇检查时却被定为饮酒驾车，这让他既懊恼又困惑，为什么喝同样多的酒，两次检查结果会不一样呢？

　　请你参考下面给出的数据（或自己收集资料）建立饮酒后血液中酒精含量的数学模型，并讨论以下问题：

　　1. 对大李碰到的情况做出解释；

　　2. 在喝了 3 瓶啤酒或者半斤低度白酒后多长时间内驾车就会违反上述标准？在以下情况下回答：

　　(1) 酒是在很短时间内喝的；

　　(2) 酒是在较长一段时间（比如 2 小时）内喝的。

　　3. 怎样估计血液中的酒精含量在什么时间最高？

　　4. 根据你的模型论证：如果天天喝酒，是否还能开车？

　　5. 根据你的模型并结合新的国家标准写一篇短文，给想喝一点酒的司机如何驾车提出忠告。

　　参考数据

　　1. 人的体液占人的体重的 65%～70%，其中血液只占体重的 7% 左右；而药物（包括酒精）在血液中的含量与在体液中的含量大体一样。

　　2. 体重约 70 千克的某人在短时间内喝了 2 瓶啤酒后，隔一定时间测量其血液中的酒精含量（毫克/百毫升），得到的数据如表 8－4 所示。

表 8－4

时间（小时）	0.25	0.5	0.75	1	1.5	2	2.5	3	3.5	4	4.5	5
酒精含量	30	68	75	82	82	77	68	68	58	51	50	41
时间（小时）	6	7	8	9	10	11	12	13	14	15	16	
酒精含量	38	35	28	25	18	15	12	10	7	7	4	

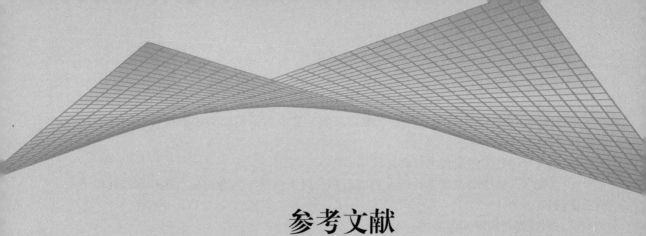

参考文献

［1］杨杰. 数学软件与数学实验. 北京：中国人民大学出版社，2017.

［2］张志涌，杨祖樱，等. MATLAB 教程. 北京：北京航空航天大学出版社，2016.

［3］盛中平，王晓辉. 什么是数学实验. 高等理科教育，2001（2）：25-28.

［4］楼建华. 数学建模与数学实验. 黑龙江高教研究，2003（3）：126-127.

［5］王兵团. 数学实验基础. 北京：清华大学出版社，北京交通大学出版社，2006.

图书在版编目（CIP）数据

数学软件与数学实验 / 杨杰编著. --2 版. --北京：
中国人民大学出版社，2021.6
普通高等学校应用型教材. 数学
ISBN 978-7-300-29371-4

Ⅰ．①数… Ⅱ．①杨… Ⅲ．①数学计算-应用软件-
高等学校-教材②高等数学-实验-高等学校-教材
Ⅳ．①O245②O13-33

中国版本图书馆 CIP 数据核字（2021）第 086432 号

普通高等学校应用型教材·数学
数学软件与数学实验（第二版）
杨 杰 编著
Shuxue Ruanjian yu Shuxue Shiyan

出版发行	中国人民大学出版社			
社　　址	北京中关村大街 31 号		邮政编码	100080
电　　话	010 - 62511242（总编室）		010 - 62511770（质管部）	
	010 - 82501766（邮购部）		010 - 62514148（门市部）	
	010 - 62515195（发行公司）		010 - 62515275（盗版举报）	
网　　址	http://www.crup.com.cn			
经　　销	新华书店			
印　　刷	北京七色印务有限公司		版　　次	2018 年 11 月第 1 版
规　　格	185 mm×260 mm　16 开本			2021 年 6 月第 2 版
印　　张	18.75		印　　次	2025 年 1 月第 2 次印刷
字　　数	439 000		定　　价	42.00 元